全国职业技术院校模具制造/模具设计专业教材

模具制造工艺
(第二版)

人力资源和社会保障部教材办公室组织编写

中国劳动社会保障出版社

简　介

本书主要内容包括模具零件机械加工工艺规程及制造技术要求、模具零件的机械加工、模具零件的机械加工质量、模具零件的特种加工工艺、模具制造的其他方法、模具装配工艺和模具加工技术的发展。

本书由汤忠义编写，赵志臻、陈锐彬参加编写，刘超审稿。

图书在版编目(CIP)数据

模具制造工艺/人力资源和社会保障部教材办公室组织编写. —2 版. —北京：中国劳动社会保障出版社，2016

全国职业技术院校模具制造/模具设计专业教材

ISBN 978-7-5167-2680-8

Ⅰ.①模…　Ⅱ.①人…　Ⅲ.①模具-制造-生产工艺-职业教育-教材　Ⅳ.①TG760.6

中国版本图书馆 CIP 数据核字(2016)第 205795 号

中国劳动社会保障出版社出版发行

（北京市惠新东街 1 号　邮政编码：100029）

*

北京市白帆印务有限公司印刷装订　　新华书店经销

787 毫米×1092 毫米　16 开本　10.75 印张　221 千字

2016 年 8 月第 2 版　　2023 年 12 月第 8 次印刷

定价：19.00 元

营销中心电话：400-606-6496

出版社网址：http://www.class.com.cn

http://jg.class.com.cn

为了更好地适应全国职业技术院校模具类专业的教学要求，全面提升教学质量，人力资源和社会保障部教材办公室组织有关学校的骨干教师和行业、企业专家，对全国中等职业技术学校和高等职业技术院校模具类专业教材进行了修订和补充开发。教材的修订和开发以人力资源社会保障部颁布的《技工院校模具制造专业教学计划和教学大纲（2016）》与《技工院校模具设计专业教学计划和教学大纲（2016）》为依据，充分调研了企业生产和学校教学情况，广泛听取了教师对现行教材使用情况的反馈意见，吸收和借鉴了各地职业技术院校教学改革的成功经验。

教材体系

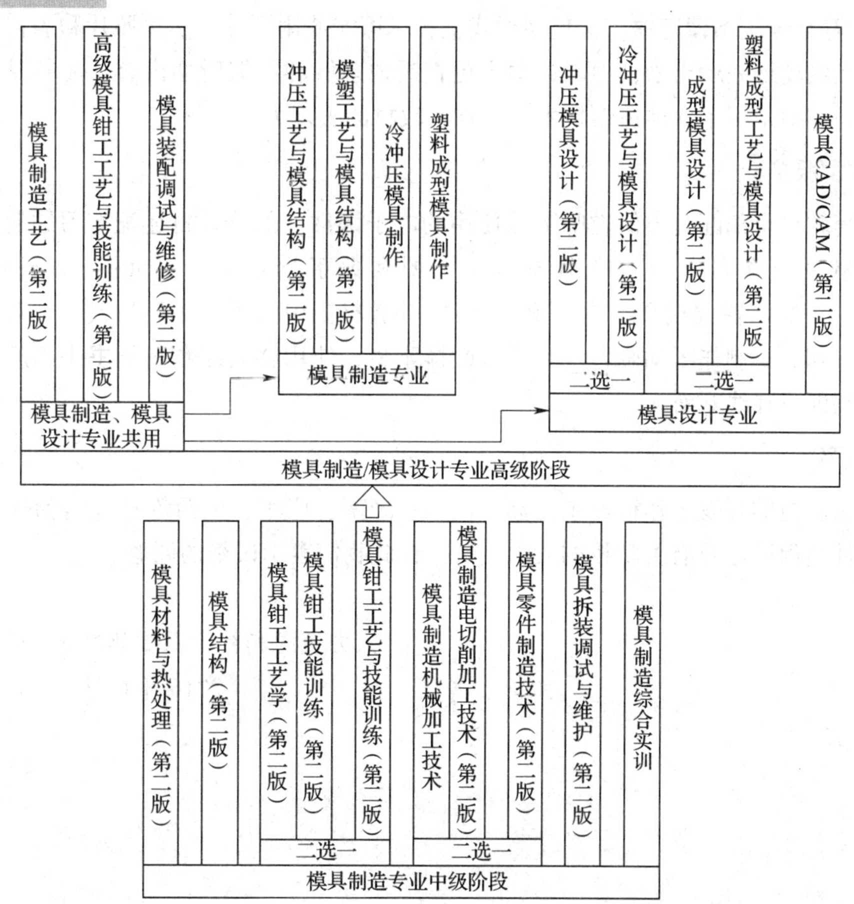

适用对象

模具制造/模具设计专业中级、高级两个层次和以下 3 种学制：

- 初中毕业生 3 年学制培养中级工
- 高中毕业生 3 年学制培养高级工
- 初中毕业生 5 年学制培养高级工

编写特色

◆ **紧贴国家职业标准** 紧密贴合《中华人民共和国职业分类大典（2015 年版）》中对模具工等职业的职业能力要求，同时参照了模具工、工具钳工等国家职业技能标准。

◆ **体现行业技术发展** 根据模具行业的最新发展，在教材中充实模具制造、设计方面的新技术，如模具 CAD/CAM/CAE 技术、快速成型技术、多轴数控加工技术、微细加工技术等，体现教材的先进性。

◆ **更新国家技术标准** 采用最新的国家技术标准，如《工模具钢》（GB/T 1299—2014）、《冲压件尺寸公差》（GB/T 13914—2013）、《冲压件角度公差》（GB/T 13915—2013）等，使教材内容更加科学和规范。

◆ **符合学生阅读习惯** 在呈现形式上，尽可能使用图片、实物照片和表格等形式将知识点生动地展示出来，力求让学生更直观地理解和掌握所学内容。尤其是在教材插图的制作中采用了立体造型技术，增强了教材的表现力。

教学服务

本套教材全部配有方便教师上课使用的电子课件，部分教材还配有习题册，电子课件等教学资源可通过职业教育教学资源和数字学习中心（http：// zyjy. class. com. cn）下载。在《模具结构（第二版）》等教材中引入了二维码技术，针对书中的教学重点和难点制作了动画、视频等多媒体素材，使用移动终端扫描书中相应位置处的二维码即可在线观看。

致谢

本次教材的开发工作得到了江苏、山东、湖南、广东、广西等省（自治区）人力资源和社会保障厅及有关学校的大力支持，在此我们表示诚挚的谢意。

人力资源和社会保障部教材办公室

2016 年 6 月

目 录
Contents

绪论 ……………………………………………………………… (1)

第一章 模具零件机械加工工艺规程及制造技术要求 ……………… (3)
第一节 模具零件机械加工工艺规程的编制 ……………………… (3)
第二节 模具制造技术要求 ……………………………………… (9)

第二章 模具零件的机械加工 ……………………………………… (18)
第一节 模具结构零件的机械加工 ………………………………… (18)
第二节 凸模和型芯的机械加工 …………………………………… (39)
第三节 型孔的加工 ……………………………………………… (51)
第四节 型腔的加工 ……………………………………………… (57)

第三章 模具零件的机械加工质量 ………………………………… (70)
第一节 模具零件的机械加工精度 ………………………………… (70)
第二节 模具零件的表面质量 ……………………………………… (75)

第四章 模具零件的特种加工工艺 ………………………………… (80)
第一节 电火花成形加工 ………………………………………… (80)
第二节 电火花线切割加工 ……………………………………… (95)
第三节 电化学加工 ……………………………………………… (102)

第五章 模具制造的其他方法 ……………………………………… (108)
第一节 冷挤压加工技术及设备 ………………………………… (108)
第二节 超塑性成形技术 ………………………………………… (117)
第三节 合成树脂模具制造 ……………………………………… (122)

第六章 模具装配工艺 …………………………………………… (125)
第一节 模具装配方法 …………………………………………… (125)
第二节 冲裁模的装配 …………………………………………… (128)
第三节 弯曲模和拉深模的装配 ………………………………… (139)
第四节 塑料模的装配 …………………………………………… (142)

第五节　模具总装配示例 …………………………………………………………（147）

第七章　模具加工技术的发展 ……………………………………………………（151）
第一节　高效精密机床 ……………………………………………………………（151）
第二节　模具计算机辅助设计和制造技术 ………………………………………（154）
第三节　模具表面硬化处理 ………………………………………………………（156）
第四节　新型模具材料 ……………………………………………………………（160）

绪论

模具制造工艺课程所研究的是将模具设计转化为模具产品的工作流程和加工方法，是模具设计和制造专业的主要专业课之一。其主要内容包括模具零件机械加工工艺规程及制造技术要求、模具零件的机械加工、模具零件的机械加工质量、模具零件的特种加工工艺、模具制造的其他方法、模具装配工艺以及模具加工技术的发展。

一、模具制造工艺对模具的影响

模具制造工艺水平的高低是衡量一个国家机械制造水平的重要标志之一，发展及提高模具制造工艺水平对国民经济的发展有着非常重要的作用。

1. 模具制造工艺影响模具的使用寿命和生产成本

例如，采用新型的材料、先进的加工技术、标准模具零件等都能延长模具的使用寿命及降低成本。

2. 模具制造工艺影响模具的生产周期

模具制造周期是模具生产的重要经济性指标之一，市场瞬息万变，尽快地将产品推向市场是生产商抢占市场的关键。利用反向制造工程制模技术、先进的数控加工技术、标准模架等都能大大地缩短模具的制造周期。

3. 模具制造工艺影响模具的制造精度

先进的模具制造工艺，如电加工、精密数控加工等都能显著地提高模具的制造精度。

二、模具制造工艺与其他技术的关系

1. 与新材料及其热处理技术的关系

影响模具使用寿命、质量、生产周期和成本的重要因素之一是模具材料及其热处理。高强度、高耐磨性、易切削的新型模具材料和先进的热处理技术有利于降低模具的制造成本，延长使用寿命，提高质量，缩短制造周期。

2. 与标准化技术的关系

模具的结构和形式多种多样，以前普遍认为其难以标准化。目前，模具部件的标准化已经较为成熟，并紧跟模具创新的步伐不断完善。标准的出现促进了模具零部件的标准化、批量化生产，使模具生产的成本降低，生产周期缩短。

3. 与 CAD/CAM 技术的关系

计算机辅助设计与制造（CAD/CAM）技术的飞速发展以及模具设计和制造的各类软件，使设计和制造的周期大为缩短。

三、我国模具制造水平

过去，我国的模具工业与发达国家有很大的差距，近几十年模具制造工艺迅速发展，主要表现在以下几个方面：

1. 标准化工作较为成熟

我国已经制定了冲压模、塑料模、压铸模和模具基础技术等 50 多个标准，300 余个标准号。出现了许多模具标准件生产企业，模架及其相关的零件都有标准件供应。

2. 能制造先进的生产设备

现在，某些精密、高自动化的模具加工和检测设备，如高速铣床、数控加工中心、精密坐标镗床、数控坐标磨床、数控高精度低损耗电火花机床、慢走丝电火花线切割机床、精密电解加工机床、三坐标测量仪、挤压研磨机等在国内都能制造。这些生产设备大大提高了模具的制造水平和效率。

3. 模具 CAD/CAM 发展紧跟世界水平

计算机辅助模具设计与制造，简称模具 CAD/CAM（Computer Aided Design/Computer Aided Manufacturing）。模具 CAD/CAM 技术能显著缩短模具设计与制造周期，降低生产成本，提高产品质量。我国模具 CAD/CAM 技术的发展已有 20 多年历史，在标准化、集成化技术、智能化技术、网络技术应用、快速成形技术等方面取得了很大的进步，紧跟世界水平。

4. 新材料的研发及其处理技术发展迅速

模具工业要上水平，材料应用是关键。选材和用材不当是导致模具过早失效的重要因素。目前，我国研发了几十种模具新钢种和硬质合金，以及发展了热处理技术和表面处理技术，延长了模具的使用寿命。

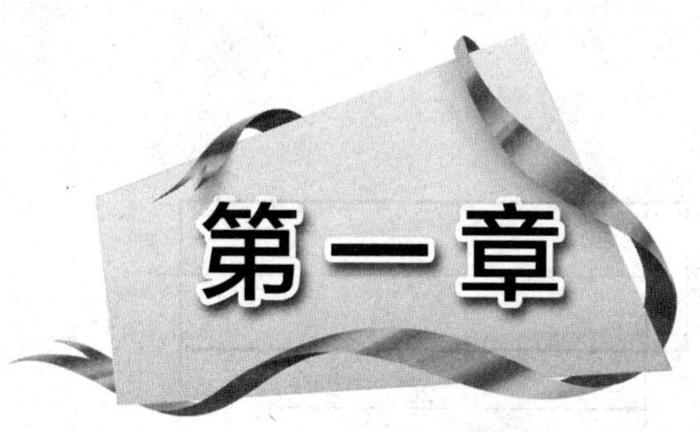

第一章 模具零件机械加工工艺规程及制造技术要求

模具的生产过程是指将原材料转变为模具成品的全过程。它主要包括技术准备（模具设计、工艺方案设计等）、毛坯准备、零件加工、装配调整、安装试模和相关工作（供应、运输、保管、涂漆、包装等）。其中，零件加工、装配调整是模具生产过程的重点。

第一节 模具零件机械加工工艺规程的编制

在生产过程中，改变生产对象的形状、尺寸、相对位置和性质等，使其成为成品或半成品的过程称为工艺过程。工艺过程是生产过程的重要组成部分，包括毛坯制造工艺过程、零件的机械加工工艺过程、装配工艺过程等。

一、模具零件机械加工工艺过程的组成

一个模具零件的机械加工工艺过程由若干工序组成。工序是指由一个或一组工人，在一个工作地点对同一个或同时对多个零件进行加工，所连续完成的那一部分工艺过程。如果工作地点、加工对象发生改变及加工过程不是连续完成的，都不能算作同一工序。

例如，在一批工件上钻孔、铰孔，若每个孔是在同一台机床上钻完后不动接着铰孔，则钻孔、铰孔是连续的，应划分为一道工序；若在一台机床上将这批工件的孔全部钻完后再逐个铰孔，则钻孔、铰孔是不连续的，就应当划分为钻孔、铰孔两道工序。

如图 1—1 所示的台阶轴，由图 1—1b 所示的毛坯加工成图 1—1a 所示的成品，可划分为表 1—1 所列的五道工序。

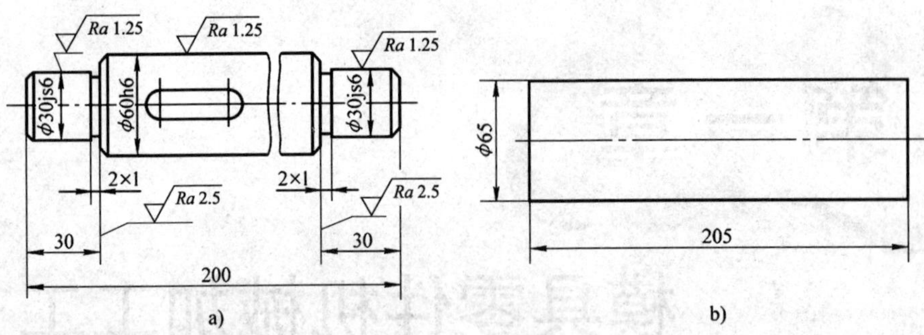

图 1—1　台阶轴

表 1—1　台阶轴加工工序内容

工序编号	工序内容	工作地点
1	车两端面、钻中心孔	车床
2	车外圆、车槽并倒角	车床
3	铣键槽	铣床
4	去毛刺	钳台
5	磨外圆	外圆磨床

每一道工序又可细分为安装、工位、工步和走刀。

1. 安装

工件经一次装夹后所完成的那一部分工序称为安装。在同一道工序中，有时工件需要进行多次装夹。例如，表 1—1 中，工序 1，车削左端面，打左端中心孔，安装时是夹持右端；左端面车削完成后，需掉头夹持左端，车削右端面及打右端中心孔，是两次安装。

安装次数越多，所需辅助工时越多，还会产生装夹误差。

2. 工位

一次装夹中，工件与夹具或设备的可动部分一起，相对于刀具或设备的固定部分所占据的每一个位置称为工位。

如图 1—2 所示为在圆盘形夹具上钻孔和铰孔，在位置Ⅰ安装工件后，夹具回转部分带动工件逆时针转动 120°到位置Ⅱ钻孔，再到位置Ⅲ铰孔。所以，一个工件在夹具中要从位置Ⅰ转到位置Ⅱ，再转到位置Ⅲ才能完成孔的钻、铰加工，即三个工位。

3. 工步

工步是指在加工表面、加工工具和切削用量不变的情况下所连续完成的一部分工序。一个工序可能分为几个工步，也可能只有一个工步。表 1—1 中工序 2 可划分为三个车外圆工步、两个车槽工步和四个倒角工步。

但当工件在一次装夹后连续进行若干个相同的工步时，为简化工艺文件，常将其作为一个工步填写。

如图 1—3 所示为钻 8 个 ϕ12 mm 的孔，虽然是 8 个工步，但在工序卡中可写成一个工步：钻 8 个 ϕ12 mm 的孔。

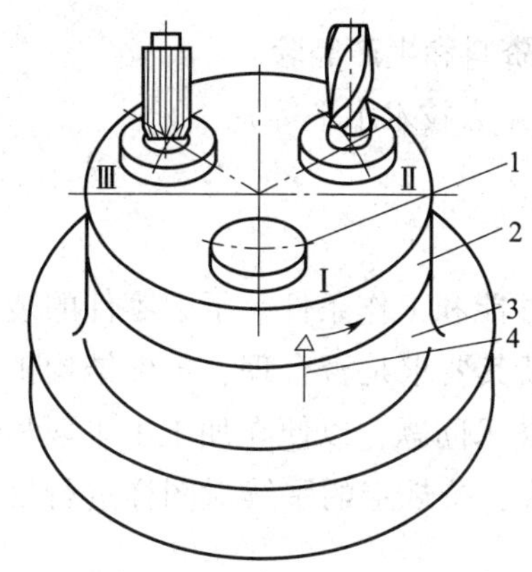

图 1—2 在圆盘形夹具上钻孔和铰孔
1—工件 2—夹具回转部分
3—夹具座 4—分度标记

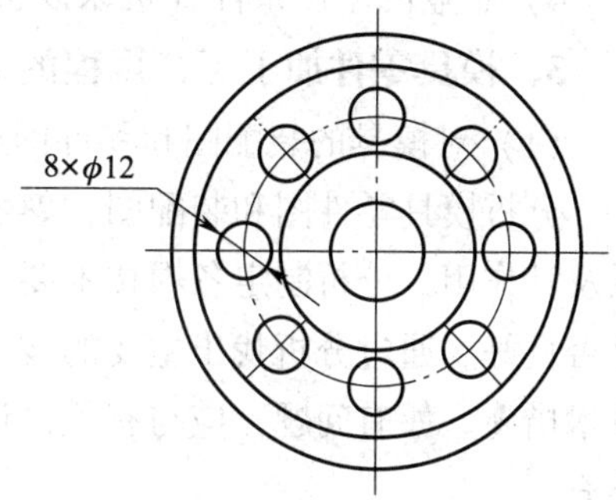

图 1—3 钻 8 个 ϕ12 的孔

4. 走刀

有些工步，由于要去除的余量较大或为了保证精度，需对同一表面进行多次切削。刀具从被加工表面上每切下一层金属就称为一次走刀。

二、模具零件机械加工工艺规程及其编制

1. 模具零件机械加工工艺规程的内容

模具零件机械加工工艺规程的内容包括各工序的加工内容、质量检验方法及精度要求、切削用量、时间定额、所采用的机械设备及工艺装备。这些内容将在工艺过程卡、工艺卡和工序卡中得以体现。

2. 编制模具零件机械加工工艺规程时应考虑的因素及相关资料

（1）编制模具零件机械加工工艺规程时应考虑的因素

1）产品质量的可靠性。编制时要充分考虑及采取一切确保产品质量的必要措施，以期能全面、可靠和稳定地达到设计图样上所要求的精度、表面质量和其他技术要求。

2）工艺技术的先进性。工艺技术的先进性是指在企业现有条件下，除了采用本企业成熟的工艺方法外，尽可能地吸收适合企业情况的国内外同行业先进工艺技术和工艺装备，以便提高模具零件的加工工艺技术水平。

3）经济性。在一定的生产条件下，采用劳动量、物资和能源消耗最少的工艺方案，从而达到生产成本最低的目的，使企业获得良好的经济效益。

4）有良好的劳动条件。制定的工艺规程必须保证工人具有良好而安全的劳动条

件。尽可能采用机械化或自动化的措施，以减轻某些笨重的体力劳动。

（2）制定工艺规程时应具备的相关资料

1）模具的零件图和装配图。

2）产品的生产纲领。

3）有关手册、图册、标准、相似模具的工艺资料和生产经验。

4）企业的生产条件（机床设备、工艺装备、工人技术水平等）。

3. 模具零件加工工艺规程的编制步骤

（1）对模具的装配图和零件图进行工艺分析

分析模具零件图和装配图，熟悉模具用途、性能和工作条件。了解零件的装配关系及其作用，分析制定各项技术要求的依据，判断其要求是否合理、零件结构工艺性是否良好。通过分析找出主要的技术要求和关键技术问题，以便在加工中采取相应的技术措施。如有问题，应与有关设计人员共同研究，按规定的手续对图样进行修改和补充。

（2）确定毛坯

在确定毛坯时，要熟悉本企业毛坯车间（或专业毛坯企业）的技术水平和生产能力，各种型材的品种规格。应根据产品零件图和加工时的工艺要求（如定位、夹紧、加工余量和结构工艺性），确定毛坯的种类、技术要求和制造方法。在必要时，应与毛坯车间技术人员共同确定毛坯图。

（3）拟定工艺路线

工艺路线是指产品或零部件在生产过程中，由毛坯准备到成品包装入库，经过企业各有关部门或工序的先后顺序。拟定工艺路线是制定工艺规程十分关键的一步，需要提出几个不同的方案进行对比分析，寻求一个最佳的工艺路线。如图1—4所示为某模具零件的线切割加工工艺路线。

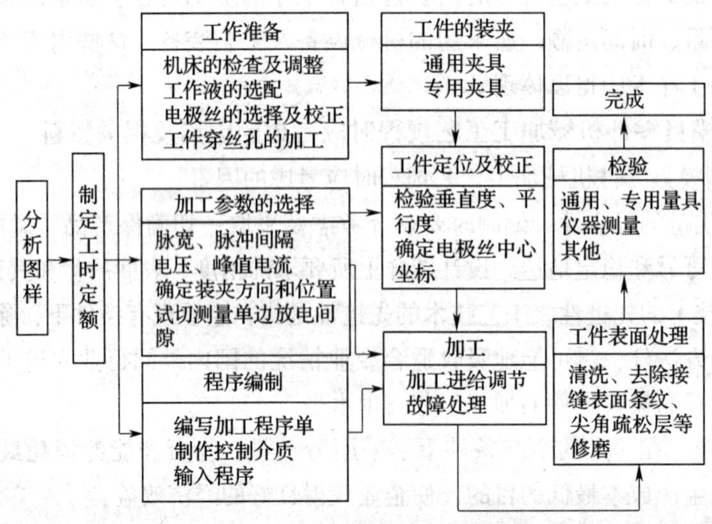

图1—4　线切割加工工艺路线

（4）确定加工余量

确定各工序的加工余量，计算工序尺寸及其公差。

（5）选择设备

选择好各工序使用的机床设备及刀具、夹具、量具和辅助工具。

（6）确定切削用量

确定切削用量及时间定额。

（7）填写工艺文件

生产中常见的机械加工工艺文件包括机械加工工艺过程卡、机械加工工艺卡、机械加工工序卡，其格式都有相应的标准规定。

1）机械加工工艺过程卡（见表1—2）。机械加工工艺过程卡是以工序为单位，简要地说明产品或零部件的加工（或装配）过程的一种工艺文件。它是制定其他工艺文件的基础，也是生产准备、编排作业计划和组织生产的依据。由于各工序的说明不够具体，故一般不直接用于指导工人操作，而多作为生产管理方面使用。但在单件、小批量生产中，由于通常不编制其他较详细的工艺文件，往往以这种卡片指导生产。

表1—2　　机械加工工艺过程卡

<table>
<tr><td colspan="2" rowspan="2">单位名称</td><td colspan="3" rowspan="2">机械加工工艺过程卡</td><td>零件图号</td><td colspan="3"></td><td colspan="2">共　页</td></tr>
<tr><td>零件名称</td><td colspan="3"></td><td colspan="2">第　页</td></tr>
<tr><td>材料牌号</td><td></td><td>毛坯种类</td><td></td><td>毛坯外形尺寸</td><td></td><td colspan="2">每件毛坯可制件数</td><td></td><td>每台件数</td><td></td></tr>
<tr><td rowspan="2">工序号</td><td colspan="4" rowspan="2">工序内容</td><td rowspan="2">车间</td><td rowspan="2">工段</td><td rowspan="2">设备</td><td rowspan="2">工艺装备</td><td colspan="2">工时</td></tr>
<tr><td>准终</td><td>单件</td></tr>
<tr><td>00</td><td colspan="4"></td><td></td><td></td><td></td><td></td><td></td><td></td></tr>
<tr><td>05</td><td colspan="4"></td><td></td><td></td><td></td><td></td><td></td><td></td></tr>
<tr><td>10</td><td colspan="4"></td><td></td><td></td><td></td><td></td><td></td><td></td></tr>
<tr><td></td><td colspan="4"></td><td></td><td></td><td></td><td></td><td></td><td></td></tr>
<tr><td></td><td colspan="4"></td><td></td><td></td><td></td><td></td><td></td><td></td></tr>
<tr><td colspan="2">编　制</td><td colspan="3"></td><td colspan="2">校　对</td><td colspan="4"></td></tr>
<tr><td colspan="2">审　核</td><td colspan="3"></td><td colspan="2">日　期</td><td colspan="4"></td></tr>
</table>

2）机械加工工艺卡（见表1—3）。是指按产品或零部件的某一工艺阶段编制的一种工艺文件。它以工序为单元，详细说明产品或零部件在某一工艺阶段中的工序号、工序名称、工序内容、工艺参数、操作要求以及采用的设备和工艺装备等。它是用来指导工人生产及帮助车间管理人员和技术人员掌握整个零件加工过程的一种主要技术文件，广泛用于成批生产的零件和重要零件的小批量生产中。

表 1—3　　机械加工工艺卡

加工工艺卡			产品名称	零件名称	材料	零件图号
毛坯种类	毛坯外形尺寸		每件毛坯可制件数		备注	
工序号	工 种	工序内容	夹具	使用设备	备注	
10						
20						
30						
编　制		检　验				
审　核		日　期		共　页	第　页	

3）机械加工工序卡（见表 1—4）。是指在机械加工工艺过程卡或机械加工工艺卡的基础上，按每道工序所编制的一种工艺文件。一般具有工序简图，并详细说明该工序每个工步的加工（或装配）内容、工艺参数、操作要求以及所用设备和工艺装备等。它是用来具体指导工人操作的工艺文件，一般用于大批大量生产中。

表 1—4　　机械加工工序卡

<table>
<tr><td rowspan="2">单位名称</td><td rowspan="2">机械加工工序卡</td><td>零件图号</td><td colspan="2"></td><td colspan="2">共　页</td></tr>
<tr><td>零件名称</td><td colspan="2"></td><td colspan="2">第　页</td></tr>
<tr><td colspan="2" rowspan="11">（工序简图）</td><td>车间</td><td>工序号</td><td>工序名称</td><td colspan="2">材料牌号</td></tr>
<tr><td></td><td></td><td></td><td colspan="2"></td></tr>
<tr><td>毛坯种类</td><td>毛坯外形尺寸</td><td>每件毛坯可制件数</td><td colspan="2">每台件数</td></tr>
<tr><td></td><td></td><td></td><td colspan="2"></td></tr>
<tr><td>设备名称</td><td>设备型号</td><td>设备编号</td><td colspan="2">同时加工件数</td></tr>
<tr><td></td><td></td><td></td><td colspan="2"></td></tr>
<tr><td colspan="2">夹具编号</td><td>夹具名称</td><td colspan="2">切削液</td></tr>
<tr><td colspan="2"></td><td></td><td colspan="2"></td></tr>
<tr><td colspan="2">工位器具编号</td><td>工位器具名称</td><td colspan="2">工序工时</td></tr>
<tr><td colspan="2" rowspan="2"></td><td rowspan="2"></td><td>准终</td><td>单件</td></tr>
<tr><td></td><td></td></tr>
</table>

续表

工步号	工步内容	工艺装备	主轴转速(r/min)	切削速度(m/min)	进给量(mm/r)	背吃刀量(mm)	走刀次数	工时定额	
								基本	辅助
1									
2									
编　制				检　验					
审　核				日　期					

第二节　模具制造技术要求

模具制造工艺过程应满足的基本要求就是保证模具的质量，即在制造过程中按工艺规程生产出的模具应能达到模具设计图样所规定的全部精度和表面质量。而模具零件的制造要求是保证模具质量的基础。在实际加工中，根据模具的使用情况不同，各零件的加工技术要求也有所不同。本节讨论冷冲压模具和塑料成形模具制造总体上的技术要求。

一、冷冲压模具制造的技术要求

1. 冲裁模制造的技术要求

将一部分材料与另一部分材料分离的模具称为冲裁模，如图 1—5 所示。在冷冲压模具制造过程中，冲裁模的尺寸精度、形状精度、凸模和凹模间隙及其均匀性等方面的要求对冲裁件质量影响很大。

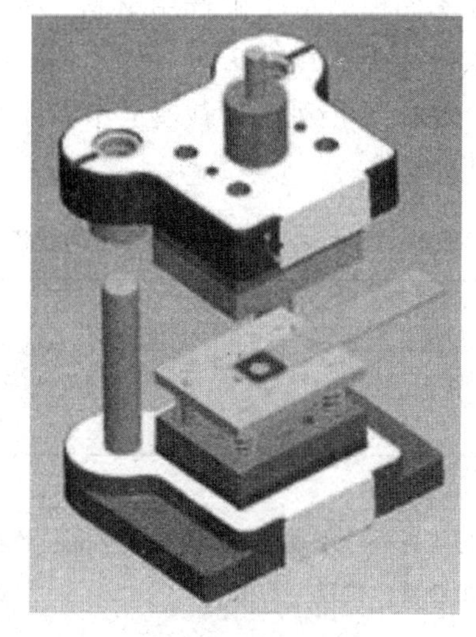

图 1—5　冲裁模

（1）冲裁模中凸模与凹模的加工要求

1）落料时，落料零件的尺寸与精度取决于凹模刃口尺寸。因此，在制造落料凹模时，应使凹模尺寸与制品零件最小极限

尺寸相近。凸模刃口的基本尺寸则应按凹模刃口的基本尺寸减小一个最小间隙值。

2）冲孔时，冲孔零件的尺寸与精度取决于凸模尺寸。因此，在制造冲孔凸模时，应使凸模尺寸与孔的最大极限尺寸相近，而凹模基本尺寸则应按凸模刃口尺寸加上一个最小间隙值。

3）对于单件生产的冲裁模和形状复杂零件的冲裁模，其凸模和凹模应采用配作法加工。即先按图样尺寸加工凸模（或凹模），然后以此为基准，配作凹模（或凸模），并加上间隙值。落料时，先制造凹模，凸模以凹模配作；冲孔时，先制造凸模，凹模则以凸模配作。

4）由于凸模、凹模长期工作受磨损会使间隙加大，因此，在制造冲裁模时应采用最小合理间隙值。

5）在制造冲裁模时，同一副模具的凸模和凹模间隙应保证在各个方向上均匀一致。

6）凸模与凹模的精度应随制品零件的精度而定。一般情况下，圆形凸模与凹模应按 IT6 ~ IT5 级精度加工，而非圆形凸模和凹模可取制品精度的四分之一作为凸模和凹模的加工精度。

（2）冲裁模中凸模和凹模的热处理

冲裁是指利用冲裁模在压力机上把被冲材料分离的一种冲压工序。冲裁模是一种带刃口的模具。在冲裁时凸模刃口陷进被冲材料之中，并承受着强烈的冲击和材料的剧烈摩擦，使刃口部位严重磨损，由开始的锋利到最后变成圆钝，影响了后续制品的质量。为保证制品零件的质量长期稳定，这就要求冲裁模的凸模有较高的耐磨性，而且还要有一定的抗压强度、抗弯强度和冲击韧性。而对于凹模，除抗弯强度要求略低外，其抗压强度、冲击韧性的要求要比凸模更高。因此，制造冲裁模凸模和凹模时应正确选用材料，并且用合理的热处理工艺来保证其硬度、韧性等要求。

表 1—5 所列为冲裁模工作零件的热处理要求，表 1—6 所列为冲裁模辅助零件的热处理要求。

表 1—5　　冲裁模工作零件的热处理要求

工作零件名称	选用材料	热处理硬度 HRC	
		凸模	凹模
形状简单、冲裁材料厚度小于 3 mm 的模具所用凸模、凹模、凸凹模	T8、T8A、T10、T10A	58 ~ 62	60 ~ 64

续表

工作零件名称	选用材料	热处理硬度 HRC	
		凸模	凹模
形状复杂、冲裁材料厚度大于3 mm的模具所用凸模、凹模、凸凹模及凹模镶块、侧刃等	Cr12、CrWMn、Cr12MoV、9Mn2V、GCr15、W2MoV	58~62	62~64
生产量较大的冲裁模工作部位	Cr12Mo、GCr15	≥58	≥62

表1—6　冲裁模辅助零件的热处理要求

辅助零件名称	选用材料	热处理硬度 HRC
上模板、下模板	HT210—400 Q235F、Q275	
导柱、导套	20、T8A、T10A	60~62 20（渗碳后淬火）
模柄、固定板、卸料板、导板	45	
垫板	T7A、T8A	40~45
导正销、定位销	T7、T8	52~56
挡料销、挡料块	45 T7A	43~48 52~56
螺母、垫圈	Q235	
各种弹簧	65Mn	40~48
圆柱销 内六角螺钉、螺杆	45	43~48 头部淬硬43~48

2. 弯曲模制造的技术要求

能将坯料弯曲成一定形状的模具称为弯曲模。如图1—6所示为V形件弯曲模。弯曲模零件的加工方法基本与冲裁模相同，在此主要介绍其凸模和凹模的制造要求。

（1）弯曲模工作部分一般形状比较复杂，几何形状及尺寸精度要求较高。在制造时，凸模与凹模工作表面的曲线和折线需要用事先做好的样板及样件来控制，以保证制造精度。样板与样件的精度一般应为±0.05 mm。由于回弹的影响，制造出来的凸模和凹模形状不可能与制品最后形状完全相同。因此，必须有一定的修正值，该值应根据操作者的实践经验或反复试验后确定，并根据修正值来加工样板和样件。

图 1—6　V 形件弯曲模

（2）弯曲模凸模和凹模的淬火工序是在试模以后进行的。压弯时，由于材料的弹性变形使弯曲件产生回弹。因此，在制造弯曲模时必须考虑材料的回弹值，以便使所弯曲的制件能符合图样所规定的技术要求。影响回弹的因素很多，要求设计得完全准确是不可能的。这就要求在制造模具时对其反复试验与修正，根据实际情况，对凸模、凹模的尺寸和形状进行精修，直到制品达到规定的要求为止。为了便于修整，弯曲模的凸模、凹模形状和尺寸经试模确定后才能进行淬硬定形。

（3）弯曲模凸模和凹模的加工次序应按制品外形尺寸标注情况来选择。对于尺寸标注在内形的制件，一般先加工凸模，而凹模按凸模配作，并保证规定的间隙值；对于尺寸标注在外形的制件，应先加工凹模，凸模按凹模配作，并保证规定的间隙值。

（4）弯曲模凸模和凹模的圆角半径及间隙应加工均匀，工作部位表面应进行抛光，表面粗糙度 Ra 值应在 0.40 μm 以下。

3. 拉深模制造的技术要求

将坯料拉深成开口空心零件或进一步改变空心零件形状和尺寸的模具称为拉深模，如图 1—7 所示。

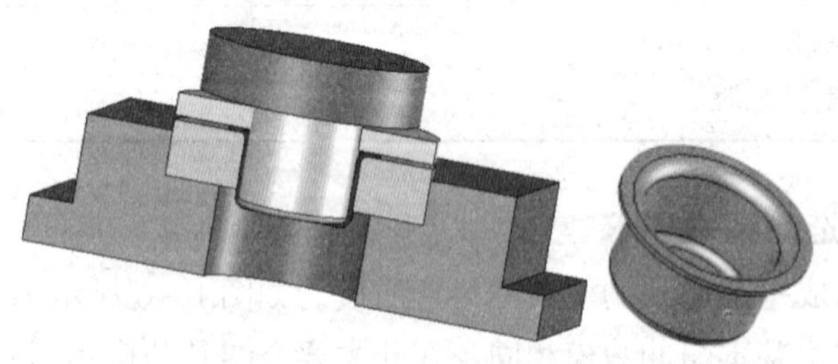

图 1—7　拉深模

（1）拉深模制造的要求

1）拉深模的凸模和凹模工作部分边缘应加工成光滑的圆角，其圆角的大小要符合图样规定的要求，并经反复试验直到合格为止。

2）拉深模凸模和凹模表面质量一般要求较高（表面粗糙度 Ra 值在 0.40 μm 以下），一般可在修整尺寸合格后进行抛光、研磨或镀铬。

3）拉深模凸模和凹模的间隙在装配时要均匀。一般情况下，在模具装配前，钳工应首先按制件图样制成一个样件，以便在装配模具时作为样板调整间隙值及检验用。

4）拉深模的凸模和凹模热处理淬硬工序一般在装配试模合格后进行。

5）对于大、中型拉深模，其凸模应留有通气孔，以便于制件拉深后能够卸出。

6）拉深件的毛坯尺寸和形状通过理论计算很难计算得特别准确，故要通过试模后才能确定其毛坯尺寸和形状。因此，拉深模的加工顺序应该是先制造拉深模，待拉深模试模合格后，再以其所需的毛坯尺寸制造首次落料拉深模。

（2）拉深模的热处理

拉深又称拉延和压延。它是利用模具使平面材料变成开口空心零件的冷冲压方法。其机理是利用拉深模凸模和凹模使材料在一定的压力下产生塑性变形，制造出与拉深模型腔相仿的制件。

为适应拉深的工作特点，拉深模的凸模和凹模应具有高硬度、良好的耐磨性和抗黏附性能。所以，拉深模在热处理时应注意以下几点：

1）在拉深模淬火过程中，往往会产生表面脱碳或造成软点，使模具的表面硬度和耐磨性降低，造成模具在使用中“拉毛”，影响模具的使用寿命和产品质量。所以，在热处理过程中应设法防止表面脱碳和出现软点而致使表面硬度降低。

2）拉深模工作零件采用的材料如 T10、CrWMn 等，经淬火后表面硬度尽管较高，但因其所含高硬度的合金碳化物较少，致使耐磨性较低。工作时，在较大的表面压力下，由于被拉深材料的流动与模具型腔表面硬的微凸体尖峰剧烈摩擦，形成了加工硬化接点，加剧了相互摩擦，引起了金属材料与模具的咬合。因此，在热处理时可采用渗氮等化学处理的方法减少这种咬合现象。实践证明，型腔表面经渗氮后，其表面形成 0.02 ~ 0.04 mm 的化合物强化层，可起到减少磨损及提高表面硬度的作用，使模具的使用寿命大大延长。

总之，拉深模的热处理要求可根据所采用材料来确定。一般中、小型拉深模采用 T10A、9Mn2V、Cr12、Cr12MoV 等，其热处理硬度要求：凸模为 58 ~ 62HRC；凹模为 60 ~ 64HRC。而大型模具在满足工作条件的前提下，可采用廉价的球墨铸铁，其热处理硬度为 45 ~ 50HRC。

4. 冷挤压模制造的技术要求

将较厚的毛坯材料制成薄壁空心零件的模具称为冷挤压模，如图 1—8 所示。冷挤压模的制造要求基本上与普通冲裁模相同。但由于冷挤压时，其模具在压力下强迫金属流动，所需挤压力很大，而且磨损遍及凸模和凹模的整个表面。

（1）冷挤压模凸模和凹模的加工

1）在加工凸模时，凸模的两端应预留磨削时钻中心孔所需的凸台，并在磨削后切除。

2）凸模在加工完成后，其工作部分应加工出光滑的圆角过渡，即尺寸的变化程度要小，以防在使用时由于应力集中而使凸模被挤裂损坏。

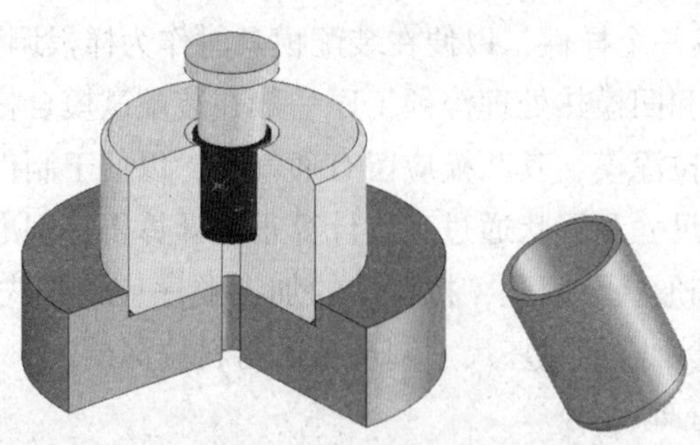

图 1—8　冷挤压模

3）凸模经最后磨削加工后，工作部分应与紧固部分保持同轴。工作部分的形状也应严格保持对称；否则，不仅会使挤出的制件壁厚不均匀，而且凸模本身也容易因单边受力而被折断。

4）凸模和凹模在磨削加工前，表面粗糙度 *Ra* 值应不高于 3.2 μm，表面不允许有凹凸不平现象。凸模和凹模留磨余量应不小于 0.1 mm。磨削后应进行研磨与抛光，研磨量应不小于 0.01 mm。研磨后的表面粗糙度 *Ra* 值在 0.20 μm 以下。

（2）预应力圈的加工

在冷挤压模具中，为了预防凹模碎裂，提高其强度，节约贵重的金属材料，一般采用预应力圈组合凹模结构。

预应力组合凹模的预应力圈可以是单层的，也可以是两层以上的。其预应力一般是由预应力圈之间的过盈配合获得的。所以，在加工时应特别注意其尺寸配合精度。

（3）冷挤压模的热处理

冷挤压是在常温条件下，利用模具在压力机作用下对金属以一定的速度施加相当大的压力，使金属产生塑性变形，从而获得所需形状和尺寸零件的一种加工方法。零件在冷挤压时，模具工作部分的凸模和凹模要承受强大的压力，并且摩擦产生的工作温度可高达 300 ~ 400℃。因此，凸模和凹模受压力及热疲劳影响，若其强度不够，会出现镦粗和折断现象，这就要求模具应具有较高的强度、足够的韧性与硬度，同时还需具有一定的红硬性，即回火稳定性。

冷挤压模常用的凸模材料为 Cr12MoV、W18Cr4V，硬度要求是 60 ~ 62HRC；凹模材料常用 Cr12、W18Cr4V、Cr12MoV，要求的淬火硬度是 58 ~ 60HRC。预应力圈的中圈采用 5CrNiMo、40Cr 等材料制成；而外圈则用 45、40Cr、35CrMoA 材料制成，热处理后硬度要求一般为 42 ~ 44HRC。

二、塑料成形模具制造的技术要求

将塑料压制成一定形状的制件的模具称为塑料模。以下主要讨论塑料压塑模和塑料注塑模的制造技术要求。

1. 塑料压塑模制造的技术要求

塑料压塑模是将塑料放入模具的型腔中，在液压机上加热、加压，使软化的塑料充满型腔，并保持一定的温度、压力和时间，冷却后塑料即硬化成制件。如图1—9所示为压塑模的结构形式。

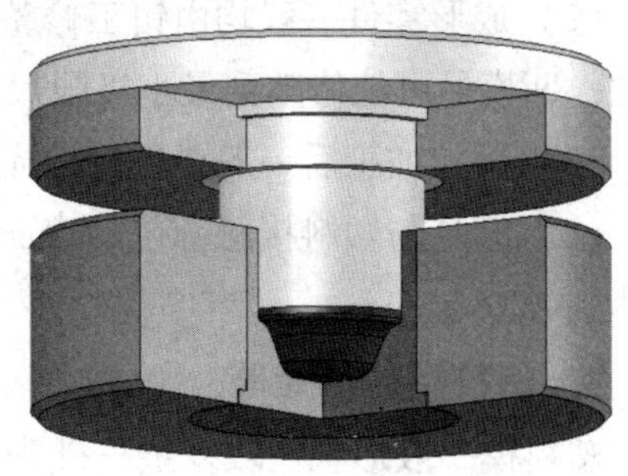

图1—9 压塑模的结构形式

(1) 压塑模的型芯与型腔应配合加工。经配合加工后，可用石蜡或橡胶泥边修边试，再修整加工。待检验合格后再淬硬及修磨。

(2) 为了便于取出制件，型芯与型腔应加工出脱模斜度。

(3) 导柱、导套安装孔位应一致，配合间隙应合适。成形孔、嵌件孔、型芯固定板上的型芯固定孔等均应与导柱、导套孔保持一定的位置精度，以便模具装配后运动灵活。

(4) 压塑模的成形零件应进行抛光和镀铬，使其表面粗糙度 Ra 值达到0.02 μm以下。

(5) 确定顶杆的位置和分布时，除按设计加工外，一般应在试模修整后，保证压出的制件不变形。

(6) 储料槽及溢料槽的形状和尺寸一般也应根据试模情况边试边修整。

2. 塑料注塑模制造的技术要求

塑料注塑模是将塑料放入注射机的专用加料腔内加热，在螺杆的推动下加压，使软化的塑料经过浇注系统挤入模具的型腔内，从而制成塑料制件。如图1—10所示为注塑模的结构形式。

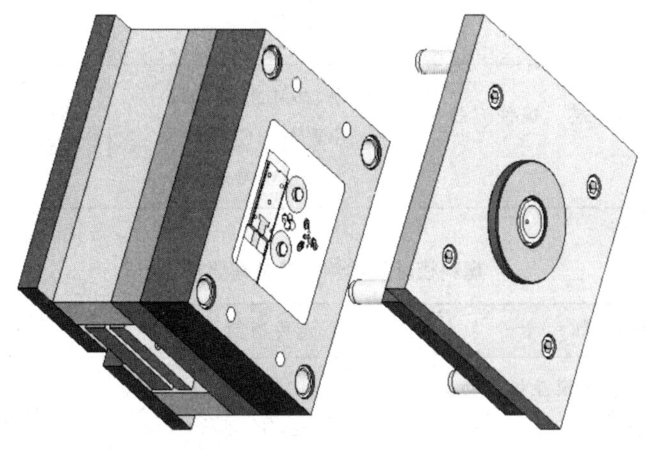

图1—10 注塑模的结构形式

(1) 零件的加工次序：成形零件难以加工且热处理易变形，故成形零件应优先加工，如凸模型芯、凹模型腔等零件，并以此作为基准，配作其他零件。

（2）成形零件一般均由钳工修整。修整的原则如下：凸模尽可能修整到最大极限尺寸；凹模尽可能修整到最小极限尺寸，这样可以延长模具的使用寿命。

（3）型腔加工后一般要进行抛光，其抛光纹路原则上应与脱模方向一致。

（4）模具与塑料接触部位的表面粗糙度 *Ra* 值一般为 1.25 ~ 0.32 μm，透明塑件应该达到 *Ra*0.04 μm。

3. 塑料模的热处理

塑料模一般形状比较复杂，外观及表面质量要求较高。凸模和凹模在热处理时一定要控制及避免表面出现氧化脱碳现象。而工作部位在工作时都会承受压力、热应力及磨损，致使型腔和凸模有磨损、开裂、凹陷的危险。故工作部位一定要有较高的硬度和足够的耐磨性，同时还应具有可抛光性及尺寸的稳定性。压塑模一般不要求整体淬透，只要求有一定的淬硬层。表 1—7 所列为塑料模工作零件的热处理要求，表 1—8 所列为塑料模辅助零件的热处理要求。

表 1—7　　塑料模工作零件的热处理要求

工作零件名称	选用材料	热处理硬度 HRC
用于产量不大的热塑性塑料注塑模的型芯、凸模、型腔板、镶件	45	调质 22 ~ 26
用于有镜面要求的注塑模型芯、凸模、型腔板、镶件	Y55CrNiMnMoV	≤40
用于形状复杂、精度要求较高、产量大的注塑模型芯、凸模、型腔板、镶件	CrWMn、9CrWMn Cr5NiSCa、9Mn2V 8Cr2MnWMoVS 5CrNiMnMoVSCa	40 ~ 45
用于热固性塑料模型芯、镶件、凸模等	T10A、9Mn2V、Cr12 CrWMn、GCr15 7CrSiMnMoV	46 ~ 52

表 1—8　　塑料模辅助零件的热处理要求

辅助零件名称	选用材料	热处理硬度
动、定模座板，上、下模座板，动、定模板，上、下模板，支承板，模套，垫块	45	不进行热处理或 调质 220 ~ 270HBW
导柱、导套、推板	20、T8A	渗碳 50 ~ 60HRC 50 ~ 55HRC

续表

辅助零件名称	选用材料	热处理硬度
浇口套、分流锥、拉料杆	T10A、9Mn2V	50～55HRC
斜销、滑块、推杆、推管	T8A、7CrSiMnMoV	54～58HRC
复位杆	45	43～48HRC
推杆固定板、推板	45	
加料室、柱塞	T8A、7CrSiMnMoV	50～55HRC

第二章 模具零件的机械加工

用机械加工方法制造模具零件，在工艺上要充分考虑模具零件的材料、结构、形状、尺寸大小、精度和使用寿命等方面的要求，采用合理的加工方法和工艺路线，尽可能依靠加工设备来保证模具的加工质量，提高生产效率和降低成本。在设计和制造模具时，应根据模具所加工制件的质量要求和产量，确定合理的模具精度和使用寿命。

模具零件可分为模具结构零件和工作零件。模具结构零件主要是指导柱、导套、模板、模座等零件。模具工作零件主要是指凸模、型芯、型孔、型腔等零件。

第一节　模具结构零件的机械加工

导柱和导套是机械加工中常见的轴类与套类零件。轴类和套类零件主要是对内、外圆柱的表面进行加工。模座、模板则是平板状零件，主要是进行平面和孔系的加工。本节分别介绍导柱、导套、模板类零件、冲压模模座和滑块等模具结构零件的加工。

一、导柱的加工

各类模具应用的导柱结构种类很多，但均属于实心轴类零件，其主要结构为不同直径的同轴圆柱表面及两端的圆形端平面。因此，可根据导柱的结构尺寸和材料要求，直接选用适当尺寸的热轧圆钢作为坯料。

由于导柱的工作表面是容易磨损的表面，应有较高的硬度要求，所以导柱零件必须进行适当的热处理，当选用 20 钢时，一般渗碳后进行淬火；当选用 45、T8A 或 T10A 钢时，则应进行表面淬火或整体淬火处理，以满足使用要求。

下面以塑料注塑模的滑动式标准导柱（见图 2—1）为例，对导柱的加工进行介绍。

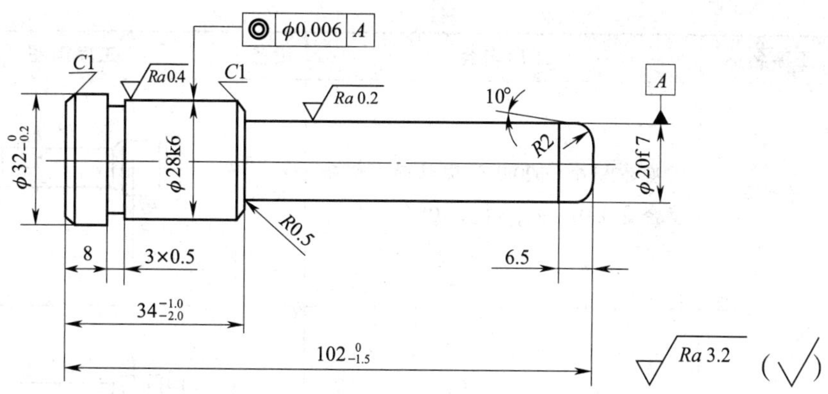

图 2—1　导柱（材料：T8A　热处理：50～55HRC）

1. 导柱加工方案的选择

导柱的加工表面主要是外圆柱面和端面。其基本加工方案如下：备料→粗车→半精车→精车→热处理→磨削→研磨。

2. 导柱的加工工艺过程

图 2—1 所示导柱的加工工艺过程见表 2—1。

表 2—1　　**导柱的加工工艺过程**

工序号	工序名称	工序内容	设备	工序简图
1	下料	按图样尺寸 φ35 mm×105 mm	锯床	
2	车端面，钻中心孔	车端面，保持长度 103.5 mm，钻中心孔。掉头车端面至尺寸102 mm，钻中心孔	车床	
3	车外圆	粗车外圆柱面至尺寸 φ20.4 mm×68 mm，φ28.4 mm×26 mm，并倒角。掉头车外圆 φ32 mm 至尺寸并倒角，车槽 3 mm×0.5 mm 至尺寸	车床	
4	检验			
5	热处理	按热处理工艺对导柱进行热处理，保证表面硬度 50～55HRC		
6	研中心孔	研中心孔，掉头研另一端中心孔	车床	

续表

工序号	工序名称	工序内容	设备	工序简图
7	磨外圆	磨 φ28k6、φ20f7 外圆柱面，留研磨余量 0.01 mm，并磨 10° 角	磨床	
8	研磨	研磨外圆 φ28k6、φ20f7 至尺寸，抛光 $R2$ mm 和 10° 角	磨床	
9	检验			

导柱加工过程中的工序划分、工艺方法和设备的选用应根据导柱的形状、尺寸与结构、生产类型及企业设备技术状况等条件来决定。不同的生产条件采用的设备及工序划分也不尽相同，所以，加工工艺需根据具体条件选择。

3. 导柱加工过程中的定位

在导柱的加工过程中，为了保证各外圆柱面之间位置精度和均匀的磨削余量，对外圆柱面进行车削和磨削时，一般采用与设计基准重合的两端中心孔定位。所以，在车削前需先加工中心孔，以便为后续工序提供可靠的定位基准。中心孔加工的形状精度对导柱的加工质量有着直接影响。特别是精度要求高的零件，保证中心孔与顶尖之间的良好配合是非常重要的。因此，中心孔在热处理后和磨削前均需进行修正，以消除热处理变形和其他缺陷，使磨削外圆柱面时能获得精确定位，保证外圆柱面的形状和位置精度要求。

中心孔的钻削和修正是在车床、钻床或专用机床上按图样要求的中心孔的形式进行的。

如图 2—2 所示为在车床上用锥形砂轮修正中心孔。加工时用三爪自定心卡盘夹持锥形砂轮，在被修正的中心孔内加入少量煤油或机油，手持工件，利用车床尾座顶尖支撑和车床主轴的转动进行磨削。此方法效率高，质量较好，但砂轮易磨损，需经常修整。

采用图 2—3 所示的硬质合金梅花棱顶尖修正中心孔，是将梅花棱顶尖装入车床的主轴锥孔内，利用机床尾座顶尖将工件压向梅花棱顶尖，通过梅花棱顶尖的挤压作用修正中心孔的几何误差。此方法效率高，但质量较差。一般用于大批量生产，且要求不高的中心孔的修正。

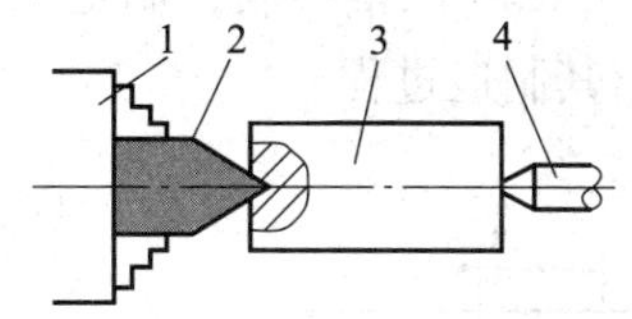

图 2—2 用锥形砂轮修正中心孔

1—三爪自定心卡盘 2—锥形砂轮

3—工件 4—尾座顶尖

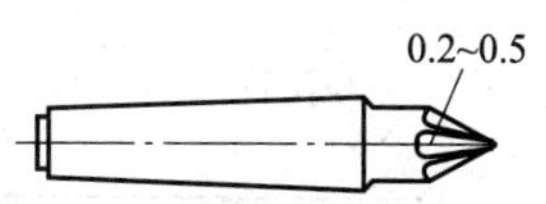

图 2—3 硬质合金梅花棱顶尖

4. 导柱的研磨

为了进一步提高导柱的表面质量，以达到设计的要求，即为了保证图 2—1 所示导柱的表面粗糙度，所以增加了研磨工序。

在生产批量大的情况下，研磨加工可在研磨机上进行。在单件、小批量生产中，则可采用图 2—4 所示的导柱研磨工具在普通车床上进行研磨。研磨时，在工件表面涂上研磨剂，将研磨工具套装在导柱被研磨表面上，利用车床床鞍的往复运动和主轴的旋转运动进行研磨。

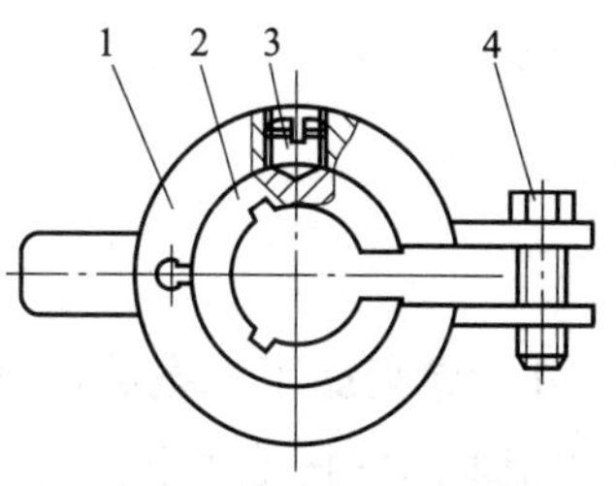

图 2—4 导柱研磨工具

1—研磨架 2—研磨套

3—限位螺钉 4—调整螺钉

研磨套用铸铁制造，其内径比工件外径大 0. 02 ~ 0. 04 mm，长度一般取工件研磨表面长度的 25% ~ 50%，研磨套的直径尺寸可通过研磨工具上调整螺钉的轴向调节来调整，以达到精度要求。

导柱的研磨余量一般为 0. 005 ~ 0. 012 mm。研磨时的工作压力一般粗研磨时取 100 ~ 200 kPa，精研磨时取 10 ~ 100 kPa。研磨速度一般粗研磨时取 30 ~ 50 m/min，精研磨时取 6 ~ 15 m/min。工件表面硬度较低或精度要求高时，研磨速度取小值。

研磨前，应将工件边缘的毛刺去除，工件表面和研磨工具表面用汽油或煤油清洗干净；否则将影响研磨效果。

二、导套的加工

导套和导柱一样，是模具中应用最广泛的导向零件。虽然其结构和形状因其应用部位不同而各异，但构成导套的主要表面是内、外圆柱面，可根据其结构、形状、尺寸和材料的要求，直接选用适当尺寸的热轧圆钢作毛坯。

在机械加工过程中，除保证导套配合表面的尺寸和形状精度外，还须保证内、外圆柱配合表面的同轴度要求。

导套的内表面和导柱的外表面均为配合表面，尤其内表面使用过程中运动频繁。为保证其耐磨性，需要有一定的硬度。因此，在精加工之前要安排热处理，以提高其硬度和耐磨性。

在不同的生产条件下，制造导套所采用的加工方法和设备不同，制造工艺也不尽相同，现以图 2—5 所示的冲模滑动式导套为例介绍其制造过程。

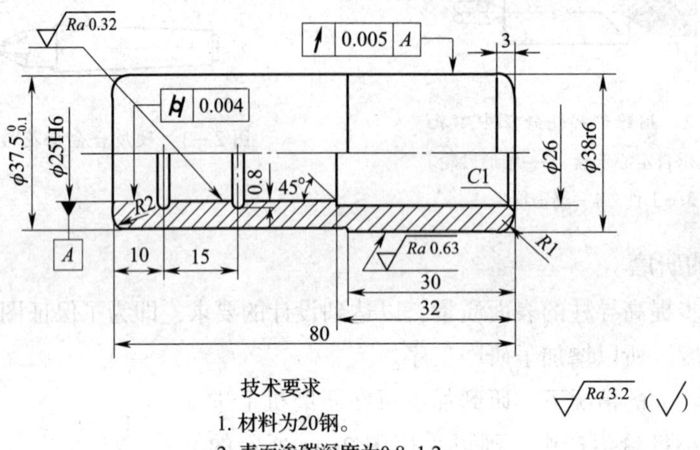

技术要求

1. 材料为20钢。
2. 表面渗碳深度为0.8~1.2。
3. 硬度为58~62HRC。

图 2—5　冲模滑动式导套

1. 导套加工方案的选择

根据图样技术要求，其基本加工方案为备料→粗加工→半精加工→热处理→精加工→光整加工。

2. 导套的加工工艺过程

图 2—5 所示的冲模滑动式导套的加工工艺过程见表 2—2。

表 2—2　　导套的加工工艺过程

工序号	工序名称	工序内容	设备	工序简图
1	下料	按尺寸 φ42 mm×85 mm 切断	锯床	φ42 85
2	车外圆及内孔	车端面，保证长度 82.5 mm 钻图样上 φ25 mm 内孔至 φ23 mm 车图样上 φ38 mm 外圆至 φ38.4 mm 并倒角 车图样上 φ25 mm 内孔至 φ24.6 mm 和油槽至尺寸 车图样上 φ26 mm 内孔至尺寸并倒角	车床	φ24.6 φ26 φ38.4 82.5

续表

工序号	工序名称	工序内容	设备	工序简图
3	车外圆及倒角	车 ϕ37.5 mm 外圆至尺寸，车端面至尺寸	车床	ϕ37.5 80
4	检验			
5	热处理	按热处理工艺进行，保证渗碳层深度为 0.8～1.2 mm；硬度为 58～62HRC		
6	磨削内孔和外圆	磨ϕ38 mm 外圆至图样要求 磨ϕ25 mm 内孔，留研磨余量 0.01 mm	万能外圆磨床	ϕ24.99 ϕ38r6
7	研磨外圆及内孔	研磨 ϕ38 mm 外圆及 ϕ25 mm 内孔至图样要求	车床	ϕ25H6
8	检验			

3. 导套加工过程中的定位

为了保证导套内、外圆柱面的同轴度要求，在磨削时，正确选择其定位基准是非常重要的。对于单件、小批量生产的导套，热处理后可在万能外圆磨床上利用三爪自定心卡盘夹持 ϕ37.5 mm 外圆柱面，一次装夹后，磨出 ϕ38r6 的外圆柱面和 ϕ25H6 的内孔，可避免因多次装夹而造成的误差。当大批量生产同一尺寸的导套时，则可先磨好内孔，再将导套套装在专用的小锥度磨削心轴上，如图 2—6 所示。以心轴两端的中心孔定位，使定位基准与设计基准重合。借助心轴和导套内表面之间的摩擦力带动工件旋转，磨削导套的外圆柱面，可获得较高的同轴度精度。此方法操作简便，生产效率高，但需制造专用的具有高精度、高硬度（60HRC 以上）的心轴。

4. 导套的研磨

磨削后，为进一步提高导套内孔配合表面的尺寸精度，降低表面粗糙度值，需对导套内孔表面进行研磨，以达到加工表面的质量和设计要求。对于大批量生产的导套，可在专用研磨机床上进行研磨。在单件、小批量生产时，则可采用研磨工具进行研磨。

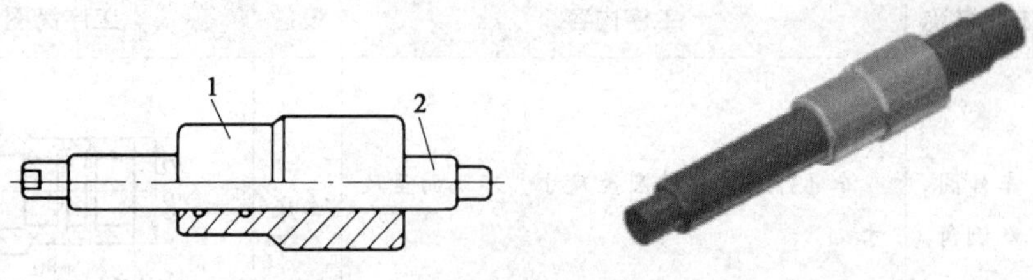

图 2—6　用小锥度磨削心轴安装导套

1—导套　2—心轴

如图 2—7 所示为常用的导套研磨工具，它是由锥度心轴 1、铸铁研磨套 2 和调整螺母 3 组成的。使用时，将锥度心轴的两中心孔分别装夹在车床主轴顶尖和尾座顶尖之间，由车床主轴带动心轴旋转。在导套内孔涂上研磨剂，借助车床床鞍的往复运动进行研磨，直至达到加工要求。

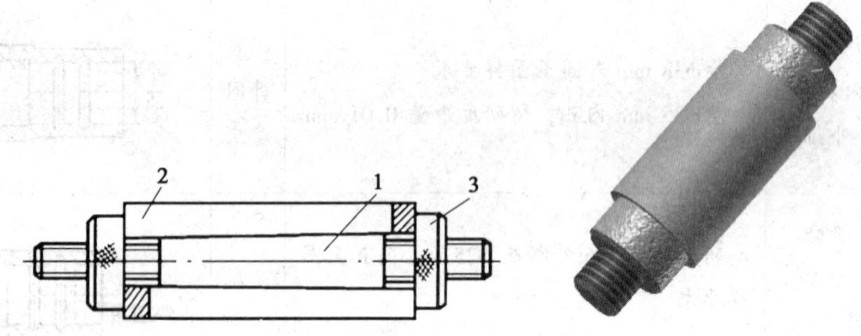

图 2—7　导套研磨工具

1—锥度心轴　2—研磨套　3—调整螺母

在研磨过程中，可通过锥度心轴两端调整螺母的轴向位移，使研磨套径向扩大或缩小来实现研磨量大小的控制。

一般内孔研磨的余量为 0. 01 ~ 0. 02 mm，研磨套的长度应为工件长度的 2 ~ 4 倍。

对于研磨前的准备工作和研磨时的工作压力、研磨速度等均可参见导柱的研磨。

三、模板类零件的加工

模具的模板种类很多，包括上模座、下模座及各种标准模板，例如，冲压模具中的垫板、固定板、卸料板、推件板，塑料模具中的动模板、定模板、模座板、推板等均属此类。不同种类、不同作用的模板虽然有着不同的形状、尺寸、精度及性能要求，但每一块模板都是由平面和孔系组成的。因此，其主要加工表面为平面、孔及孔系。模板类零件的加工质量主要有以下要求：

1. 表面之间的平行度和垂直度

为了保证模具在装配以后各模板能够紧密贴合，对于不同功能和不同尺寸的模板，其平行度与垂直度具体公差等级和公差数值应按冲压模、塑料注塑模相应的技术要求加以确定。

2. 平面的精度等级和表面粗糙度

一般模板平面的加工精度应达IT8 ~ IT7 级，表面粗糙度 Ra 值为3.2 ~0.8 μm；对于平面为分型面的模板，加工精度则要达到 IT7 ~ IT6 级，表面粗糙度 Ra 值为 1.6 ~ 0.4 μm。

3. 模板上各孔的精度、垂直度和孔间距的要求

常用模板各孔径的加工精度一般为 IT7 ~ IT6 级，表面粗糙度 Ra 值为 1.6 ~ 0.4 μm。对于安装导柱的孔轴线与模板上、下平面的垂直度公差要求为 ϕ0.01 mm。模板上各孔之间的孔间距应保持一致，一般误差应在 ±0.02 mm 以下。

四、冲压模模座的加工

冲压模具的上模座和下模座用于安装导柱、导套，连接凸、凹模固定板等零件，其结构、尺寸已标准化。

1. 冲压模模座加工的基本要求

为了保证模座工作时沿导柱上下平稳移动，无阻滞现象，模座上、下平面应保持平行，上模座和下模座的导套、导柱安装孔的孔间距应保持一致，孔的轴线与模座的上、下平面要垂直。

2. 冲压模模座的加工原则

在模座的加工过程中，为了保证加工方便和技术要求，一般应遵循“先面后孔”的原则。模座的毛坯经过刨削或铣削等粗加工后，再对平面进行磨削，以提高其平面的平面度精度和上、下平面间的平行度精度，同时也易于保证孔的垂直度要求。

3. 冲压模模座的加工工艺方案

冲压模上模座和下模座的结构形式较多，不同结构形式、不同技术要求的模座可采用不同的机械加工方法，其加工工艺方案不同，获得的加工精度也不同。具体方案的选择应根据模座的技术要求，结合企业的生产条件等具体情况进行。现以图 2—8 所示的后侧导柱标准冷冲模模座为例说明其加工工艺过程。上模座的加工工艺过程见表 2—3，下模座的加工工艺过程见表 2—4。

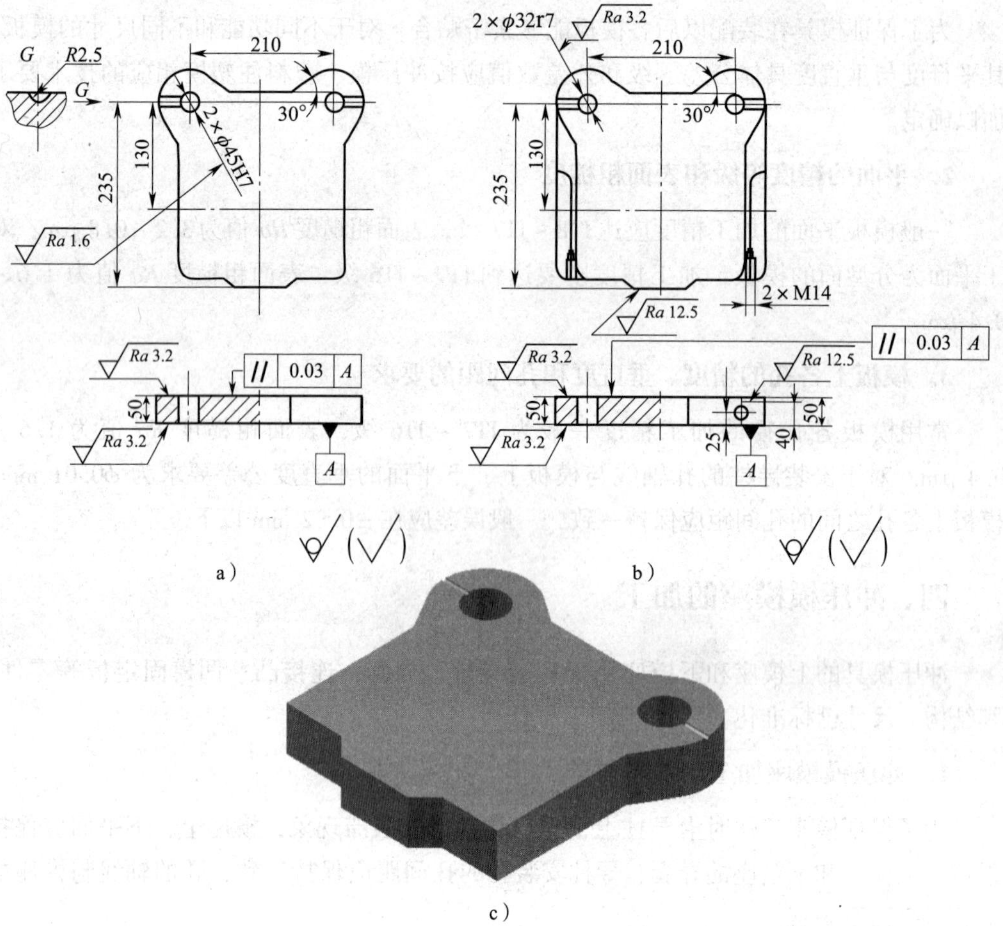

a）　　　　b）

c）

图 2—8　后侧导柱冷冲模模座

a）上模座　b）下模座　c）实物

表 2—3　　　　上模座的加工工艺过程

工序号	工序名称	工序内容	设备	工序简图
1	备料	铸造毛坯		
2	刨平面	刨上、下平面，保证尺寸 50.8 mm	牛头刨床	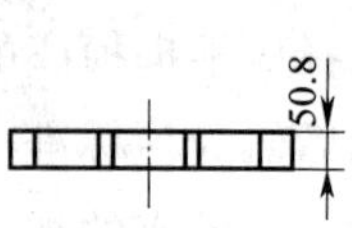

续表

工序号	工序名称	工序内容	设备	工序简图
3	磨平面	磨上、下平面，保证尺寸 50 mm	平面磨床	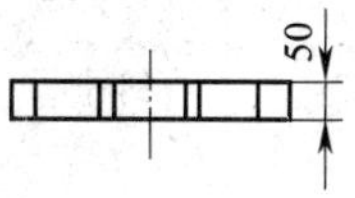 50
4	钳工划线	划前部平面和导套孔中心线		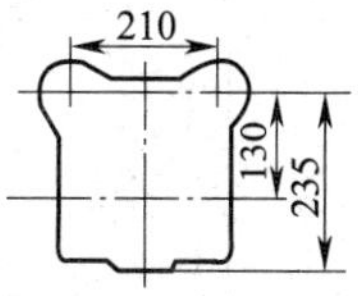 210 130 235
5	铣前部平面	按划线铣前部平面	立式铣床	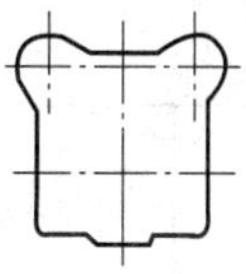
6	钻孔	按划线钻导套孔至 $\phi43$ mm	立式钻床	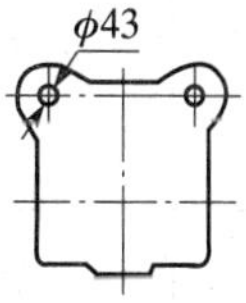 $\phi43$
7	镗孔	与下模座重叠，一起镗孔至 $\phi45H7$	镗床或立式铣床	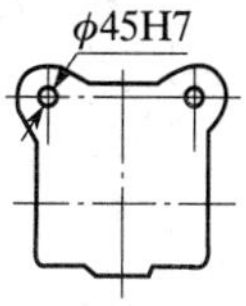 $\phi45H7$
8	铣槽	按划线铣 $R2.5$ mm 的圆弧槽	卧式铣床	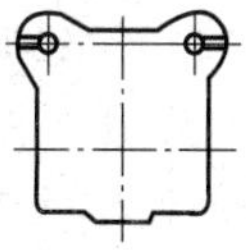

表 2—4　　下模座的加工工艺过程

工序号	工序名称	工序内容	设备	工序简图
1	备料	铸造毛坯		
2	刨平面	刨上、下平面，保证尺寸 50.8 mm	牛头刨床	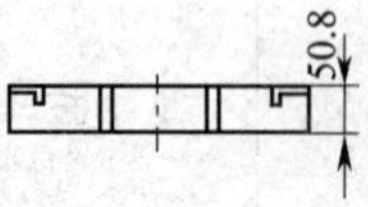 50.8
3	磨平面	磨上、下平面，保证尺寸 50 mm	平面磨床	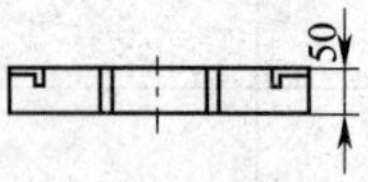 50
4	钳工划线	划前部平面，划导柱孔和螺纹孔线		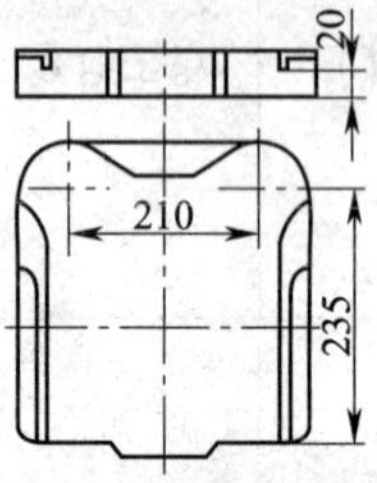 20 210 235
5	铣床加工	按划线铣前部平面，铣台肩至尺寸	立式铣床	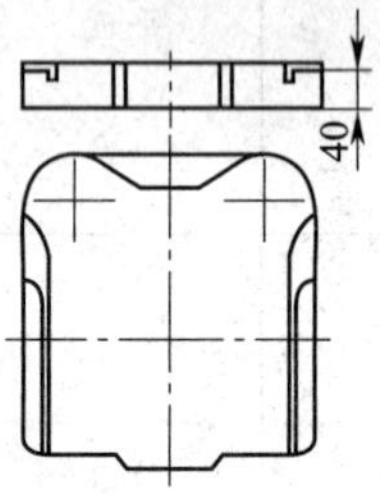 40
6	钻床加工	钻导柱孔至 $\phi30$ mm，钻螺纹底孔并攻螺纹	立式钻床	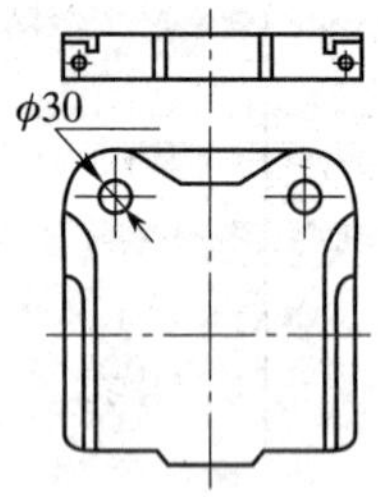 $\phi30$
7	镗孔	与上模座重叠，一起镗孔至 $\phi32_{-0.050}^{-0.025}$ mm	镗床或铣床	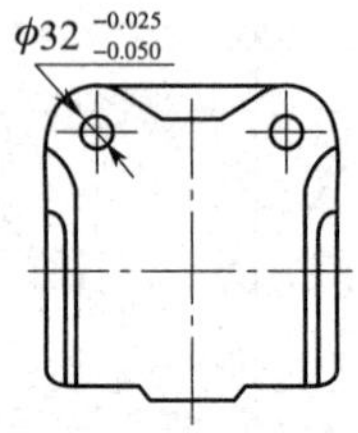 $\phi32_{-0.050}^{-0.025}$
8	检验			

五、模板孔系的坐标镗削加工

由于模板孔系的精度要求较高，某些模板零件用普通机床加工不能达到加工要求，因而需要用特别精密的机床进行加工，在模板零件的精密加工中，模板孔系加工应用最为广泛的精密机床是坐标镗床，如图 2—9 所示为双柱坐标镗床。

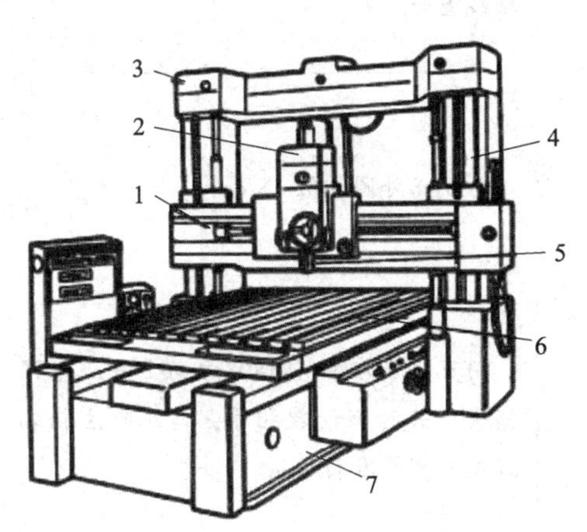

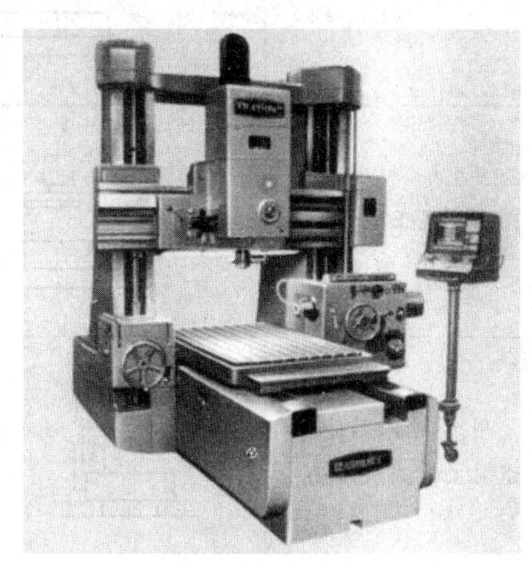

图 2—9 双柱坐标镗床

1—横梁 2—主轴箱 3—顶梁 4—立柱 5—主轴 6—工作台 7—床身

坐标镗床主要用来加工孔间距精度要求高的模板类零件，在多孔冲模、级进模和塑料成形模的制造中得到广泛应用。采用坐标镗床加工，不但加工精度高，而且可节省大量的辅助时间，经济效益较为显著。

1．坐标镗削前的准备工作

（1）模板的放置

模板零件在坐标镗削前，应放在恒温室内保持一定时间，以减小环境温度变化对模板尺寸精度的影响。

（2）模板的预加工

将模板进行预加工，其基准面精度应达到 0. 01 mm。

（3）模板的定位装夹

根据模板零件的形状特点，其定位基准主要有以下几种：

1）工件表面上的线。

2）圆形工件上已加工好的外圆或孔。

3）矩形工件或不规则外形件上已加工好的孔。

4）矩形工件或不规则外形件上已加工好的相互垂直的面。

工件的找正方法有多种，应根据零件及其要求和设备条件等选定。一般对圆形工件的基准找正是使其轴线与机床主轴的轴线重合；对矩形工件的基准找正是使其侧基准面与机床主轴的轴线对齐，并与工作台坐标方向平行，具体说明见表 2—5。

表 2—5　　基准面找正

方　式	简　图	说　明
外圆柱面找正	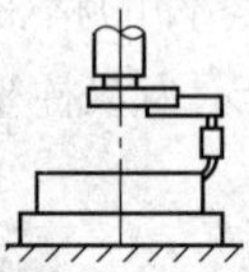	百分表表架装在主轴孔内，转动主轴找正外圆，使机床主轴轴线与工件外圆轴线重合
内孔找正	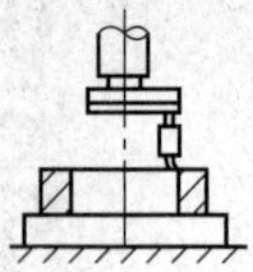	与找正外圆相似
用专用槽块找正矩形工件侧基准面	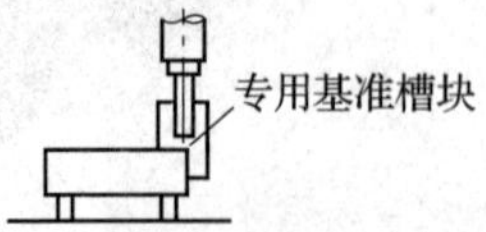 专用基准槽块	用百分表在相差 180°方向上找正专用槽块，若两侧读数相等，则此时主轴轴线便与侧基准面对齐
用标准槽块找正矩形工件侧基准面	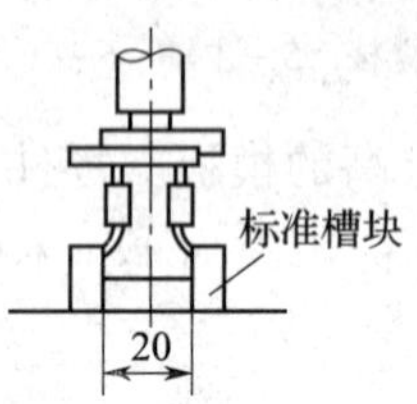 标准槽块 20	首先找正工件侧基准面与工作台坐标方向平行；用百分表找正标准槽块，并记下表的读数。移动工作台并转动主轴，使百分表靠上工件侧基准面，使表的极值读数与找正槽块的读数相等，此时主轴轴线与侧基准面的距离为 1/2 槽宽
用量块辅助找正矩形工件侧基准面	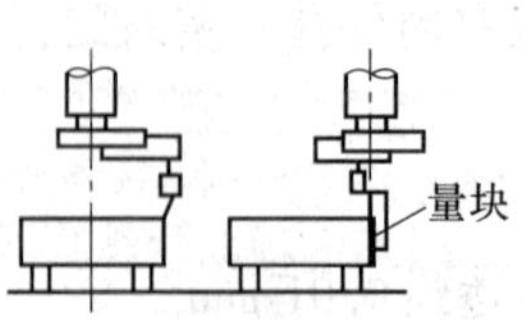 量块	转动主轴，使百分表靠上工件侧基准面，得一极值读数。主轴转过 180°，让百分表靠上与侧基准面贴紧的量块表面，又得一极值读数，两读数之差的 1/2 便是主轴轴线与侧基准面之间的距离

(4) 确定原始点位置

原始点可选择零件上相互垂直的两基准线（或面）的交点（或线），也可利用光学显微镜对板上的线来确定，还可用中心找正器找出已加工好的孔中心作为原始点。

(5) 坐标值的换算

为了保证孔的位置精度，通常需要对工件已知尺寸按照已确定的基准原始点进行坐标值的换算，模板平面孔系坐标换算如图 2—10 所示。

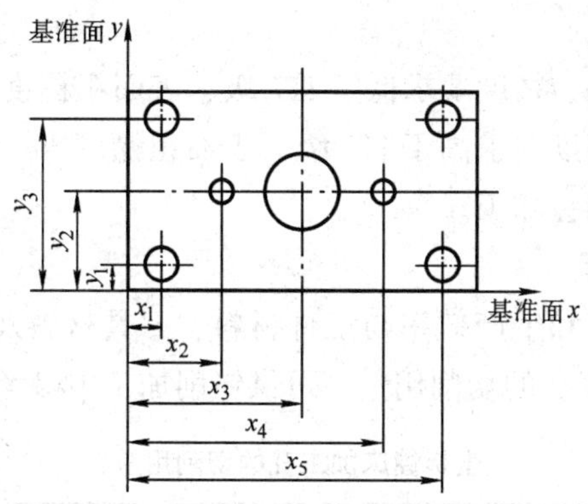

图 2—10 模板平面孔系坐标换算

2. 坐标镗削加工

将模板安装到机床上后，可按下述步骤进行坐标镗削加工。

（1）孔中心定位

根据已换算的坐标值，在各孔的中心位置用弹簧中心冲确定孔的位置（即打样冲眼）。弹簧中心冲如图 2—11 所示。打样冲眼时转动手轮 3，使手轮上的斜面将柱销 2 往上推，从而使中心冲头 4 被提升而压缩弹簧 1。当柱销 2 达到斜面最高位置时继续转动手轮 3，则弹簧 1 将中心冲头 4 弹下，即打出中心样冲眼。

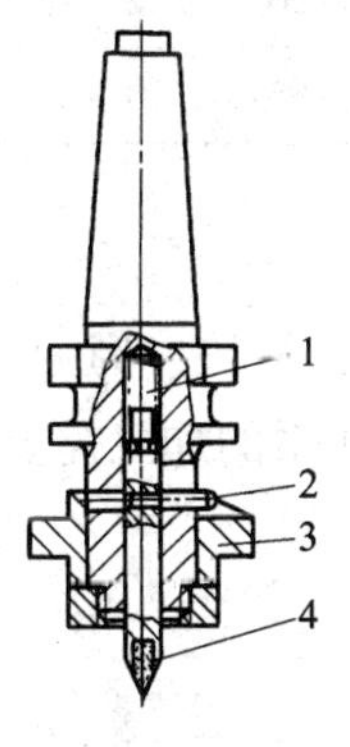

图 2—11 弹簧中心冲

1—弹簧 2—柱销 3—手轮 4—中心冲头

（2）钻中心孔

在各孔的中心位置处钻中心孔，以防止直接钻孔时因轴向力引起孔的偏斜。

（3）钻孔

以中心孔定位钻孔，并根据各孔的直径由大到小的顺序钻出所有的孔。以减小工件变形对加工精度的影响。

钻孔的质量要高，以便为钻孔后的镗削打下良好的基础，钻孔时应根据各孔的加工性质要求，按照由粗加工→半精加工→精加工的顺序安排加工顺序。为了提高生产效率，尽量减少工作台的移动时间，应优先加工相邻的孔。

（4）镗孔

对于直径小于20 mm、精度要求低于IT7级、表面粗糙度 $Ra > 1.25\ \mu m$ 的孔，可以铰孔代替镗孔。对于精度要求高于IT7级、表面粗糙度 $Ra < 1.25\ \mu m$ 的孔，则应先钻孔，再安排半精镗和精镗加工。

（5）切削用量的选择

坐标镗削的加工精度和生产效率与工件材料、刀具材料及镗削用量密切相关。表2—6所列为坐标镗床加工孔的切削用量，可供镗削加工中参考。

表2—6　　坐标镗床加工孔的切削用量

加工方式	刀具材料	背吃刀量（mm）	进给量（mm/min）	切削速度（m/min）			
				软钢	中硬钢	铸铁	铜合金
钻孔	高速钢	—	0.08～0.15	20～25	12～18	14～20	60～80
扩孔	高速钢	2～5	0.1～0.2	22～28	15～18	20～24	60～90
半精镗	高速钢	0.1～0.8	0.1～0.3	18～25	15～18	18～22	30～60
	硬质合金	0.1～0.8	0.08～0.25	50～70	40～50	50～70	150～200
精钻、精铰	高速钢	0.05～0.1	0.08～0.2	6～8	5～7	6～8	8～10
精镗	高速钢	0.05～0.2	0.02～0.08	25～28	18～20	22～25	30～60
	硬质合金	0.05～0.2	0.02～0.06	70～80	60～65	70～80	150～200

（6）镗削辅助工具

在坐标镗床上加工时，应备有回转工作台、倾斜工作台、量块、镗刀、百分表等辅助工具和量具，以适应工件上轴线不平行的孔系及斜面上孔系的加工需要。

六、模板零件的坐标磨削

坐标磨削是一种高精度的加工方法，主要用于淬火或高硬度工件的精加工，对消除工件热处理变形及提高加工精度尤为重要。如图2—12所示为坐标磨床。

图2—12　坐标磨床

坐标磨削与坐标镗削的有关工艺步骤基本相同。两者都是按准确的坐标位置来保证加工后的尺寸精度的，只是将镗刀改成了砂轮。坐标磨削的加工范围较大，可加工直径为1～200 mm的高精度孔，加工精度可达0.005 mm，表面粗糙度 Ra 值为0.32～0.008 μm。因此，对于位置精度、尺寸精度要求高和硬度高的多孔、多型孔的模板和凹模，采用坐标磨削是一种较理想的加工方法。

1. 工件的找正与定位

坐标磨床上工件的定位与找正方法类似于坐标镗床，常用的找正工具及操作方法如下：

（1）百分表找正

百分表可用于找正工件基准侧面与主轴轴线重合的位置。它是将百分表装于主轴上，移动工件使被测侧面与百分表接触，将工件被测侧基准面在180°方向上测量两次，取读数值的一半为工件（工作台）移动的距离。再用上述方法复测一次，如两次读数相等则工件侧基准面与主轴轴线重合。找正后即可固定工件位置。

（2）开口型端面规找正

开口型端面规用于找正工件基准侧面与主轴轴线重合的位置，如图2—13所示。将百分表3安装在主轴上，永磁性开口型端面规2吸在被测工件1的侧面，移动工件用百分表测量端面规的开口槽面，在180°方向上读数相等时，再移动工件10 mm，若读数仍相等，则工件基准面与主轴轴线重合，即完成找正。

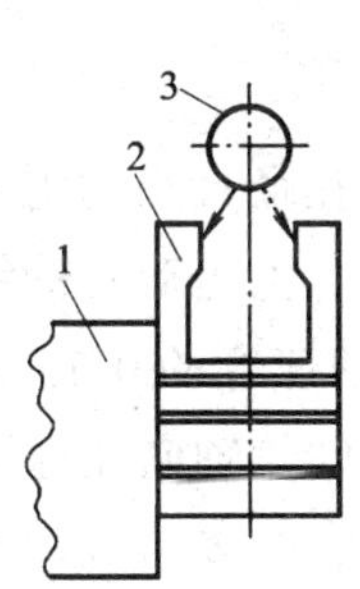

图2—13 开口型端面规找正

1—工件 2—开口型端面规 3—百分表

（3）L形端面规找正

L形端面规用于工件基准侧面与主轴轴线重合位置的找正，如图2—14所示。当工件的侧基准面垂直度精度较低或被测棱边不清晰时，可用L形端面规2靠在工件1的相互垂直的两侧基准面上，移动工件，使L形端面规标线对准中心显微镜的十字中心线，即表示工件基准面与主轴轴线重合。

（4）中心显微镜找正

中心显微镜用于找正工件侧基准面或孔的轴线与主轴轴线重合的位置。将中心显微镜装在主轴上，并保证两者中心重合。在显微镜上刻有十字中心线和同心圆，移动工件（工作台）使工件的侧基准面或孔的轴线对正显微镜十字中心线。为了确保位置正确，应在180°方向上找正两次，位置重合方可。

（5）心棒、百分表找正

心棒、百分表用于小孔孔位的找正。当需使工件上小孔中心线与主轴轴线重合时，可借助与小孔相配的心棒（如钻头柄等）插入工件小孔内，再用百分表找正心棒，使小孔与机床主轴轴线重合。

2. 坐标磨削加工

坐标磨床的磨削能完成三种基本动作，即砂轮的高速自转运动、行星运动（砂轮回转轴线的圆周运动）及砂轮沿机床主轴轴线方向的往复直线运动，如图 2—15 所示。

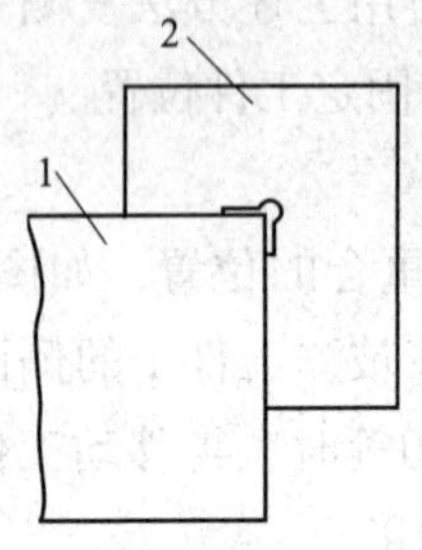

图 2—14 L 形端面规找正

1—工件 2—L 形端面规

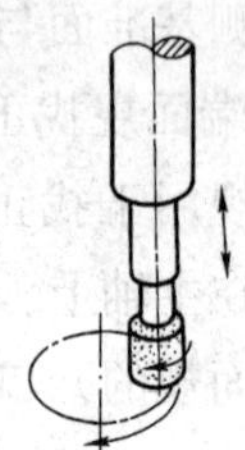

图 2—15 坐标磨床砂轮的三种基本动作

在坐标磨床上进行坐标磨削的基本方法有以下几种：

（1）内孔磨削

如图 2—16 所示，进行内孔磨削时，砂轮的直径受到工件孔径大小的限制，磨小孔时，常取砂轮直径为被加工孔径的 3/4 左右。砂轮高速回转（主运动）的线速度一般不超过 35 m/s，行星运动（圆周进给）的速度大约为主运动速度的 0. 15 倍。因为慢的行星运动将减小磨削量，对保证加工表面的质量有好处。砂轮轴向往返运动（轴向进给）的速度与磨削的精度有关。粗磨时行星运动每转一周，往复行程的移动距离略小于两倍砂轮高度；精磨时则应小于砂轮高度。尤其在精磨结束时要选用很低的行程速度。

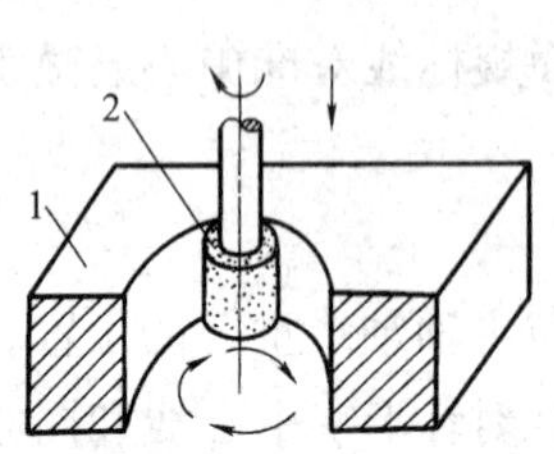

图 2—16 内孔磨削

1—工件 2—砂轮

（2）外圆磨削

坐标磨床上的外圆磨削也是利用砂轮的高速自转、行星运动和轴向往复直线运动来实现的，如图 2—17 所示。其径向进给量则利用行星运动直径的缩小来实现。

（3）锥孔磨削

由坐标磨床上的专门机构使砂轮在轴向进给的同时连续改变行星运动的半径来实现锥孔磨削，如图 2—18 所示。锥孔锥顶角的大小取决于两者的变化比值，一般磨削锥孔的最大锥顶角为 12°。磨削锥孔的砂轮应当修整成相应的锥角。

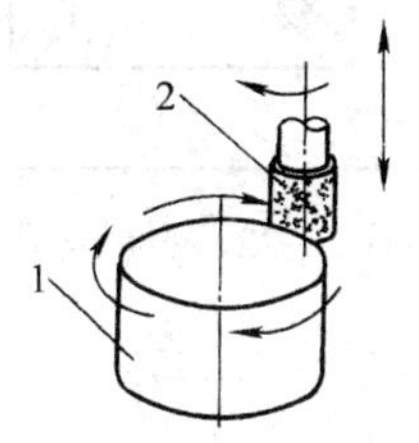

图 2—17 外圆磨削

1—工件 2—砂轮

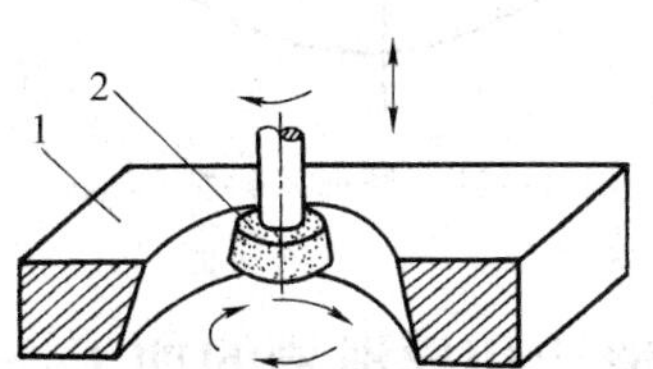

图 2—18 锥孔磨削

1—工件 2—砂轮

（4）直线磨削

当坐标磨床的砂轮仅高速自转而不做行星运动，用工作台实现进给时，可完成直线磨削，适用于模板零件平面轮廓的精密加工，如图 2—19 所示。

（5）侧磨

侧磨主要用于对槽形、方形及带清角的内表面进行磨削加工。磨削时是用专门的磨槽附件进行的，砂轮在磨槽附件上的装夹和运动情况如图 2—20 所示。

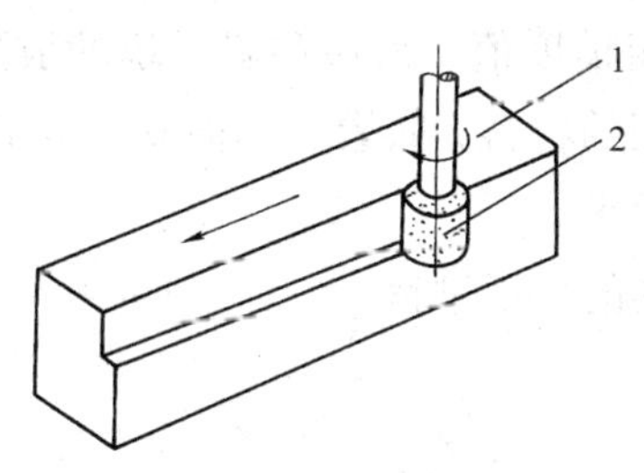

图 2—19 直线磨削

1—工件 2—砂轮

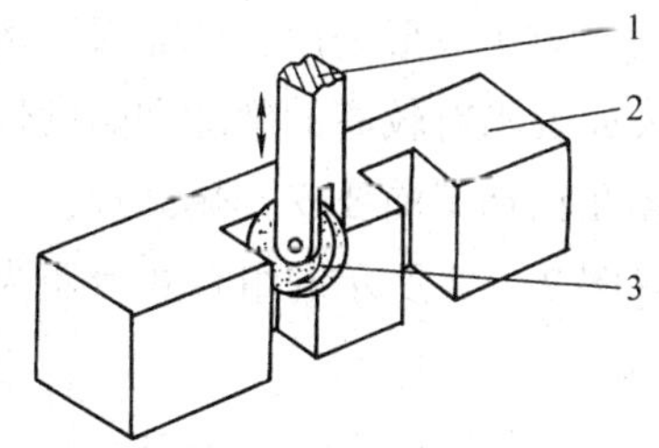

图 2—20 侧磨

1—磨槽附件 2—工件 3—砂轮

（6）综合磨削

将上述几种基本磨削方法进行综合运用，可以对一些形状复杂的型孔进行磨削加工。如图 2—21 所示为磨削凹模型孔，在磨削时用回转工作台装夹工件，逐次找正工件回转中心与机床主轴轴线重合，磨出各段圆弧。

如图 2—22 所示为利用磨槽附件磨削清角型孔。磨削 1、4、6 时采用成形砂轮进行磨削；2、3、5 则是利用平形砂轮进行磨削；磨削中心 O 的圆弧时要使中心 O 与主轴轴线重合，操纵磨头来回摆动磨削圆弧至要求的尺寸。

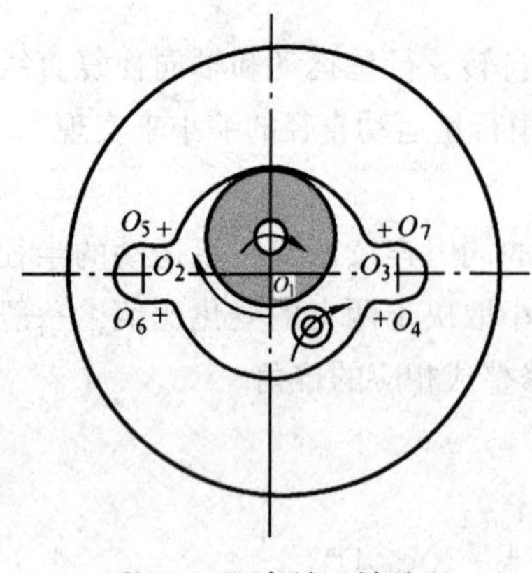

图 2—21　磨削凹模型孔

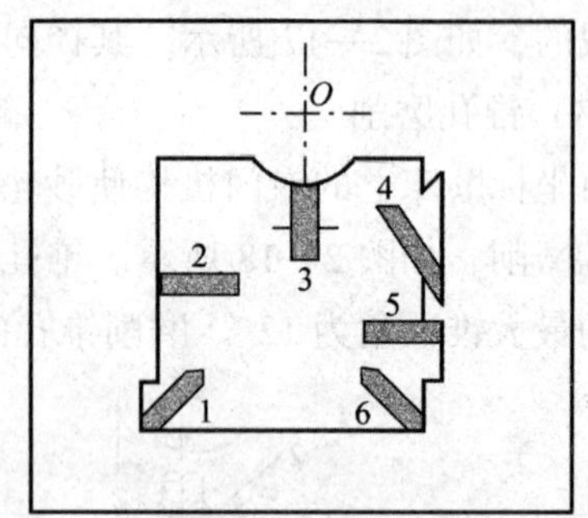

图 2—22　磨削清角型孔

七、滑块和导滑槽的加工

滑块和斜滑块是塑料注塑模、塑料压塑模、金属压铸模等广泛采用的侧向分型与抽芯导向的零件。其主要作用是侧孔或侧凹的分型及抽芯导向。工作时，滑块在斜导柱的驱动下沿着导滑槽运动。在开模后和制件顶出前完成侧向分型或抽芯工作，使制件顺利脱模。

由于模具不同，滑块的形状、大小各不相同。它可以与型芯制成整体式，也可以制成组合式。

滑块和斜滑块多为平面与圆柱面的组合。斜面、斜导柱孔和成形表面的形状精度、位置精度和配合要求较高。在加工过程中，除保证尺寸精度、形状精度外，还要保证位置精度；对于成形表面，还需保证较低的表面粗糙度值。滑块和斜滑块的成形表面与导向表面要求有较高的硬度和耐磨性。一般选用的材料为碳素工具钢或合金工具钢，锻制毛坯在精加工前要安排热处理，以达到硬度要求。

现以图 2—23 所示的组合式滑块为例介绍滑块的加工过程。

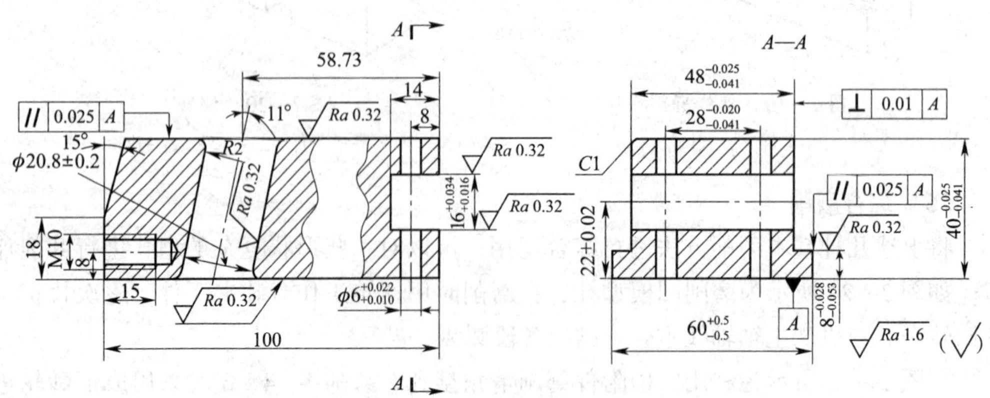

图 2—23　组合式滑块

（材料：T8A；热处理：54～58HRC）

1. 滑块加工方案的选择

如图 2—23 所示为组合式滑块，孔的尺寸精度、斜导柱孔的位置精度和表面质量要求均较低。因此，主要还是保证各平面的加工精度和表面粗糙度。

对于不同加工精度的滑块平面，有下列几种加工方案可供选择：

（1）粗刨→粗磨（IT9 ~ IT8 级，*Ra* 为 2.5 ~ 1.25 μm）。

（2）粗刨→半精刨（IT10 ~ IT8 级，*Ra* 为 10 ~ 2.5 μm）。

（3）粗刨→半精刨→精刨（IT8 ~ IT7 级，*Ra* 为 2.5 ~ 0.63 μm）。

（4）粗刨→半精刨→精磨（IT6 级，*Ra* 为 1.25 ~ 0.16 μm）。

（5）粗铣→精铣（IT10 ~ IT8 级，*Ra* 为 2.5 ~ 0.63 μm）。

（6）粗铣→精铣→粗磨→精磨（IT7 ~ IT6 级，*Ra* 为 1.25 ~ 0.32 μm）。

（7）粗铣→精铣→粗磨→精磨→研磨（IT7 ~ IT6 级，*Ra* 为 0.16 ~ 0.01 μm）。

2. 滑块定位基准的选择

滑块各组成平面中有平行度、垂直度的要求，对位置精度的保证主要是选择合理的定位基准。因此，本例中选择宽度为 60 mm 的底平面和与其垂直的侧面作为定位基准，可以保证在加工过程中定位准确，装夹方便、可靠。至于各平面之间的平行度则由机床的运动精度和合理装夹来保证。

3. 滑块的加工工艺过程

根据滑块的加工方案，图 2—23 所示组合式滑块的加工工艺过程见表 2—7。

表 2—7　　组合式滑块的加工工艺过程

工序号	工序名称	工序内容	设备	工序简图
1	备料	锻造毛坯		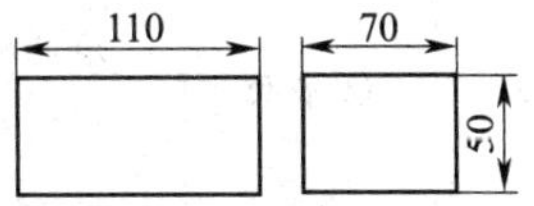 110　70　50
2	热处理	退火后硬度≤240HBW		
3	刨平面	刨上、下平面，保证尺寸 40.6 mm 刨削两侧面，保证尺寸 60 mm 达图样要求 刨削两侧面，保证尺寸48.6 mm 和导轨尺寸 8.5 mm 刨削 15°斜面，保证距底面尺寸 18.4 mm 刨削两端面，保证尺寸 101 mm 刨削端面凹槽，保证尺寸 15.8 mm，槽深达图样要求	刨床	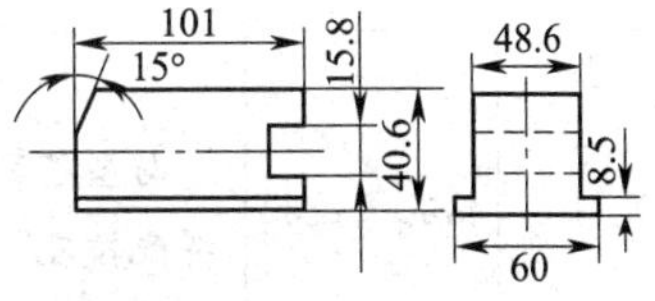 101　15°　15.8　40.6　48.6　8.5　60

续表

工序号	工序名称	工序内容	设备	工序简图
4	磨平面	磨上、下平面，保证尺寸 40.2 mm 磨两端面至尺寸 100.2 mm 磨两侧面，保证尺寸 48.2 mm	平面磨床	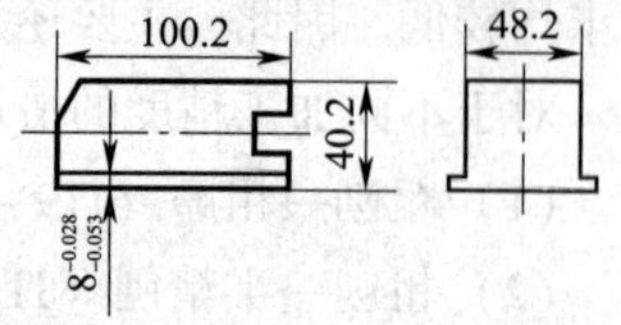
5	钳工划线	划 ϕ20 mm、M10、2 × ϕ6 mm 孔中心线 划端面凹槽线		
6	钻孔镗孔	钻 M10 螺纹底孔并攻螺纹 钻图样上 ϕ20.8 mm 斜孔至 ϕ18 mm，镗 ϕ20.8 mm 斜孔至尺寸要求，留研磨余量 0.04 mm 钻图样上 2 个 ϕ6 mm 孔至 ϕ5.9 mm	立式铣床	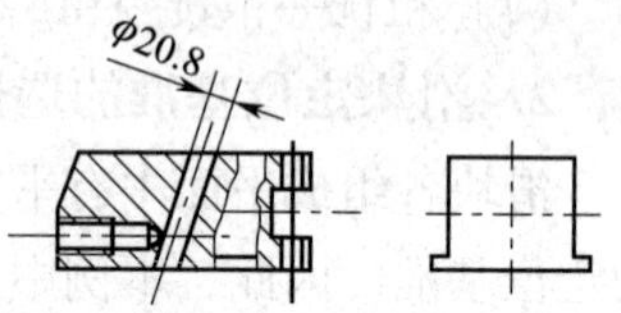
7	检验			
8	热处理	对导轨、15° 斜面、ϕ20.8 mm 内孔进行局部热处理，保证硬度为53 ~58HRC		
9	磨平面	磨上、下平面达尺寸要求 磨滑动导轨至尺寸要求 磨两侧面至尺寸要求 磨凹槽至尺寸要求 磨 15°斜面至尺寸要求 磨端面至尺寸要求	平面磨床	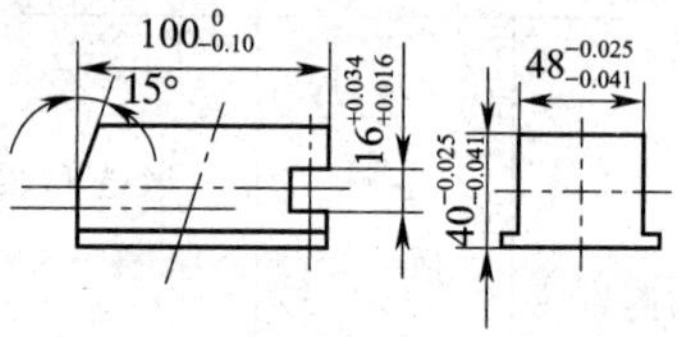
10	研磨内孔	研磨 ϕ20.8 mm 孔至图样要求（可与模板配装研磨）		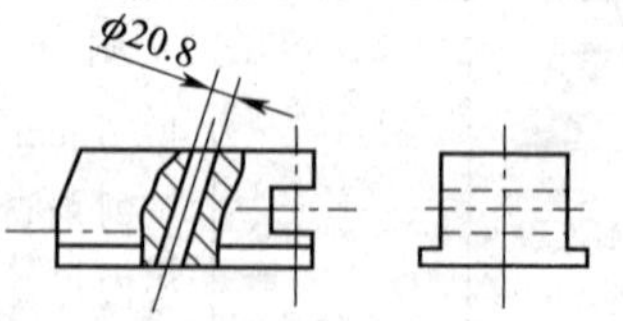
11	钻孔、铰孔	与型芯配装后钻 2 个 ϕ6 mm 孔并配铰孔	钻床	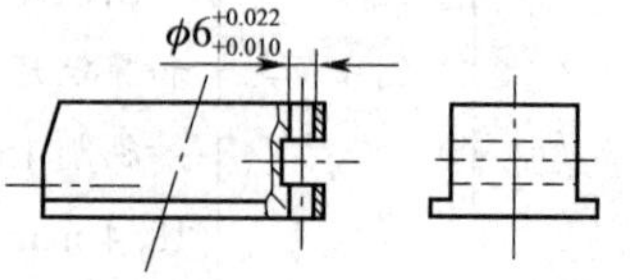
12	钳工装配	对 2 个 ϕ6 mm 孔安装定位销		
13	检验			

4. 导滑槽的加工

导滑槽是滑块的导向装置。模具侧向分型的抽芯运动中，要求滑块在导滑槽内运动平稳，无上下窜动和卡紧现象。导滑槽有整体式和组合式两种，常用材料为45、T8、T10钢等，结构比较简单，大多数由平面组成。可采用刨削、铣削和磨削等方法加工。其加工方案和加工工艺过程的选择可参阅模板类零件和滑块的有关内容。

第二节 凸模和型芯的机械加工

凸模和型芯是冲压模具和塑料模具中重要的工作零件，它们的质量直接影响着模具的使用寿命和成形制件的质量。

由于成形制件的形状各异，尺寸差别较大，所以，凸模和型芯的品种也是多种多样的。但按凸模和型芯的断面形状不同，大致可分为圆形和异形两类。

对于圆形凸模和型芯零件，其加工比较容易，一般可采用车削、铣削和磨削等进行粗加工和半精加工。经热处理后，在外圆磨床上精加工，再经研磨、抛光，即可达到设计要求。但对于异形凸模和型芯，在制造上则比圆形件复杂得多。本节主要讨论异形凸模和型芯的机械加工。

一、凸模和型芯的机械加工工艺过程

凸模和型芯的形状是多种多样的，加工要求也不完全相同，各企业的生产条件也各有差异。因此，不可能列出一个适合于任何形状和要求的凸模和型芯的工艺过程。现以图2—24所示的凸模为例说明其加工工艺过程。

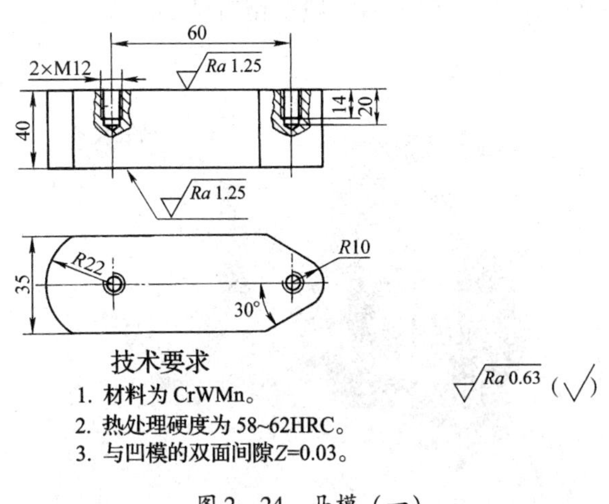

图2—24 凸模（一）

该凸模加工的主要特点是凸模和凹模间隙小，精度要求高。其制造工艺过程如下：

1. 下料、锻造。

2. 退火。

3. 粗加工。刨削六个平面，留单面余量0.4 ~0.5 mm。

4. 磨削。用平面磨床磨削六个平面，保证垂直度，上、下平面留单面余量0.2 ~0.3 mm。

5. 钳工划线。划孔的中心位置线。

6. 半精加工。数控铣削刃口形状，留单面余量0.2 mm。

7. 加工螺孔。钻孔、攻螺纹。

8. 热处理。淬火 + 低温回火，保证硬度为58 ~62HRC。

9. 精加工。用坐标磨床磨削工作型面刃口形状到尺寸。

综合上述工艺过程，可概括为以下形式：备料→热处理→毛坯外形加工→划线→刃口轮廓精加工→螺孔加工→热处理→磨削。

在以上工艺过程中，刃口轮廓精加工可采用刨削加工、数控铣削加工、磨削加工等方法。注意磨削加工应安排在最终热处理工序后，这样可以消除热处理变形，提高模具零件的制造精度。

二、凸模的刨削加工

用刨床加工单件、小批量生产的模具零件具有较好的经济效益。在模具制造中应用较多的是牛头刨床和刨模机床。

1. 用牛头刨床刨削凸模

牛头刨床是通用的金属切削加工设备，广泛用于加工模具零件的外形表面，如图2—25 所示。其尺寸精度可达0.05 mm，表面粗糙度值可达 Ra6.3 ~1.6 μm。但刨削只能在热处理淬硬前进行。因此，刨削后一般都留有精加工余量。

图 2—25　牛头刨床

刨削如图 2—26 所示的凸模，应采用通用夹具——机床用平口虎钳（以下简称“平口虎钳”）和专用夹具进行加工。

（1）刨削前的准备

1）锻造形状、尺寸、组织及性能合格的锻件毛坯。

2）根据凸模的材料进行适当的热处理，以便于切削加工。

3）在非加工端面划线或端面粘贴样板，作为刨削时的依据。

4）准备好需用的量具、刀具及样板，并安装、调整好所用的夹具。

（2）刨削过程

1）用平口虎钳装夹坯料，刨削两平面，保证其平行度，使厚度尺寸达到要求，并留 0.02 mm 单边余量；刨削坯料两侧面及 *R*5 mm 圆弧，保证圆弧与两平面光滑过渡；刨削两端面，使坯料宽度、高度达到尺寸要求，并留 0.02 mm 单边余量。

2）用专用夹具装夹工件，刨削两斜面，留单边余量 0.02 mm；用圆弧刨刀刨削两个 *R*2 mm 圆弧，保证与两平面光滑过渡，如图 2—27 所示。

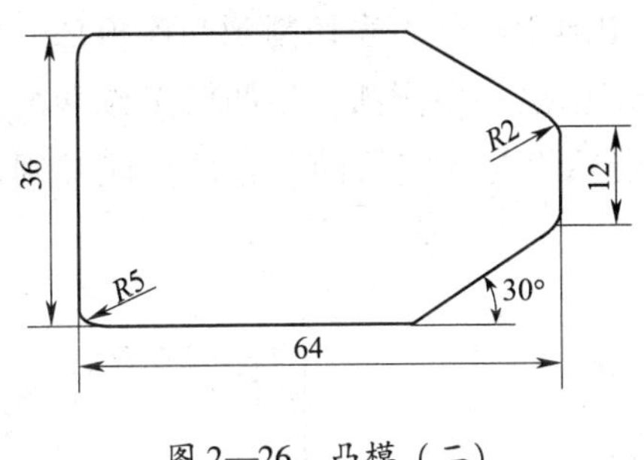

图 2—26 凸模（二）

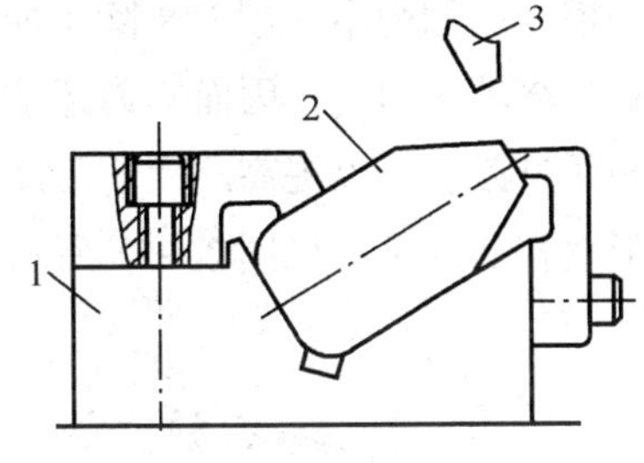

图 2—27 刨削斜面及圆弧

1—专用夹具 2—工件 3—刨刀

3）热处理。按热处理工艺进行，保证硬度为 58～62HRC。

4）研磨。研磨凸模侧面及刃口，保证尺寸精度和表面粗糙度达到设计要求。

5）检验。检测各部位尺寸、形状、位置及硬度。

2. 用靠模刨削凸模

如图 2—28 所示为大型曲面凸模，可在牛头刨床上采用靠模装置进行刨削加工。

刨削时，将牛头刨床工作台的垂直丝杆和床身底座上的平行导轨拆掉。换上靠模，用滚轮支撑在靠模上，并使其能沿着靠模滚动，如图 2—29 所示。当工作台横向进给与凸模平行移动时，滚轮沿靠模滚动，即带动工作台和凸模相对刨刀做曲线运动，刨削出与靠模曲线形状相反的型面。

另外，在牛头刨床上应用液压仿形装置、供油系统和靠模也可以加工表面形状复杂的曲面。但由于液压仿形装置及系统复杂，只适用于大批量模具零件的加工。

3. 用刨模机床加工凸模

（1）加工过程

如图 2—30 所示为用刨模机床加工凸模。凸模 5 固定在回转盘 4 上，刨削时，将

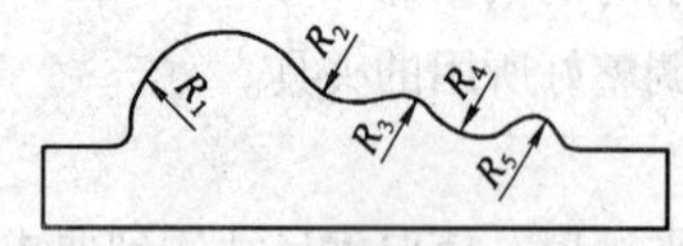

图 2—28　大型曲面凸模

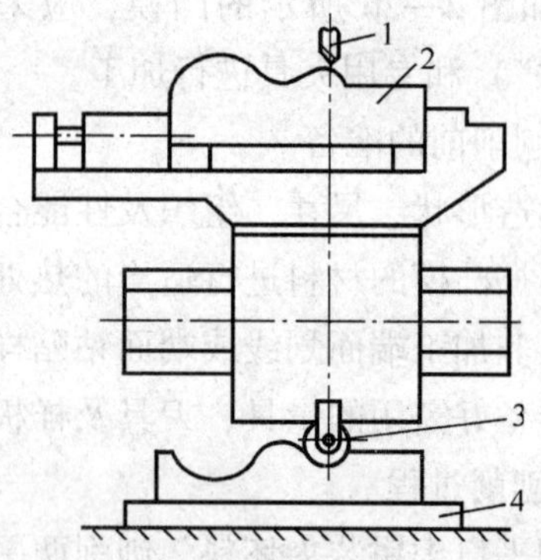

图 2—29　用靠模刨削凸模
1—刨刀　2—凸模　3—滚轮　4—靠模

凸模刃口轮廓划成单一的直线段和圆弧段。借助滑板 1 与滑板 2 的直线进给运动和回转盘的圆周进给运动，对凸模 5 上的直线段和圆弧逐段进行加工，即可加工出形状复杂的凸模。在刨削中，刨刀 8 除了向下做垂直切削运动外，当切削到凸模根部时，由于摆臂 7 绕轴 6 回转，因而刨刀还能在凸模根部刨出一段圆弧，使凸模工作端与固定端成圆弧过渡，可以提高凸模的刚度。同时，使凸模与固定板的配合部分能够制造成圆柱形而容易加工，如图 2—31 所示。

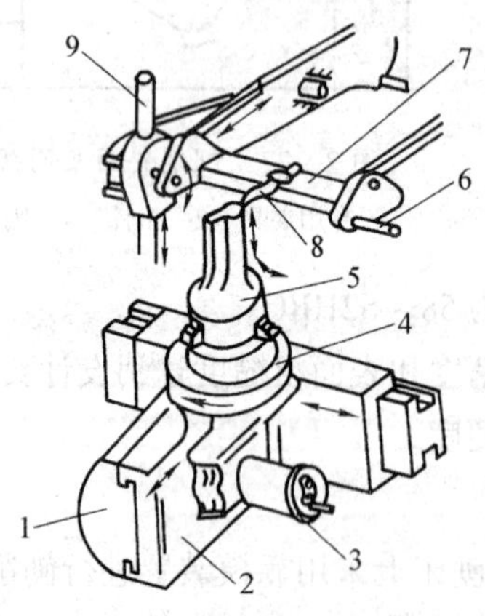

图 2—30　用刨模机床加工凸模
1、2—滑板　3—手轮　4—回转盘　5—凸模
6—轴　7—摆臂　8—刨刀　9—固定立柱

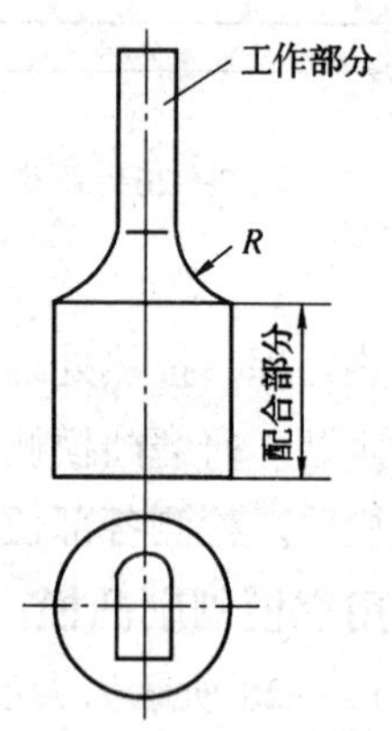

图 2—31　凸模根部圆弧过渡

（2）加工特点和注意事项

1）刨削圆弧时，必须使被刨削圆弧的中心与回转盘的回转中心重合。刨削平面时，应通过回转盘使刨削的平面转到与机床纵向进给运动相平行的方向进行加工。

2）刨削前，应先在通用机床上加工凸模毛坯，使工艺基准达到规定的技术要求，并且要在毛坯端面划出凸模刃口轮廓线，按划好的轮廓线进行预加工，留单边余量0.2～0.3 mm。

3）刨模机床主要用于加工刃口形状由圆弧段和直线段组成的形状复杂的凸模，刨削后的尺寸精度可达0.02 mm，表面粗糙度 Ra 值为6.3～1.6 μm。因刨削后的凸模还要经热处理淬硬后研磨工作表面，所以，一般应留0.01～0.02 mm的单边余量。

4）用刨模机床加工凸模对工人的操作技能要求高，劳动强度大，生产效率低。同时，需在精加工后进行热处理，热处理对凸模精度的影响很难消除。因此，目前已逐渐被其他加工方法所取代。

三、凸模、型芯的成形磨削

成形磨削是在成形磨床或平面磨床上对模具成形表面进行精加工的方法。它具有高精度和高效率的优点。在模具制造中，成形磨削主要应用于凸模、型芯、凹模拼块、型腔拼块等模具成形零件的精加工。形状复杂的凸模、型芯的轮廓一般是由若干直线段和圆弧段组成的，如图2—32所示。应用成形磨削加工，是将被磨削的凸模、型芯的轮廓划分成单一的直线段和圆弧段，然后按一定的顺序逐段进行磨削，并使它们在衔接处平整、光滑，符合设计要求。

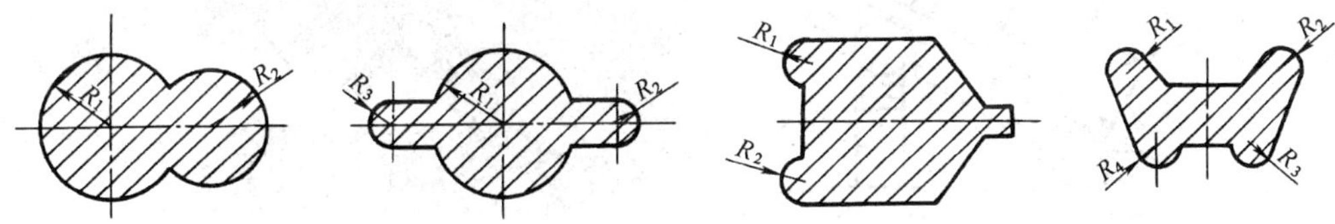

图2—32 凸模和型芯的常见形状

1. 成形砂轮磨削法

成形砂轮磨削法是指将砂轮修整成与工件被磨削表面完全吻合的形状，对工件进行磨削加工，以获得所需要的成形表面的形状的磨削加工方法。如图2—33所示，采用这种方法时，首要任务是将砂轮修整成所需要的形状，并保证精度。砂轮的修整主要是利用砂轮修整工具或夹具对砂轮成形表面不同角度的直线和不同半径的圆弧进行修整。

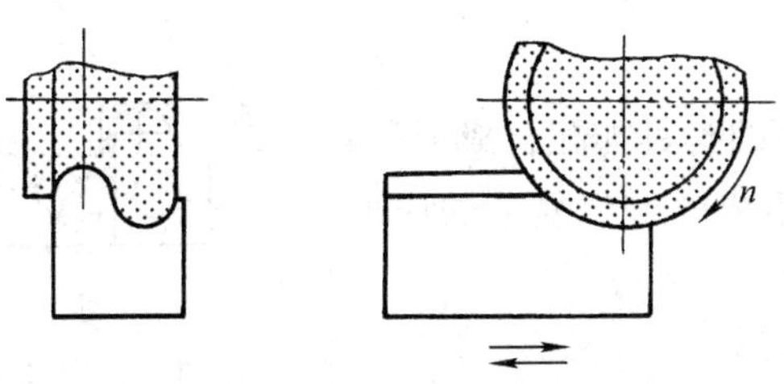

图2—33 成形砂轮磨削法

2. 夹具成形磨削法

夹具成形磨削简称夹具磨削法，是将工件装夹在专用夹具上，利用专用夹具使工件的被磨削表面处于所需要的空间位置上，或者使工件在磨削过程中获得所需的进给运动，从而磨削出模具零件成形表面的方法。常用成形磨削的夹具有以下几种：

（1）正弦精密平口钳

正弦精密平口钳主要由带正弦尺的精密平口钳和底座组成，如图 2—34 所示。工件装夹在平口钳上，在正弦圆柱 4 和底座 1 的定位面之间垫入一定尺寸的量块，使工件倾斜成一定角度，便可磨削出所需的工件斜面。其最大倾斜角度为 45°，垫入量块的尺寸按下式计算：

$$H_1 = L\sin\alpha \tag{2—1}$$

式中 H_1——垫入量块的高度，mm；

L——正弦圆柱的中心距离，mm；

α——工件需要倾斜的角度，°。

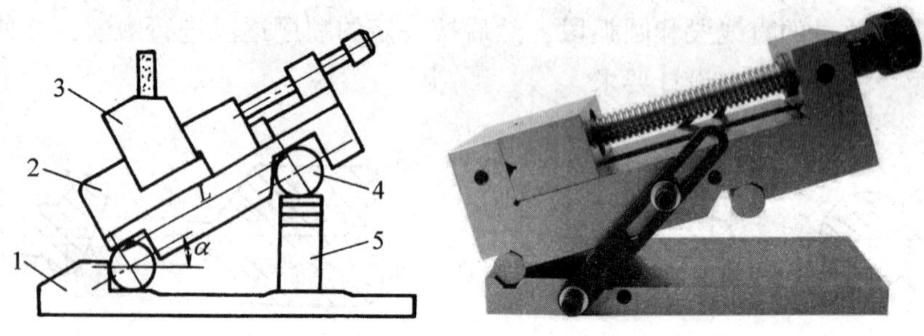

图 2—34 正弦精密平口钳

1—底座 2—精密平口钳 3—工件 4—正弦圆柱 5—量块

在使用过程中，为了保证磨削的精度，工件的定位基准面应预先磨平，并保证其垂直度及工件在夹具内定位的准确性。

（2）正弦磁力台

正弦磁力台的结构原理及应用与正弦精密平口钳相同。它们的区别仅仅在于用电磁力替代平口钳的夹紧力，如图 2—35 所示。正弦磁力台的最大倾斜角也是 45°，适用于磨削扁平工件。

上述两种磨削斜面的夹具如配合成形砂轮，也能磨削平面与圆弧组成的形状复杂的成形表面。

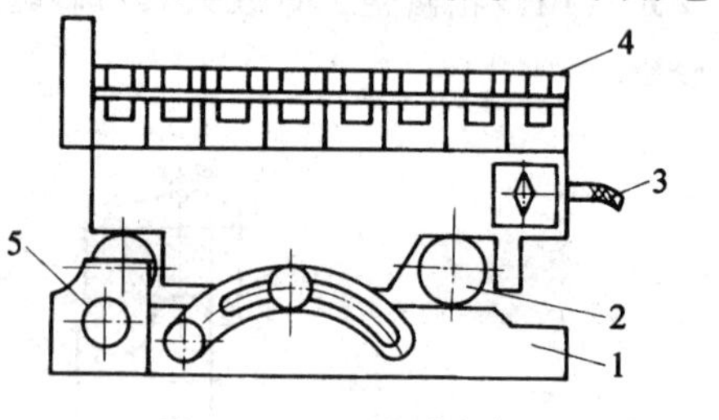

图 2—35 正弦磁力台

1—底座 2—正弦圆柱 3—电源线 4—电磁吸盘 5—锁紧手轮

（3）正弦分度夹具

正弦分度夹具又称正弦分中夹具，主要用

于磨削凸模、型芯等具有同一轴线的不同圆弧面、平面及等分槽等，其结构如图 2—36 所示。

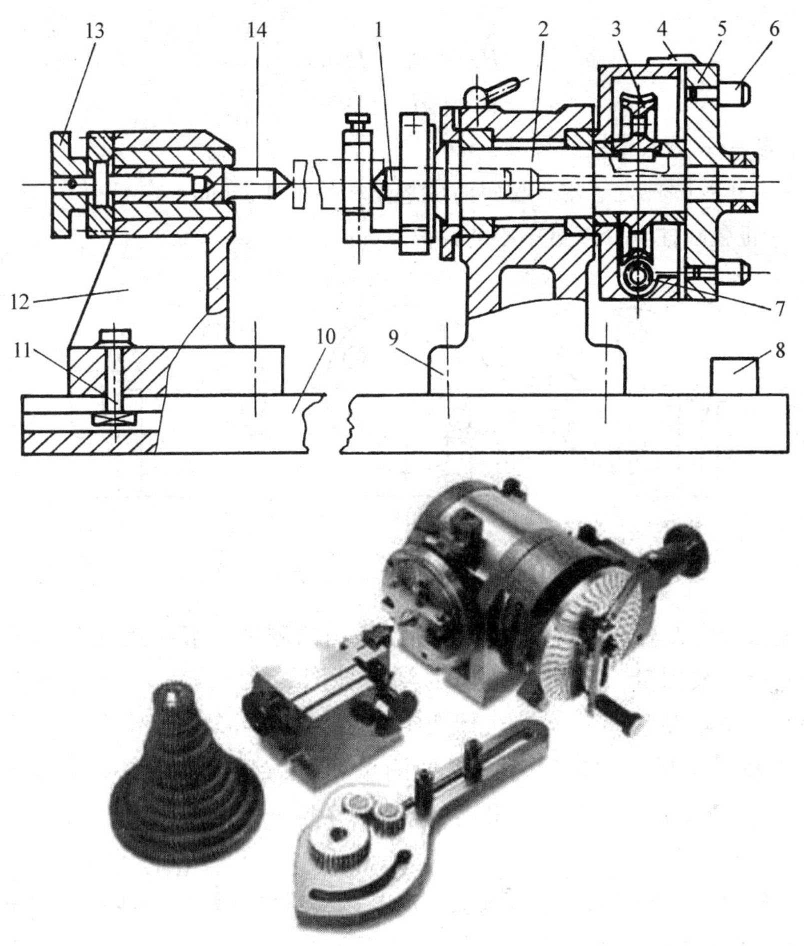

图 2—36 正弦分度夹具

1—前顶尖 2—主轴 3—蜗轮 4—分度指针 5—分度盘 6—正弦圆柱 7—蜗杆 8—量块垫板 9—主轴座 10—底座 11—螺钉 12—尾座 13—手轮 14—尾座顶尖

磨削时，工件支承在前顶尖 1 和尾座顶尖 14 上。尾座 12 可沿底座 10 上的 T 形槽移动，到达适当位置后用螺钉 11 固定。手轮 13 可使尾座顶尖 14 沿轴向移动，用以调整工件与顶尖间的松紧程度。前顶尖 1 安装在主轴 2 的锥孔内，转动蜗杆 7 上的手轮（图中未画出），通过蜗杆 7、蜗轮 3 的传动，可使主轴、工件和装在主轴后端的分度盘 5 一起转动，使工件实现圆周进给运动。安装在主轴后端的分度盘上有四个正弦圆柱 6，它们处于同一直径的圆周上，并将该圆分为四等份。磨削时，若工件回转角度的精度要求不高，可直接利用分度盘上的刻度和分度指针读出其角度。如果工件的回转角度精度要求较高时，则可在正弦圆柱 6 和量块垫板 8 之间垫入适当尺寸的量块，以控制工件转角的大小。

例如，工件需回转的角度为 α，转动前正弦分度盘的位置如图 2—37a 所示，转过角度 α 后，正弦分度盘的位置如图 2—37b、c 所示。为了控制回转角度的大小而垫入的量块尺寸按下式计算：

$$H_1 = H_0 - L\sin\alpha \tag{2—2}$$

$$H_2 = H_0 + L\sin\alpha \tag{2—3}$$

式中 H_1、H_2——垫入量块的尺寸，mm；

H_0——正弦圆柱处于水平位置时所垫量块的尺寸，mm；

L——正弦圆柱至分度盘中心的距离，mm。

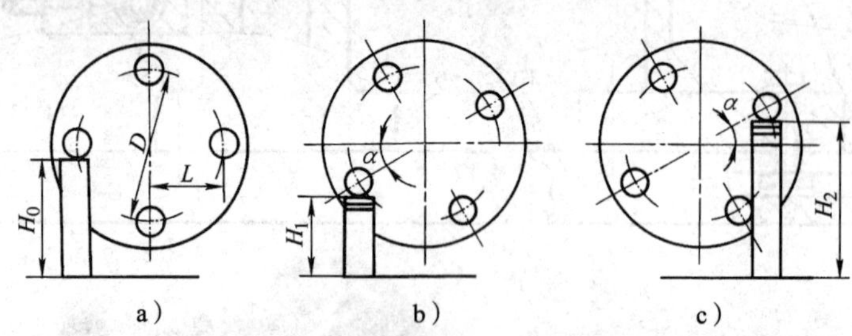

图 2—37 分度盘工作原理

应用正弦分度夹具进行磨削时，被磨削表面的测量一般采用测量调整器、量块和百分表进行比较测量。测量调整器的结构如图 2—38 所示。它主要由三脚架 1 与量块座 2 组成。量块座 2 能沿三脚架 1 斜面上的 V 形槽上下移动，当达到适当位置时可用锁紧螺母 4 固定。为了保证测量精度，调整器的制造精度要求很高。量块座沿斜面移至任何位置，量块支承面 A、B 均分别与安装基准面 D、C 保持平行。

在正弦分度夹具上磨削平面或圆弧面时都以夹具的回转中心线作为测量基准。因此，磨削前应调整好测量调整器上的量块支承面（A 或 B）与夹具回转中心线的相对位置。一般将量块支承面的位置调整到低于夹具回转中心线 50 mm 处。为此，在夹具两顶尖之间需装一直径为 d 的标准圆柱，并在测量调整器量块支承面上放置尺寸为（$50 + d/2$）的量块；用百分表测量、调整量块座的位置，使量块上平面与标准圆柱面最高点等高后，将量块座固定。如图 2—39 所示，当工件的被测表面位置高于（或低于）夹具回转中心线的尺寸为 h 时，只要在量块支承面上放置尺寸为（$50 + h$）或（$50 - h$）的量块，用百分表测量量块上平面与工件被测表面，当两者的读数相同时，即表示工件已磨削到所要求的尺寸。

（4）万能夹具

万能夹具是从正弦分度夹具发展起来的更为完美的成形磨削夹具，属成形磨床的主要附件，也可在平面磨床或万能工具磨床上使用。

1）结构组成及各部分的作用。万能夹具的结构如图 2—40 所示，主要由分度部分、回转部分、十字滑板部分及工件装夹部分组成。

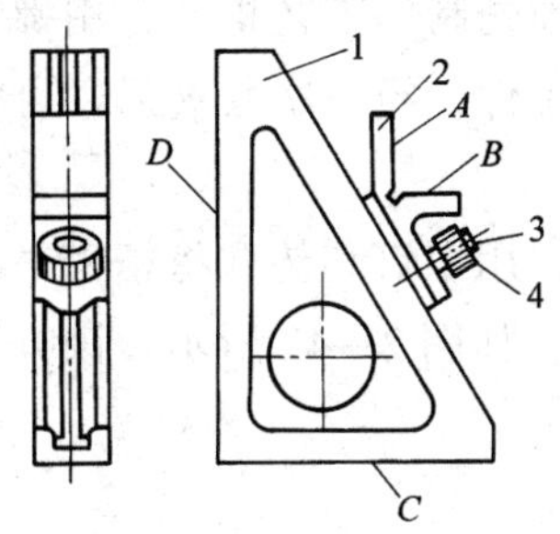

图 2—38 测量调整器的结构

1—三脚架 2—量块座 3—螺钉

4—锁紧螺母

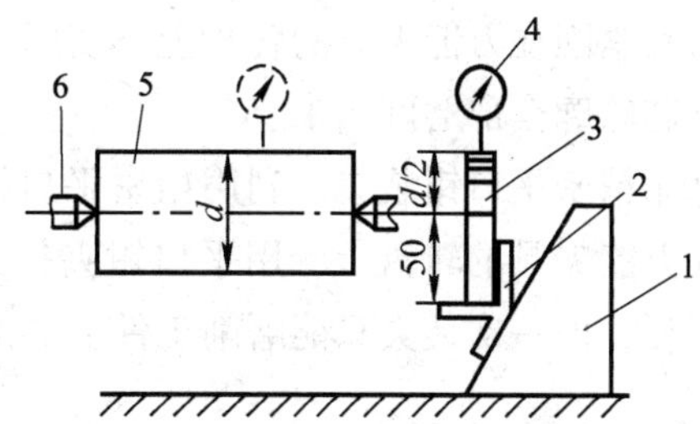

图 2—39 测量调整器的调整

1—三脚架 2—量块座 3—量块组

4—百分表 5—工件 6—顶尖

①分度部分。分度部分由分度盘 3 控制工件的回转角度，其结构及分度原理与正弦分度夹具完全相同。利用分度盘和游标直接分度，精度可达 3′。若利用正弦圆柱和量块控制转角大小，其精度可达 11″~30″。

②回转部分。回转部分由主轴 6、蜗轮 5 和蜗杆（图 2—40 中未画出）组成。摇动手轮 13 转动蜗杆，通过蜗轮 5 带动主轴 6、分度盘 3、十字滑板及工件一起围绕夹具的轴线回转。

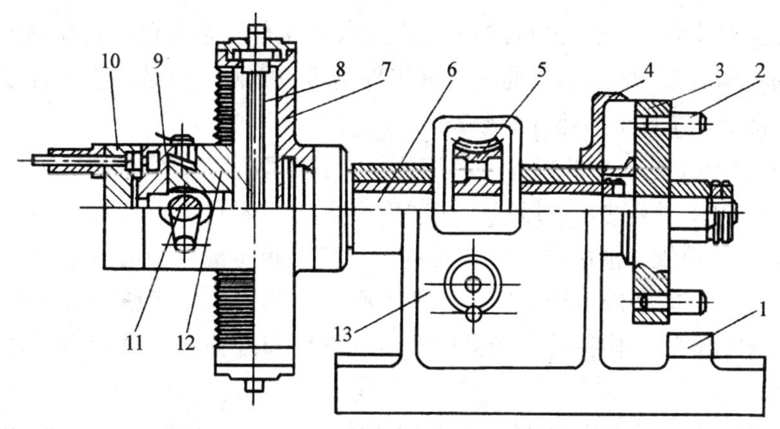

图 2—40 万能夹具的结构

1—量块垫板 2—正弦圆柱 3—分度盘 4—游标 5—蜗轮 6—主轴 7—滑板座

8、11—丝杆 9—小滑板 10—转盘 12—中滑板 13—手轮

③十字滑板部分。十字滑板部分由固定在主轴 6 上的滑板座 7、中滑板 12 和小滑板 9 组成。转动丝杆 8 使中滑板 12 沿滑板座 7 上的导轨上下运动。转动丝杆 11 能使小滑板 9 沿中滑板的导轨左右运动，形成两个方向上相互垂直的运动，使安装在转盘 10 上的工件可以调整到所需要的合适位置。

④工件装夹部分。工件装夹部分主要由转盘 10 和装夹工具组成，其作用是装夹工件。

2）工件装夹方法。根据工件的形状不同，有下列几种装夹方法：

①用螺钉和垫柱装夹。如图 2—41 所示，在工件上预先制作工艺螺孔，用螺钉和垫柱将其紧固在万能夹具的转盘上。使用这种方法装夹工件，经一次装夹后，可将凸模或型芯轮廓全部磨削出来。

②用精密平口钳装夹。利用精密平口钳端部的螺孔，用螺钉和垫柱将精密平口钳紧固在万能夹具的转盘上，用平口钳夹持工件进行磨削，如图 2—42 所示。该方法简单、方便，但一次装夹只能磨削工件上的部分成形表面。

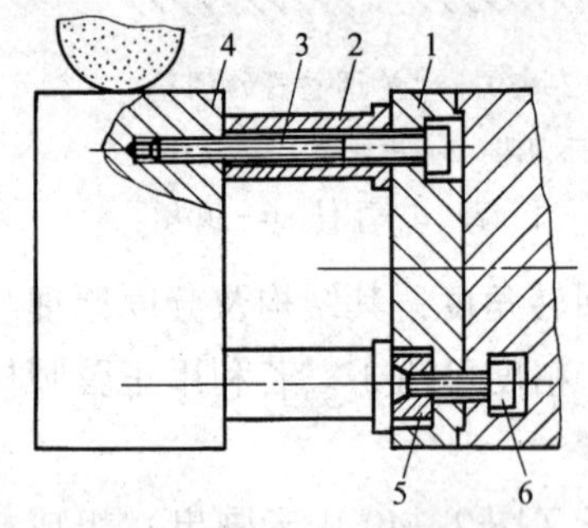

图 2—41　用螺钉、垫柱装夹工件

1—转盘　2—垫柱　3、6—螺钉

4—工件　5—螺母

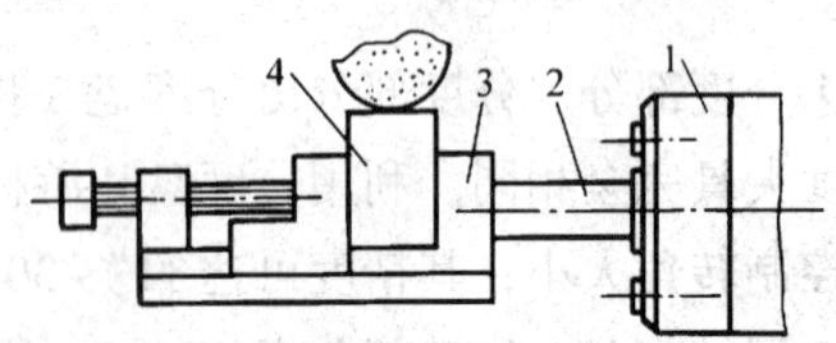

图 2—42　用精密平口钳装夹工件

1—转盘　2—垫柱　3—精密平口钳

4—工件

③用磁力台装夹。依靠磁力台的电磁吸力装夹工件，磁力台和转盘的连接与精密平口钳相同，如图 2—43 所示。此法装夹工件迅速、方便，但必须以平面定位，一次装夹后也只能磨削工件上的部分成形表面。

3）成形磨削工艺尺寸的换算。利用万能夹具可磨削由直线和凸、凹圆弧组成的形状复杂的凸模或型芯的轮廓形状。在磨削平面时，需利用夹具将磨削表面调整到水平（或垂直）位置。磨削圆弧时，是利用十字滑板将圆弧中心调整到夹具主轴的回转轴线上，进行间断的回转磨削。磨削表面尺寸的测量与正弦分度夹具磨削工件表面尺寸的测量方法一样，是用测量调整器、量块和百分表对磨削表面进行比较测量。

由于凸模、型芯在设计图样上的尺寸是按设计基准标注的，而成形磨削过程中所选定的工艺基准与设计基准很难一致。因此，成形磨削前应根据成形磨削和测量的需要，用设计尺寸换算出所需要的工艺尺寸，如各回转中心之间的坐标、平面对坐标轴的倾斜角度和距离、圆弧的大小等，并绘制出成形磨削的工艺尺寸图和磨削工序图，如图 2—44 所示，以利于成形磨削的顺利进行。

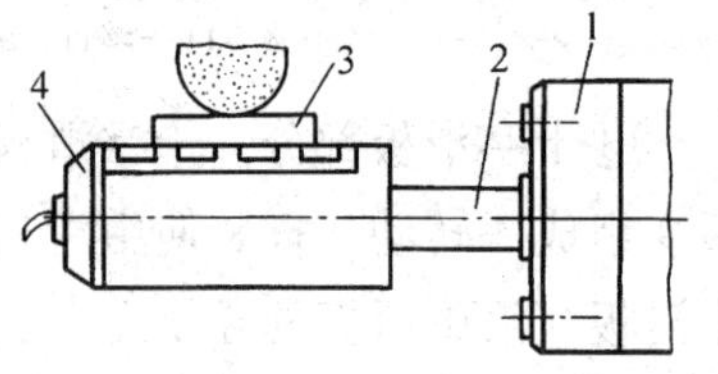

图 2—43　用磁力台装夹工件

1—转盘　2—垫柱　3—工件

4—磁力台

应用万能夹具磨削凸模或型芯时，按磨削工艺要求应进行的工艺尺寸换算有以下几个方面：

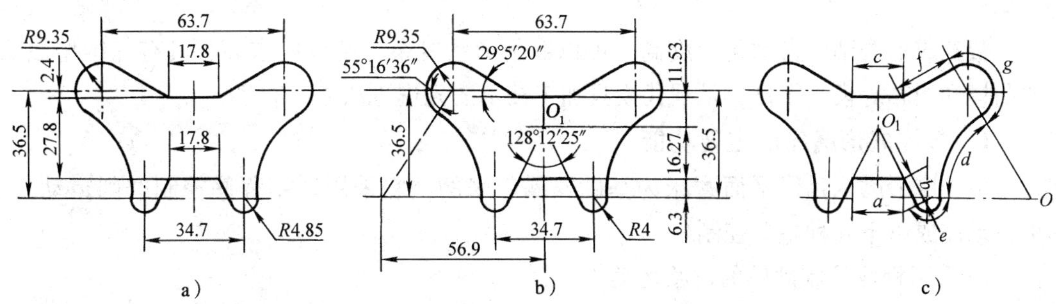

图 2—44 工艺尺寸计算及磨削工序图

a）设计图 b）工艺尺寸计算图 c）磨削工序图

①各工艺中心的坐标尺寸。

②各平面至对应工艺中心的垂直距离。

③各平面对选定坐标轴的倾斜角度。

④不能进行自由回转的圆弧面的圆心角。

在以上的工艺尺寸换算中，为了保证计算的精确性，其在运算过程中的数据应精确到六位小数；最后的运算结果则要精确到小数点后三位；当工件尺寸有公差时，为了减小工艺基准与设计基准之间的误差，一般应采用其平均尺寸进行计算。

3. 成形磨削的基本原则

成形磨削是凸模、型芯零件的最终加工。由于尺寸精度要求高，工艺过程复杂，所以，要求操作者的技能水平高且熟练。为了能顺利地磨削出合格的零件，在绘制磨削工序图和操作过程中应遵循以下基本原则：

（1）凸模、型芯的基准面应预先磨削，并保证精度。

（2）与基准面有关的平面应优先磨削。

（3）对于精度要求高的平面先磨削，精度要求低的平面后磨削，以避免产生累积误差。

（4）面积较大的平面应先磨削。

（5）与直角坐标系相平行的平面先磨削，斜面后磨削。

（6）与凸圆弧相接的平面和斜面先磨削，圆弧面后磨削。

（7）与凹圆弧相接的平面和斜面，应先磨削凹圆弧面，后磨削斜面和平面。

（8）两凸圆弧相接时，应先磨削半径较大的圆弧面，后磨削半径较小的圆弧面。

（9）两凹圆弧相接时，应先磨削半径较小的圆弧面，后磨削半径较大的圆弧面。

（10）凸圆弧与凹圆弧相接时，应先磨削凹圆弧面，后磨削凸圆弧面。

四、数控成形磨削

数控成形磨削的自动化程度高，可以磨削形状复杂、精度要求高、具有三维型面的凸模和型芯等模具零件，是现代模具加工技术的先进方法之一。

1. 数控成形磨床的主要功能

数控成形磨床是以平面磨床为基础发展起来的，它采用数字程序控制磨削运动，可自动完成以下几种主要控制：

（1）用程序控制砂轮的进给运动

例如，卧式数控成形磨床砂轮的上下进给运动。

（2）用程序控制工作台的进给运动

例如，卧式数控成形磨床工作台前后（横向）的进给运动。

（3）用程序控制砂轮进行自动修整

在磨削过程中，可自动对砂轮进行修整，必要时还可对修整量进行补偿。

（4）用程序控制对角度进行自动分度

按照规定的角度进行自动、准确的分度。

2. 数控成形磨床的磨削方式

用数控成形磨床进行成形磨削大致有以下三种基本方式：

（1）成形砂轮磨削

首先用程序控制安装在工作台上的砂轮修整装置，使其与砂轮架做相对运动，从而完成对砂轮形状的修整，如图2—45a所示。然后，用该砂轮磨削工件。磨削时，工件做纵向往复直线运动；砂轮则做垂直进给运动，如图2—45b所示。该方法多用于加工面窄、批量大的工件。

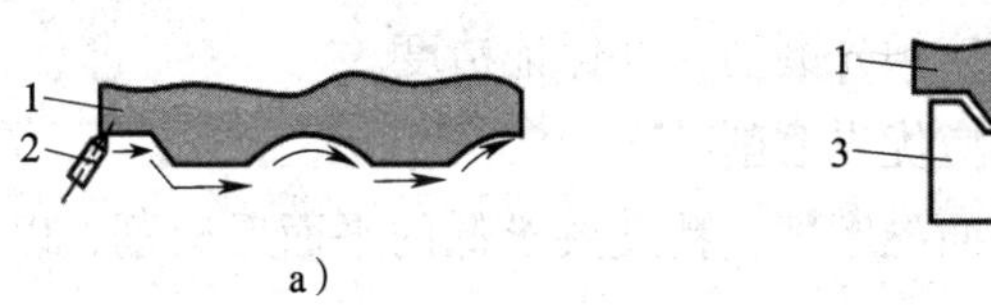

图2—45　成形砂轮磨削

a）修整成形砂轮　b）磨削工件

1—砂轮　2—金刚石笔　3—工件

（2）仿形磨削

由程序控制将砂轮修整成圆形或“V”形，如图2—46a所示。然后由程序控制砂轮架的垂直进给和工作台的横向进给运动，使砂轮的切削刃沿着工件的轮廓进行仿形磨削，如图2—46b所示。该方法适合磨削加工面宽的工件。

（3）复合磨削

复合磨削是上述两种方法的综合运用。磨削前由程序将砂轮修整成工件形状的一部分，如图 2—47a 所示。然后，用修整后的成形砂轮依次磨削工件，如图 2—47b 所示。该方法主要用于磨削具有多个相同型面的工件，如齿条、等距窄槽等工件。

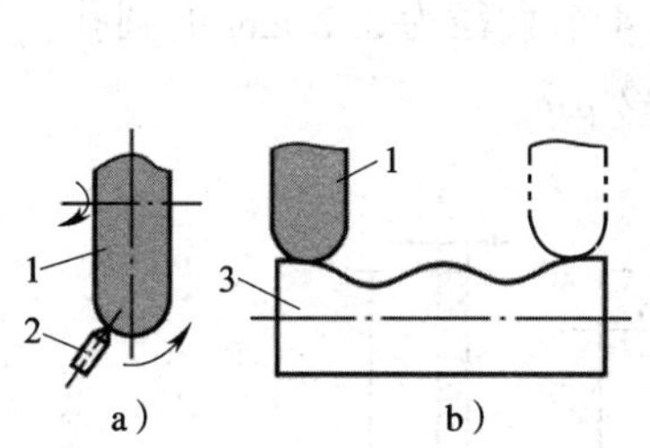

图 2—46 仿形磨削

a）修整砂轮 b）磨削工件

1—砂轮 2—金刚石笔 3—工件

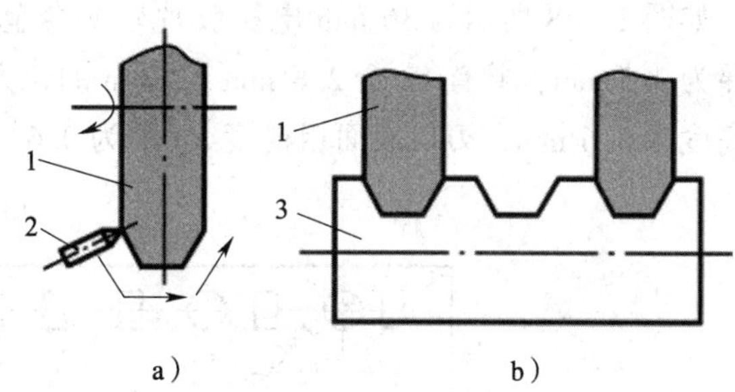

图 2—47 复合磨削

a）修整成形砂轮 b）磨削工件

1—砂轮 2—金刚石笔 3—工件

第三节 型孔的加工

型孔一般是指模具中成形制件的内、外表面轮廓的通孔。型孔类模具零件在各类模具中都有大量的应用，如冲裁模中的冲孔和落料型孔、塑料成形模具中的型腔拼块或型腔等。由于成形制件的形状繁多，因此型孔的轮廓也是多种多样的，按其形状可分为圆形型孔和异形型孔两类。具有圆形型孔的模具零件又有单圆型孔和多圆型孔两种。单圆型孔加工比较容易，一般采用钻削和镗削进行粗加工和半精加工，热处理后在内圆磨床上进行精加工。多圆型孔属于孔系加工，加工时除保证各型孔的尺寸及精度外，还要保证各型孔之间的相对位置精度，一般采用高精度的坐标镗床进行加工。

凹模型孔工作表面要求具有较高的硬度，其常用材料为 T8A、T10A、CrWMn、Cr12、Cr12MoV、W18Cr4V 和硬质合金等，一般淬火后硬度为 58 ~ 62HRC。热处理后可在高精度坐标磨床上进行精细加工，也可在镗孔时留 0. 01 ~ 0. 02 mm 的研磨余量，由钳工研磨。

异形型孔也可分为单异型孔和多异型孔两种。单异型孔主要要求其尺寸和形状精度；多异型孔除要求尺寸、形状精度外，还有各异型孔之间的位置精度要求。因此，异形型孔比圆形型孔的制造工艺要复杂得多。本节主要讨论异形型孔的加工技术。

一、型孔的电火花加工

型孔的电火花加工主要是对各种模具零件型孔的加工。通常当型孔为不通孔时，采用电火花加工；当型孔为通孔时，采用电火花线切割加工。这里仅就电火花加工型

孔的具体应用、采用的电参数及其加工效果进行举例说明。有关电火花加工的详细内容将会在第四章进行介绍。

如图 2—48 所示为 36 mm 电影胶片硬质合金冲模型孔板，工件材料为硬质合金，板厚为 3.5 mm，共有 12 个 2.8 mm × 2 mm 的长方孔，4 个直径为 3.2 mm 的圆孔，刃口高度为 0.6 mm，刃口表面粗糙度 *Ra* 值为 0.63 ~ 0.32 μm。

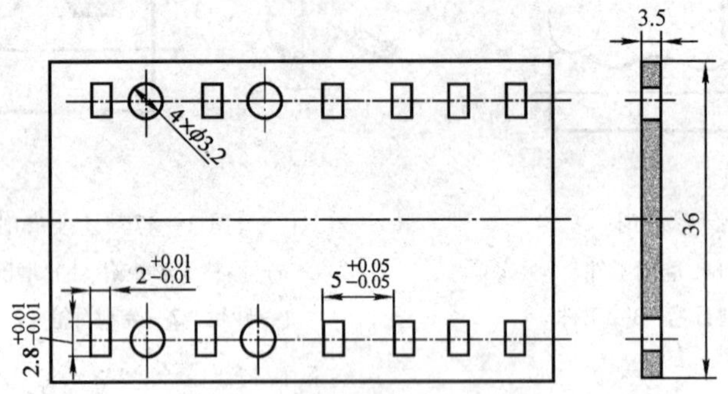

图 2—48　硬质合金冲模型孔板

型孔预加工采用直径为 1.5 mm 的纯铜棒作电极，型孔精加工则用钢凸模延长部分作电极，加工完成后切去延长部分。采用弛张式脉冲电源，加工参数见表 2—8。

表 2—8　　硬质合金冲模型孔电火花加工参数

参数 / 工序	电源电压（V）	限流电阻（Ω）	电容量（μF）	充电电感（H）	放电电感（μH）	工作电压（V）
预孔加工	250	500	0.05	0.08	10	110
方孔加工	250	1 200	0.004	0.08	10	85
圆孔加工	250	500	0.05	0.08	10	110

加工后的效果：表面粗糙度值为 *Ra*0.32 ~ 0.16 μm，单边间隙为 0.015 mm，斜度为 4′。加工时间为 4.5 h。

二、镶拼型孔的加工

由于镶拼型孔能将型孔的内表面加工变换为外表面加工，便于进行机械加工，同时可以节约原材料，减少或消除热处理引起的变形，提高型孔的制造精度，便于维修及更换，延长模具使用寿命等。因此，在大、中型形状复杂的型孔或形状十分复杂的小型型孔的模具结构中得到广泛应用。例如大、中型冲模型孔，塑料箱体类注塑模和挤出中空吹塑模等一般都采用镶拼结构进行制造。

1. 型孔的镶拼方法及分段

型孔的镶拼方法一般有拼接法和镶嵌法两种。拼接法是将型孔分成若干段，对各段分别进行加工后拼接起来，如图 2—49 所示。镶嵌法则是在型孔形状复杂或狭小、细长的部分另做一个镶件嵌入型孔体内，如图 2—50 所示。

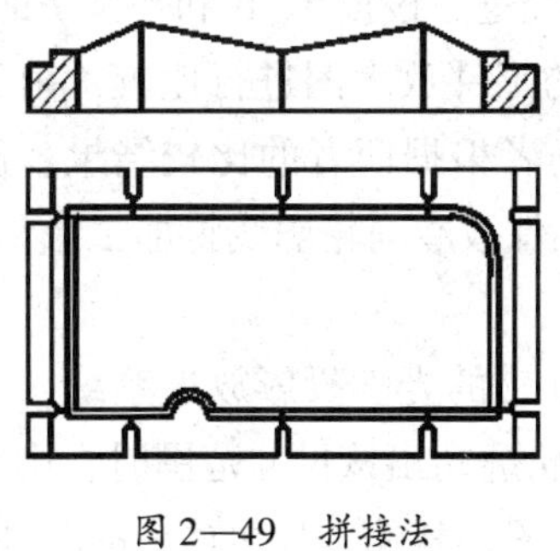

图 2—49 拼接法

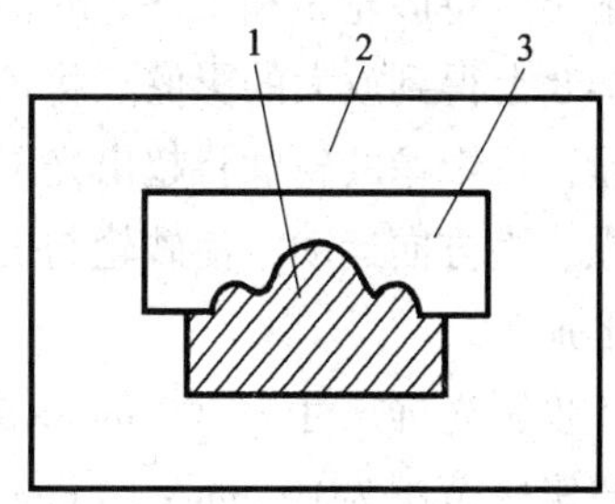

图 2—50 镶嵌法

1—制件 2—型孔体 3—镶件

镶拼型孔的分段是有一定要求的，一般是将形状复杂的内形表面加工转换为外形表面加工；为防止刃口处的尖角部分加工困难、淬火时易开裂等，应在尖角处拼接，且镶块应避免做成锐角；型孔的凸出或凹进部分容易磨损，为便于更换，应单独分成一段；有对称线的型孔应沿对称线分段。各段的拼合线要相互错开，并要准确、严密配合，装配牢固。

2. 拼块的制造过程

由于制件的形状多种多样，所以镶拼型孔的形状很多，其制造方法与制造过程也不尽相同。现以用光学曲线磨床加工图 2—51 所示定子槽型孔拼块和用平面磨床加工等距槽型孔拼块为例分别说明其制造过程。

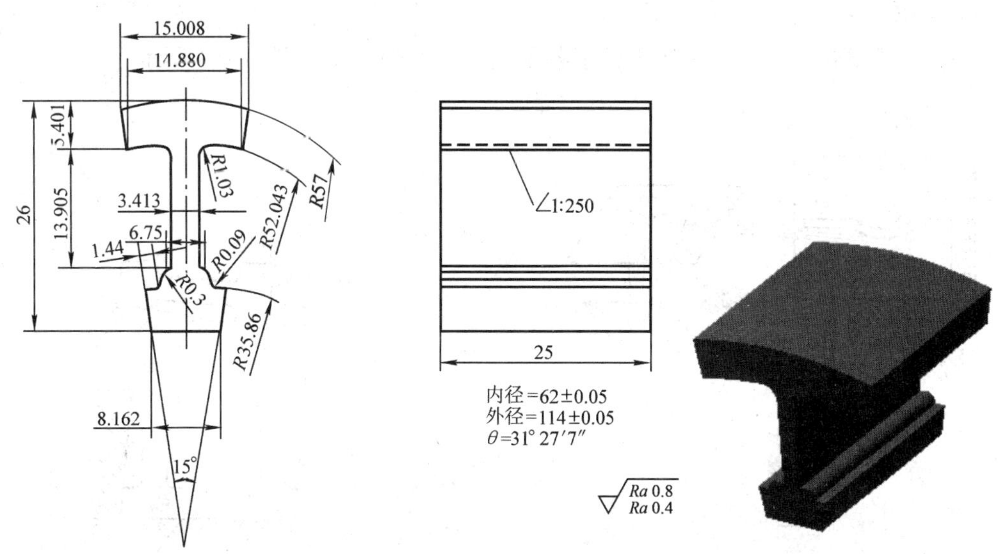

图 2—51 定子槽型孔拼块

(1) 光学曲线磨床投影放大原理

光学曲线磨床是按放大样板或放大图对成形表面进行磨削加工的，主要用于磨削尺寸较小的型孔拼块、凸模和型芯等。其加工精度可达 ±0.01 mm，表面粗糙度值为 *Ra*0.63 ~0.32 μm。光学曲线磨床的投影放大原理如图 2—52 所示。光线从机床下部的光源射出，将砂轮 3 和工件 2 的影像射入物镜 4。经过三棱镜 5、6 和平镜 7 的反射，可在光屏 8 上得到放大的影像。将该影像与光屏上的工件放大图进行比较，由于工件留有余量，投影像的轮廓将超出光屏的放大图。操作者根据两者的比较结果，操纵砂轮架在纵、横方向运动，使砂轮与工件的切点沿着工件被磨削轮廓线将加工余量磨去，完成仿形加工。

对于投影光屏尺寸为 500 mm ×500 mm、放大 50 倍的光学投影放大系统，一次能看到的投影区范围为 10 mm ×10 mm。当磨削工件的轮廓超出该尺寸范围时，则应将磨削表面轮廓分段，并把每段尺寸放大 50 倍制成放大图，其偏差应≤0.5 mm，图线粗细为 0.1 ~0.2 mm。

（2）定子槽拼块的制造过程

在图 2—51 所示定子槽型孔拼块的精度要求较高的情况下，可安排以下制造过程：

1）锻造毛坯。为了增加材料的密度，提高其力学性能，应采用锻造毛坯。即将圆钢锻造成 32 mm ×32 mm ×20 mm 的长方体。

2）热处理。为了改善毛坯的切削加工性，将锻件球化退火，硬度达 220 ~240HBW。

3）毛坯外形加工。按图样进行粗加工，留单边余量 0.2 ~0.3 mm。

4）坯料检验。对粗加工后的拼块坯料，按要求进行检验。

5）热处理。对经检验合格的拼块按热处理工艺进行淬火、回火处理，保证硬度为 58 ~62HRC。

6）平面磨削。在平面磨床上磨削各平面，其磨削顺序如图 2—53 所示。

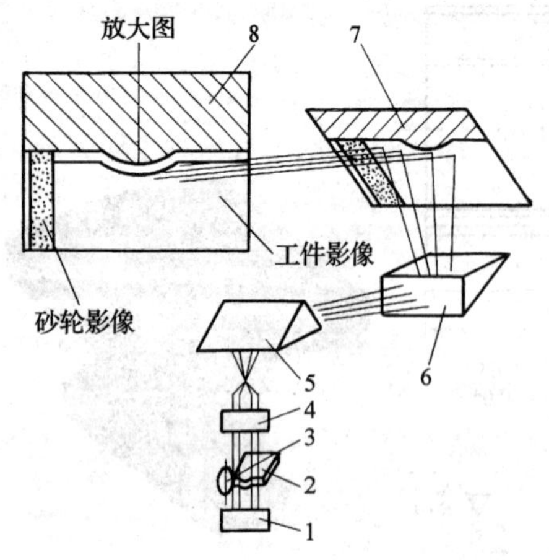

图 2—52　光学曲线磨床的投影放大原理

1—光源　2—工件　3—砂轮　4—物镜

5、6—三棱镜　7—平镜　8—光屏

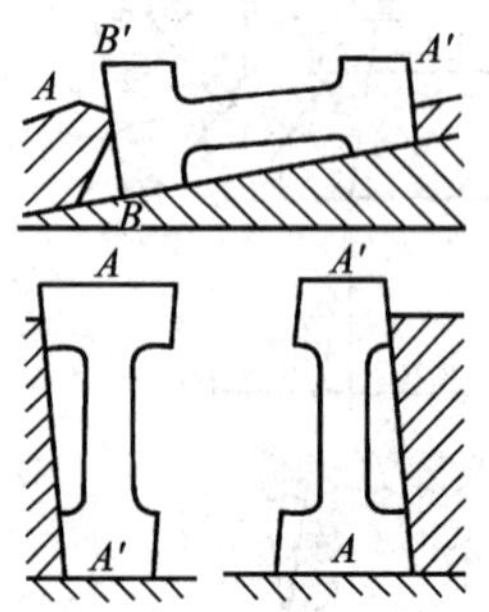

图 2—53　磨削定子槽拼块平面

①以 A'面为基准，磨削 A 面。

②用正弦磁力台装夹，将电磁吸盘倾斜 15°，四周用辅助块固定，粗磨 B、B'两侧面。

③以 A 面为基准，磨削 A'面。

④精磨 B、B'面，留修配余量 0. 01 mm。

⑤对所有拼块用角度规定位，同时磨削其端面，保证垂直度及总长尺寸 26 mm。

7）磨削外径。将拼块准确固定在专用夹具上，磨削其外径，达到 $R57$ mm 和表面粗糙度要求，如图 2—54 所示。

8）细磨平面。将各拼块的拼合面均匀地进行精细磨削后依次镶入内径为 114 mm 的环规中，如图 2—55 所示，要求配合紧密、可靠。

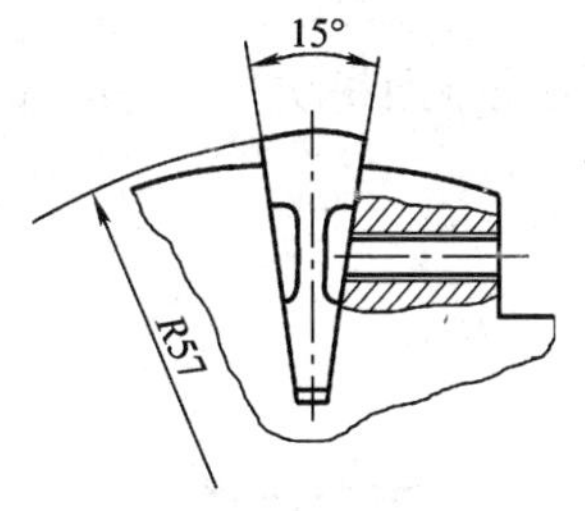

图 2—54 磨削定子槽拼块外径

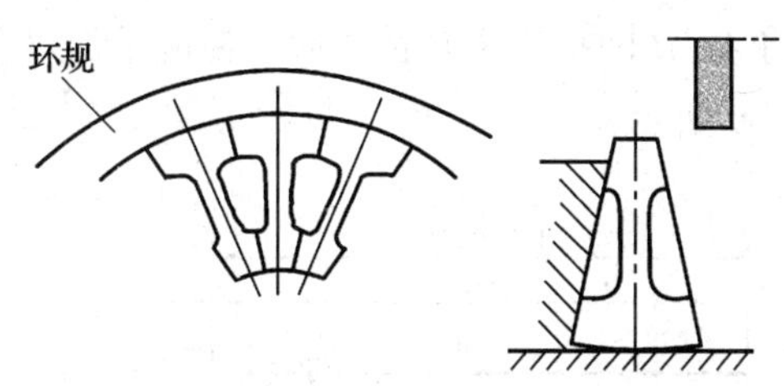

图 2—55 细磨定子槽拼块平面

9）磨削刃口部位。将各拼块装夹在夹具上，在光学曲线磨床上根据型孔刃口部的放大图进行粗磨和精磨，如图 2—56 和图 2—57 所示。

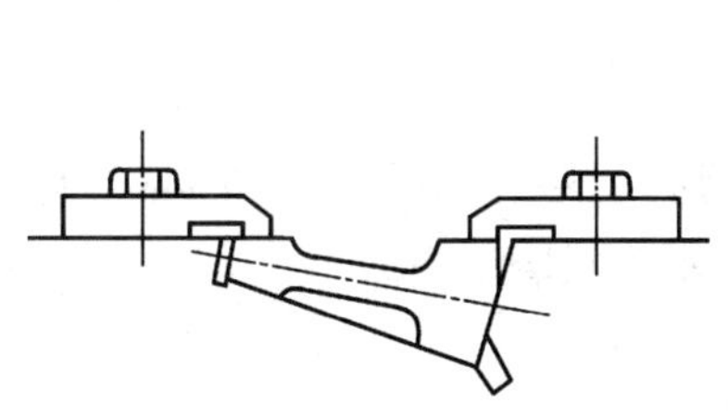

图 2—56 磨削定子槽拼块刃口部位

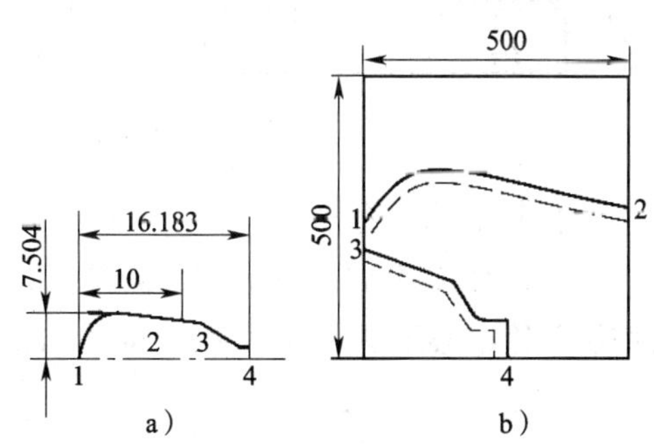

图 2—57 刃口部位分段磨削

a）刃口分段 b）放大图

10）磨削端面。将拼块压入型孔固定板 ϕ114 mm 的孔内，对刃口端面进行整体细磨。

11）检验。

①用投影仪检验型孔。

②测量拼块内径、外径和角度。

③检测拼块硬度。

以上是材料为合金钢的定子槽拼块的制造工艺过程。为了延长模具的使用寿命，大多数定子槽拼块都采用硬质合金，其制造过程除了取消锻造和热处理工序外，其他基本相同。

3. 等距槽型孔拼块的磨削工艺

如图 2—58 所示为等距槽型孔拼块，在修整砂轮圆弧后，用平面磨床进行成形磨削的工艺如下：

（1）坯料准备

锻造→退火→粗加工→淬火→回火。

（2）磨削平面

粗磨两拼块的六个平面→精磨，达到尺寸要求，并保证各平面相互之间的垂直度及两拼块尺寸一致。

（3）拼块的装夹

将 *A*、*B* 两拼块拼合在一起，使两平面对合，并用量块控制两拼块相差 10 mm，如图 2—59 所示。

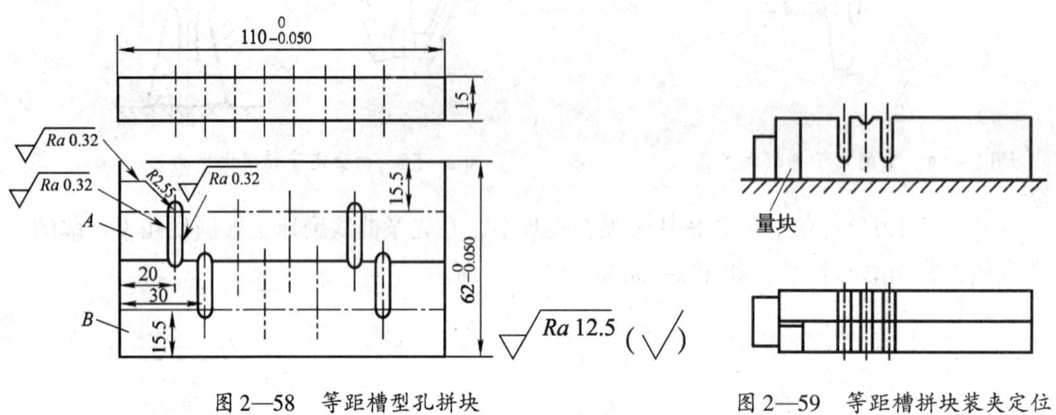

图 2—58　等距槽型孔拼块　　　　图 2—59　等距槽拼块装夹定位

（4）粗磨第一型槽

将砂轮修整成 R2. 5 mm 的半圆弧，对第一型槽进行粗磨，深度为 15. 4 mm。用量块控制砂轮中心距拼块端面为 20 mm，如图 2—60 所示为粗磨型槽。

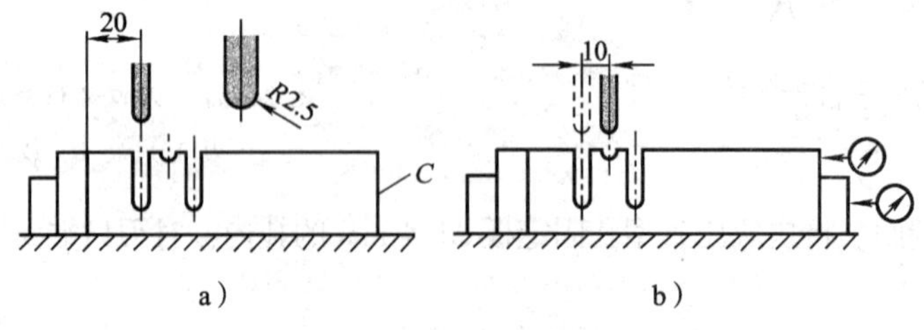

图 2—60　粗磨型槽

a）粗磨第一型槽　b）粗磨第二型槽

（5）调整拼块位置，粗磨第二型槽

如图 2—60b 所示，用百分表接触 *C* 面并调整为零位，在 *C* 面放 10 mm 的量块。

移动机床横滑板使百分表测头与量块侧面接触，使百分表读数值为零。位置调整准确后粗磨第二型槽，槽深为2.5 mm。

（6）调整拼块位置，磨削其他型槽

拼块相互位置的调整及装夹如前所述。逐个粗磨第三型槽至第八型槽。

（7）精磨型槽

将砂轮修整为R2.54 mm的半圆弧，采取与前述粗磨型槽相同的位置调整、固定的方法，按所要求的深度尺寸对各槽进行精磨，并达到表面粗糙度要求。

（8）检验

将两拼块按相互位置拼合在一起，如图2—61所示。检验型孔的尺寸、表面粗糙度及硬度。

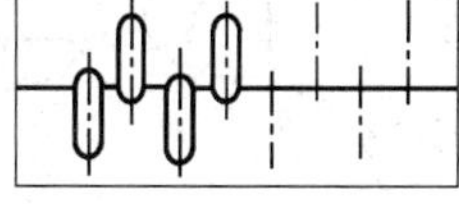

图2—61 型槽拼合

第四节 型腔的加工

型腔是模具中重要的成形零件，其主要作用是成形制件的外形表面。因此，其制造精度和表面质量要求都较高。由于制件的种类、形状、大小不同，有的表面还有花纹、文字、图案等，属于复杂的内表面加工，其制造工艺过程复杂，制造的难度较大。

在各类模具的型腔中，按型腔的结构形式可分为整体式、镶拼式和组合式；按型腔的形状则大致可分为回转曲面和非回转曲面两种。

一、回转曲面型腔的车削

对于回转曲面的型腔，应用最普遍的加工方法是车削加工（若采用数控车削加工则更好）。下面介绍车削加工模具型腔所用的特种刀具、专用工具及加工实例。

1. 型腔车削的特种刀具

在型腔车削加工中，除了圆柱、圆锥内形表面可以使用普通内孔车刀进行车削外，对于球面、半圆或圆弧面，一般都需采用样板车刀进行最后的成形车削。常用的样板车刀有车刀式样板刀、成形样板车刀和弹簧式样板车刀等。

（1）车刀式样板刀

车刀式样板刀（见图2—62）是在高速钢或硬质合金车刀的基础上磨制而成的。磨制前应根据型腔所要求的曲面形状和尺寸制出样板，然后根据样板的曲面磨制成样板车刀，其前角、后角可根据被加工的型腔材料选择，并使用油石磨光刃口。车削时先将该部分型腔进行粗加工，并留有一定的加工余量，最后再用样板刀精车成形。

车刀式样板刀的制造简单，使用方便，可磨制成各种形状，使用磨损后可重新刃磨，

反复使用。但它不能有效地单独控制型腔的表面形状，必须配合样板校对型腔的形状。

（2）成形样板车刀

如图2—63所示为半圆形刃口成形样板车刀。它的刃口部分的形状完全和型腔加工曲面相同，而尾部为锥柄。操作时将成形样板车刀安装在车床尾座的套筒内，利用尾座丝杠实现进给切削运动。

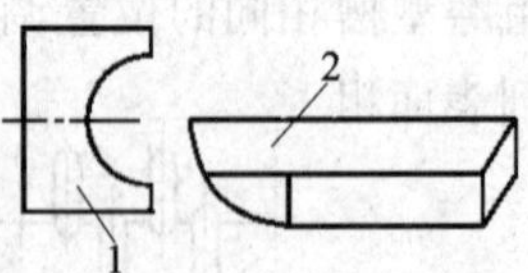

图2—62　车刀式样板刀

1—样板　2—样板刀

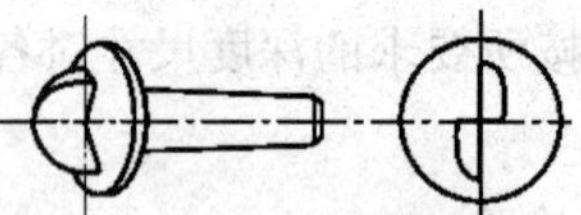

图2—63　成形样板车刀

成形样板车刀可根据型腔曲面的半径大小制成单刃、双刃或多刃，在车削加工时不需要用样板校对型腔，能有效地直接控制型腔的形状。但使用时必须使尾座套筒的中心与车床主轴中心同轴，否则会扭坏刀具或扩大型腔尺寸。

（3）弹簧式样板车刀

在车削过程中因样板车刀切削面积较大容易引起振动，致使表面粗糙度达不到要求。若将样板车刀安装在弹簧刀杆上便成为弹簧式样板车刀，如图2—64所示。这种车刀可有效地减小或消除车削过程中的振动，降低加工表面的粗糙度。

（4）型腔条纹刀具

塑料瓶盖类制品为了能和瓶体有效地旋紧，一般其外圆表面都有深浅和长短不等的凸出条纹，这些条纹在模具型腔上则为内型表面条纹。这种内型表面条纹的加工也可以在车床上采用专用的刀具进行加工。

1）直线滚花刀。如图2—65所示为直线滚花刀，它是由滚花刀2及与其配合的刀轴1安装在刀杆4上的小孔内，并用螺钉3固定而成的直线滚花刀具。使用时，刀杆安装在刀架上，找正车床主轴水平中心，并与型腔滚花部位对正。先低速小吃刀，试切后，观察条纹深浅是否一致，如不一致则调整刀架角度，直至条纹轴向一致后再开车滚花。滚花时应从内向外进刀并要注意润滑，每隔一定时间需将滚花刀清洗干净，以确保条纹清晰。

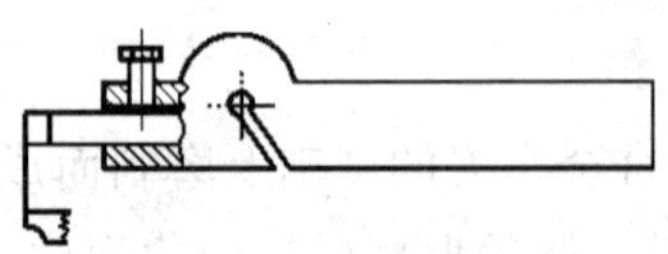

图2—64　弹簧式样板车刀

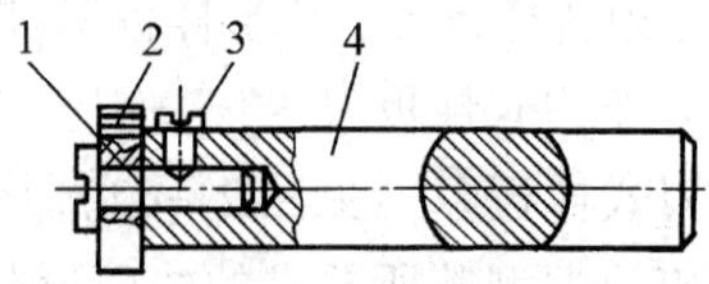

图2—65　直线滚花刀

1—刀轴　2—滚花刀　3—螺钉　4—刀杆

2）条纹拉刀。当型腔的条纹较深较宽时，用滚花刀无法加工。可采用如图2—66所示的专用条纹拉刀进行加工。进行条纹加工时，将条纹拉刀安装在刀架上并找正中

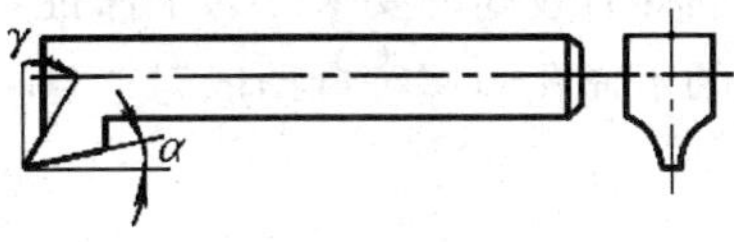

图 2—66 条纹拉刀

心位置。根据图样要求的条纹数量在型腔上均匀地分度刻线，使刀尖对准其中一条刻线移动小拖板向前拉削。利用小拖板和中拖板的刻度分别控制条纹的长短和深浅，分数次拉削达到图样要求。每加工一条条纹结束后转动卡盘，使刀尖对正另一条刻线加工第二条条纹，依次加工出所有的条纹。条纹拉刀的刀杆应有足够的强度，以免造成条纹不清晰和表面粗糙度达不到要求。

2. 型腔车削的专用工具

对于加工数量较多的型腔，若采用专用工具进行加工，既可保证加工质量，又能提高生产效率。型腔车削的专用工具主要有球面车削工具、曲面车削工具、不通孔内螺纹自动退刀工具。

(1) 球面车削工具

型腔中具有球形内表面时，可采用如图 2—67 所示的球面车削工具进行车削。图中固定板 1 和调节板 3 分别固定在机床导轨 4 和中拖板 5 上，连杆 2 用销轴将固定板 1 和调节板 3 铰接在一起。当中拖板 5 横向自动进刀时，在连杆 2 的作用下，大拖板 6 做相应的纵向移动，连杆 2 绕固定板销回转使刀尖做圆弧运动。车削出凹形球面，球面半径的大小由连杆调节。

(2) 曲面车削工具

对于特殊回转曲面的型腔可用靠模装置进行车削加工。靠模的种类较多，如图 2—68 所示为安装在车床导轨后面的靠模。靠模 3 上有曲线沟槽，槽的形状、尺寸与型面的形状、尺寸相同。在机床的中拖板上安装连接板 1，滚子 2 则装在连接板端部，并正确地与靠模沟槽配合。车削时将中拖板丝杠抽掉，大拖板纵向移动时中拖板和车刀随靠模做横向运动，车削出与曲线沟槽完全相同的型腔曲面。

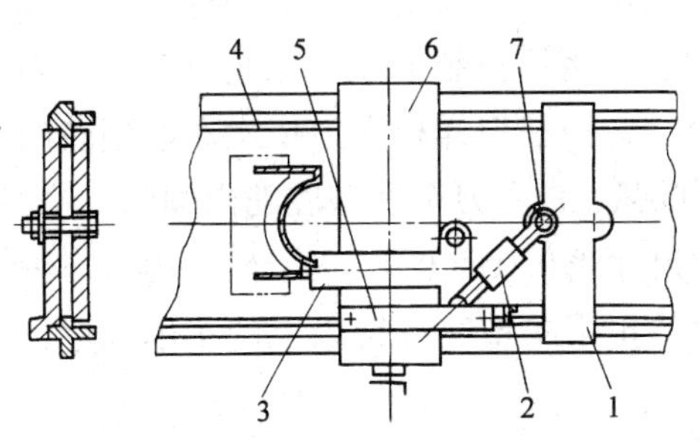

图 2—67 球面车削工具

1—固定板 2—连杆 3—调节板 4—机床导轨 5—中拖板 6—大拖板 7—销轴

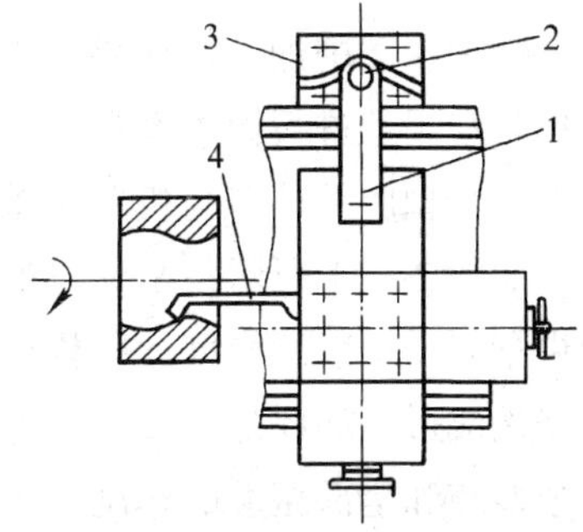

图 2—68 曲面车削工具（靠模）

1—连接板 2—滚子 3—靠模 4—车刀

(3) 不通孔内螺纹自动退刀工具

塑料模具中螺纹型腔的精度高，表面粗糙度低，螺纹退刀部分的长度和表面粗糙

度同样有较高的要求。为了保证加工质量，对型腔中的螺纹部分可采用如图 2—69 所示的不通孔内螺纹自动退刀工具进行加工。

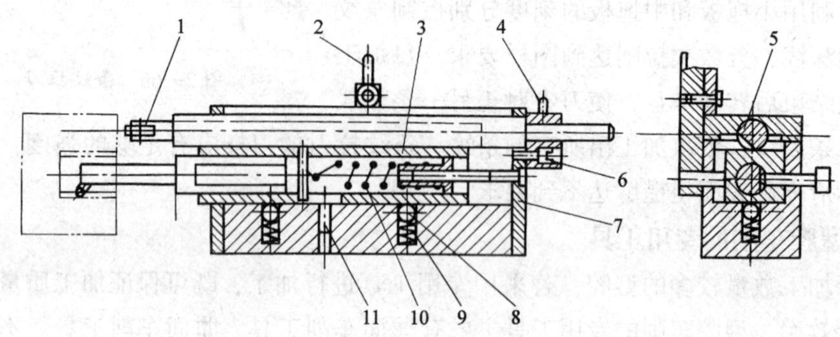

图 2—69　不通孔内螺纹自动退刀工具

1—滚动轴承　2、4—手柄　3—滑块　5—半圆轴

6、11—销钉　7—盖板　8—弹簧　9—滚珠　10—拉力弹簧

使用时，将螺纹自动退刀工具装在刀架上。扳动手柄 2 将滑块 3 向左拉出，使销钉 11 进入滑块 3 的定位槽内。同时扳动手柄 4 使半圆轴 5 将滑块 3 压住，并将半圆轴沿轴向推动使销钉 6 插入盖板 7 的孔内。调节刀头与半圆轴端部滚动轴承 1 的距离后，即可进行车削。当车削至接近要求的螺纹长度时，滚动轴承 1 撞在工件端面上，使半圆轴向后推动。当销钉 6 被推出盖板孔，在弹簧 8 的作用下通过滚珠 9，将滑块 3 沿横向推动，使半圆轴的平面转为水平状态时，销钉 11 与滑块 3 的定位槽脱开。在拉力弹簧 10 的作用下将滑块 3 拉回，使刀具退出型腔，完成一次车削的退刀。重复以上操作过程可以完成螺纹的车削。

3. 型腔车削实例

（1）塑料钮扣压制模型腔的车削

如图 2—70 所示为同室多腔塑料钮扣压制模型腔。在车削加工前，要对毛坯进行刨削、铣削、磨削加工，使除型腔外的其余表面尺寸和精度都达到图样要求，并按型腔的排列和尺寸进行钳工划线。车削时将型腔板用压板装卡在车床花盘上，按划线校正其中一个型腔的位置与机床主轴中心重合，应用三把样板车刀依次车削型腔的三个部位，如图 2—71 所示。A 车刀车削型腔外圆弧；B 车刀车削型腔的内圆弧；A、B 车刀为粗车刀，车削的深度比图样要求的深度尺寸浅 0. 05 ~ 0. 1 mm，然后用 C 车刀进行精车修光成形。如此加工好一个型腔后，再找正第二型腔进行以上的车削顺序，完成第二个型腔和全部型腔的车削加工。

（2）灯座型腔的车削

如图 2—72 所示为塑料灯座压制模型腔。根据图样要求，可使用成形样板车刀车削加工型腔的曲面。其车削加工工艺如下。

1）预加工。型腔车削之前，按图样要求进行平面刨削和磨削加工。并与其他模板配加工导柱孔及配装导柱。

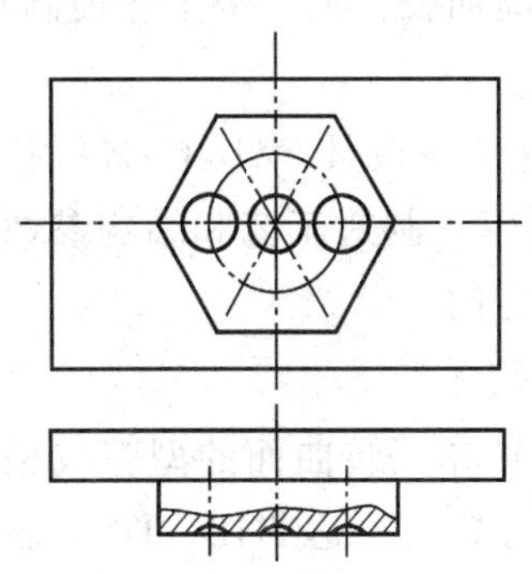

图 2—70 塑料钮扣压制模型腔

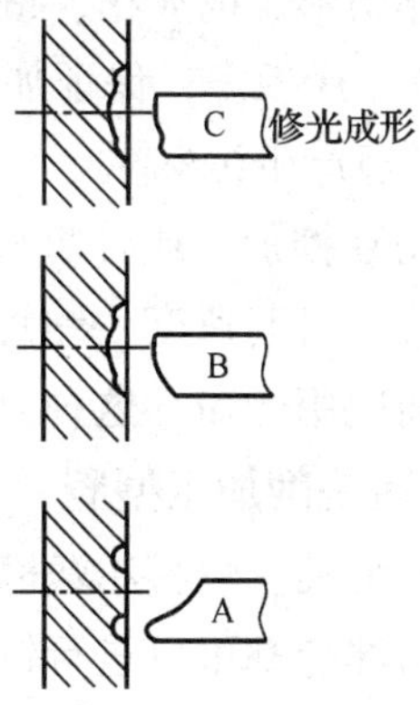

图 2—71 钮扣压制模型腔车削

2）划线。钳工按型腔的布置和数量划线，确定各型腔的相对位置。

3）制作样板和样板车刀。按图样要求，分别制作球 *SR*24 mm 和 *R*3 mm 的样板和样板车刀。

4）装夹工件。将型腔板装在四爪单动卡盘上，找正其中一个型腔与车床主轴中心重合。

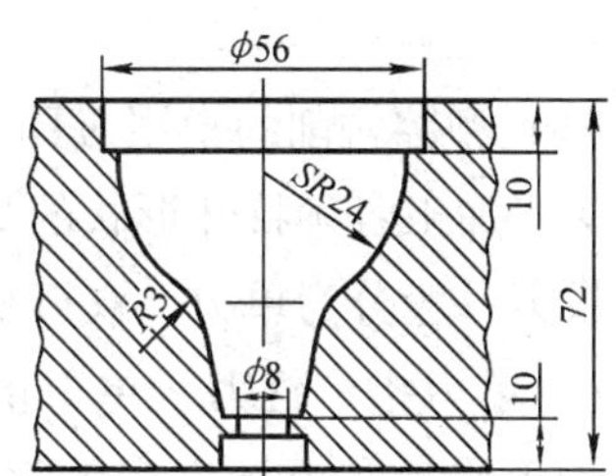

图 2—72 塑料灯座压制模型腔

5）车削球 *SR*24 mm 圆弧。粗车球 *SR*24 mm，留加工余量 0.1 mm，用样板校对，然后用样板车刀成形精车球 *SR*24 mm，使其达到要求。

6）钻、铰孔。钻、铰 ϕ8 mm 的孔，使其达到要求。

7）车削锥孔。按图样锥度要求调整车床小拖板角度，车削内锥孔达到图样要求。

8）车削 *R*3 mm 圆弧。粗车 *R*3 mm 圆弧并留余量，然后用 *R*3 mm 样板车刀进行成形精车，完成型腔曲面的车削加工。

二、非回转曲面型腔的铣削

在模具型腔的加工中，常用的铣削加工设备有普通立式铣床、万能工具铣床、仿形铣床和数控铣床。立式铣床和万能工具铣床主要用于中、小型模具非回转曲面型腔的加工，而一般仿形铣床则主要用于大型非回转曲面型腔的加工，数控铣床则适合大多数非回转曲面型腔的加工。

1. 非回转曲面型腔的加工工艺

非回转曲面型腔的加工工艺概括起来有以下三类。

（1）用通用机械切削加工配合钳工修整进行制造。该工艺不需要特殊的加工设备，应用通用的机床将型腔大部分多余材料切除，再由钳工进行精加工修整。其生产效率低，劳动强度大，质量不易保证。在制造过程中应充分利用各种设备的加工能力，尽可能减少钳工的工作量。

（2）用仿形、电火花、超声波、电化学加工及化学加工等专用设备进行加工，可以大大提高生产效率，保证加工质量。但工艺准备周期长，加工中工艺控制较复杂，还可能对环境产生污染。

（3）用数控加工或计算机辅助模具设计和制造（即模具 CAD/CAM）技术，可以加快模具的研制速度，缩短生产准备时间，优化模具制造工艺和结构参数，提高模具质量和使用寿命。这种方法是模具制造的主要方向。

2. 普通铣削加工型腔

塑料压制模、塑料注塑模、锻模、压铸模等各种非回转曲面的型腔或型腔中的非回转曲面部分都可以进行铣削加工。加工后的尺寸精度可达 IT10 ~ IT8，表面粗糙度 $Ra = 12.5 \sim 3.2$ μm。铣削加工型腔时一般先按型腔划出的轮廓线进行加工，留 0.05 ~ 0.1 mm 的余量，经钳工修整、抛光后达到型腔所要求的尺寸和表面粗糙度。

（1）型腔铣削的常用刀具

为了加工各种特殊形状的型腔表面，必须备有各种不同形状和尺寸的指形铣刀。指形铣刀一般分为单刃、双刃及多刃指形铣刀。

1）单刃指形铣刀。单刃指形铣刀是应用广泛、制造最方便的一种，为了获得较好的加工质量和提高生产效率，铣刀的几何参数是根据型腔和刀具的材料、强度、耐用度及其他加工条件，合理选择而确定的。一般前角为 5°，后角为 25°，副后角为 15°，副偏角为 15°。常用的单刃指形铣刀如图 2—73 所示。图 2—73a 用于平底、侧面为垂直平面工件的铣削；图 2—73b 用于半圆槽及侧面垂直、底面为圆弧工件的铣削；图 2—73c 用于平底、斜侧面工件的铣削；图 2—73d 用于斜侧面、底面为圆弧槽工件的铣削；图 2—73e 用于凸圆弧面的铣削；图 2—73f 用于刻铣细小花纹及文字。

2）双刃指形铣刀。双刃指形铣刀是标准产品，有直刃和螺旋刃两种，如图 2—74 所示，主要用于型腔中直线的凹凸型面和深槽的铣削。由于切削时受力平衡能承受较大的切削用量，铣削效率和铣削精度较高。

3）多刃指形铣刀。多刃指形铣刀主要用于精铣沟槽的侧面或斜面。其铣削精度较高，表面粗糙度较低，但制造困难，一般都采用标准规格的产品。

（2）型腔的铣削

用铣床加工型腔一般都是手动操作，劳动强度大，对工人的操作技能要求较高。为了提高铣削效率，对于铣削余量较大的型腔，在铣削前应进行粗加工去除大部分材料，并留有较均匀的精加工余量，再用指形铣刀进行精加工。最后由钳工修磨、抛光制得合格的型腔。下面以图 2—75 所示起重吊环锻模型腔为例说明型腔的铣削加工过程。

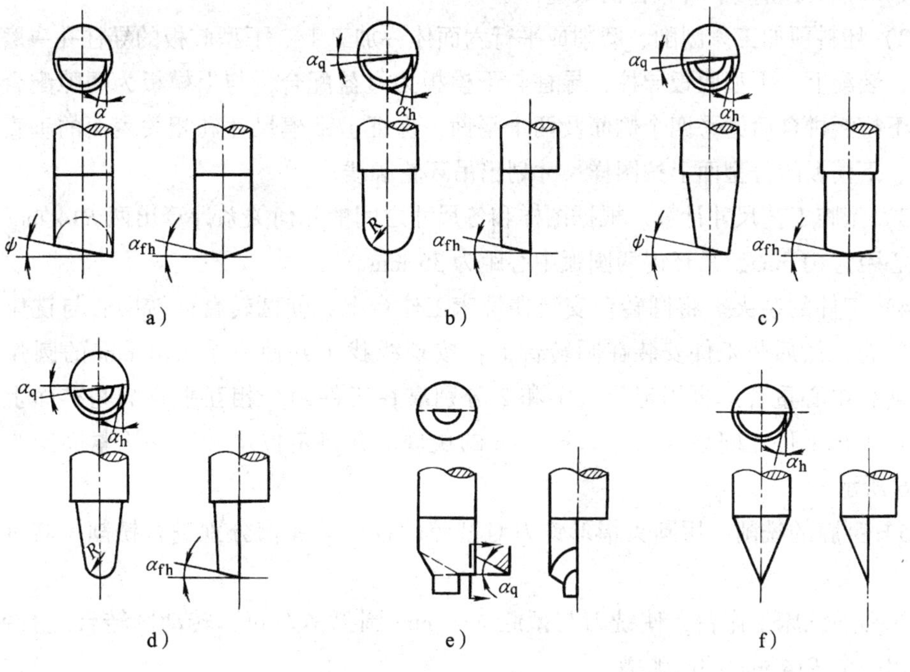

图 2—73 单刃指形铣刀

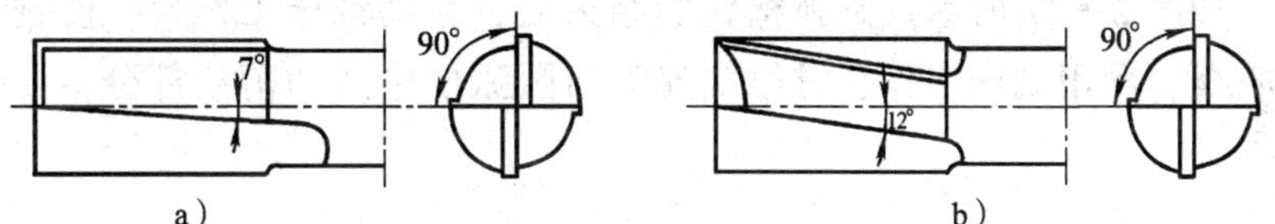

图 2—74 双刃指形铣刀

a）直刃 b）螺旋刃

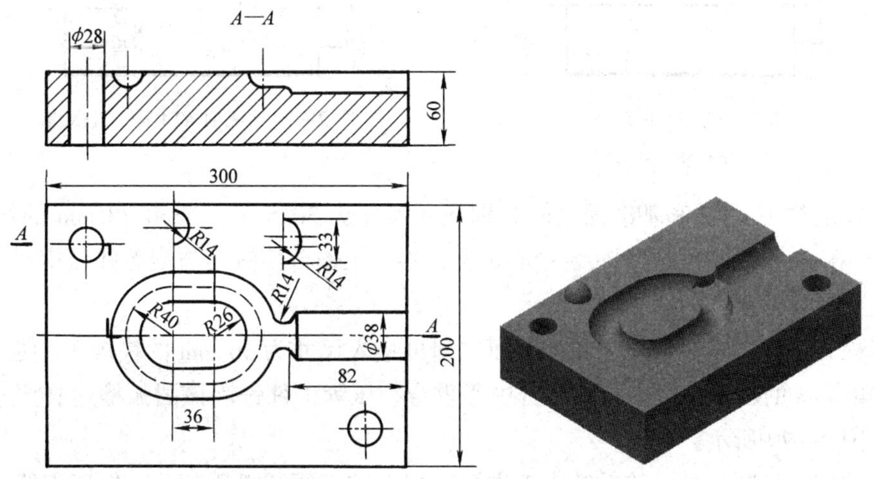

图 2—75 起重吊环锻模型腔

1）坯料准备。下料→自由锻造→退火。

2）坯料预加工。刨削、磨削成平行六面体→加工上、下型腔板的导柱孔→磨平分型面，装配上、下型腔板导柱，导柱与下模板为过盈配合，与上模板为间隙配合→将上、下模板拼合后磨平四个侧面及两个平面，保证上下模尺寸和相关表面的垂直度→在上、下模板的分型面上按图样尺寸划出吊环轮廓线。

3）型腔工艺尺寸计算。根据图样和各尺寸之间的几何关系计算出两 *R*14 mm 圆弧的中心距为 61 mm，吊环内两圆弧中心距为 36 mm。

4）工件的装夹。将圆转台安装在铣床工作台上，使圆转台回转中心与铣床回转中心重合，然后将工件安装在圆转台上，按划线找正并使一个 *R*14 mm 的圆弧中心与圆转台中心重合。再用定位块 1 和 2 分别靠在工件两个相互垂直的基准面上，在定位块 1 与工件之间垫入尺寸为 61 mm 的块规。并将定位块和工件压紧固定，如图 2—76 所示。

5）型腔的铣削。用圆头指形铣刀对型腔的各个圆弧槽分别进行铣削。其过程如下。

①移动铣床工作台，使铣刀与型腔 *R*14 mm 圆弧槽对正，转动圆转台进行铣削，加工出一个 *R*14 mm 的圆弧槽。

②取掉尺寸为 61 mm 的块规，使另一个 *R*14 mm 圆弧槽中心与圆转台中心重合进行铣削，如图 2—77 所示。圆弧槽铣削结束后，移动铣床工作台，使铣刀中心对正型腔中心线，利用铣床工作台进给铣削两凸圆弧槽中间的衔接部分，要保证衔接圆滑。

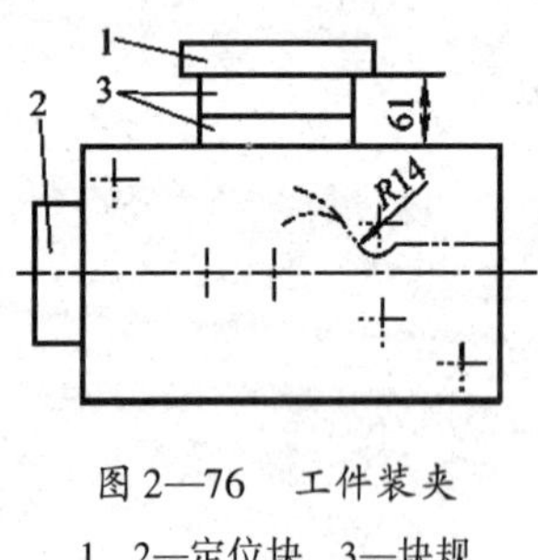

图 2—76　工件装夹

1、2—定位块　3—块规

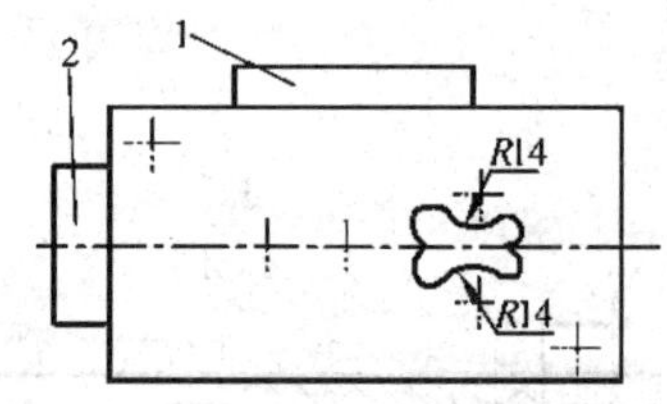

图 2—77　铣削 *R*14 mm 圆弧槽

③在定位块 1、2 和基准面之间分别垫入尺寸为 30.5 mm 和 60.78 mm 的块规 3、4，使 *R*40 mm 圆弧中心与圆转台中心重合，移动工作台使铣刀与型腔圆弧槽对正，铣削以达到尺寸要求，如图 2—78 所示。

④松开工件，在定位块 2 和基准面之间再垫入尺寸为 36 mm 的块规 3，使工件另一个 *R*40 mm 的圆弧槽中心与圆转台中心重合。压紧工件铣削该圆弧槽达到要求的尺寸，如图 2—79 所示。

⑤铣削直线圆弧槽。移动铣床工作台铣削型腔直线圆弧槽部分，保证直线圆弧槽与各圆弧槽的衔接平滑。

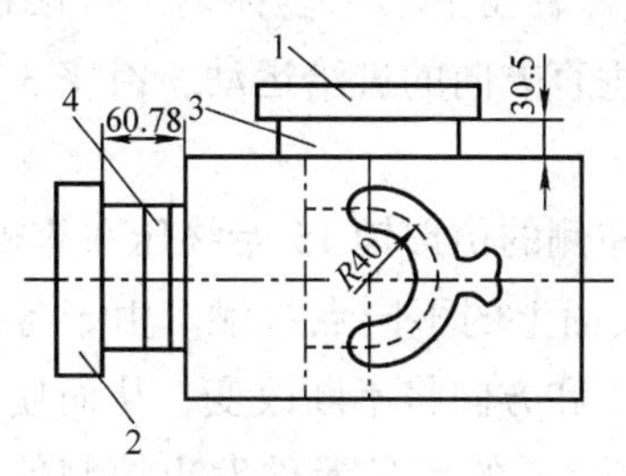

图 2—78 铣削 R40 mm 圆弧槽

1、2—定位块 3、4—块规

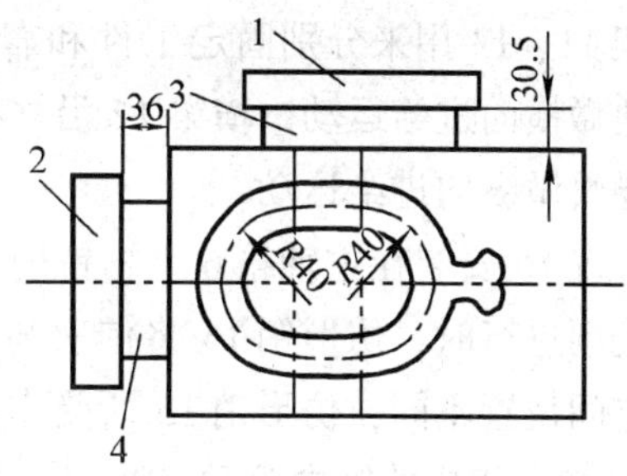

图 2—79 铣削第二个 R40 mm 圆弧槽

1、2—定位块 3、4—块规

⑥将上、下模板拼合后，在车床上车削圆柱形型腔部分。

3. 仿形铣削加工型腔

仿形铣削是利用仿形铣床和靠模装置自动地将毛坯加工成与靠模形状相同的型腔型面的加工方法。由于仿形铣削采用圆柱球头铣刀铣削，加工表面残留的刀痕较明显，表面粗糙度差；加工过程中切削刃并非连续切削，容易产生振动；靠模的制造精度、仿形销的尺寸及形状误差、仿形仪的灵敏度与准确度等因素的影响，使得仿形铣削的加工精度受到相当大的影响。因此，仿形铣削主要用于高精度型腔型面的粗加工或精度和表面粗糙度要求不高的型面加工。一般仿形铣削后仍需钳工进行修磨、抛光才能达到要求。

（1）仿形铣削的工作原理

仿形铣床的种类很多，按机床主轴的空间位置可分为立式铣床和卧式铣床两种。目前，我国生产的三坐标自动仿形铣床可以在 X、Y、Z 三个方向互相配合完成进给运动，加工形状复杂的模具型腔。如图 2—80 所示为国产 XB4480 型立式电气仿形铣床的结构。

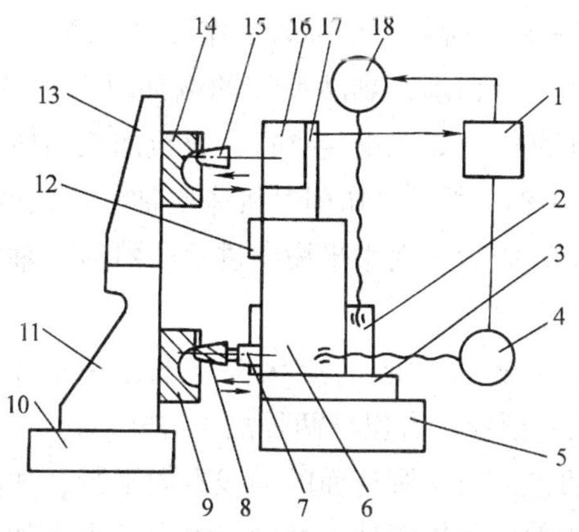

图 2—80 XB4480 型立式电气仿形铣床的结构

1—仿形信号放大器 2—立柱 3—滑座 4、18—驱动装置 5—床身 6—主轴箱 7—主轴 8—铣刀 9—工件 10—工作台 11—下支架 12—横梁 13—上支架 14—靠模 15—仿形销 16—仿形仪 17—仿形仪座支架 11、13 用来分别固定工件和靠模，铣刀 8 装在主轴 7 套筒内，可沿横梁 12 上的导轨做横向进给运动，横梁 12 沿立柱 2 可做垂直方向的进给运动，滑座 3 可沿床身 5 的导轨做纵向进给运动。

仿形仪 16 安装在主轴箱 6 上，铣削时仿形仪左侧的仿形销 15 始终压在靠模 14 表面。当铣削进行时，仿形销 15 将依次与靠模 14 表面上的不同点接触。由于各接触点所处的空间位置不同，仿形销 15 所受作用力的大小和方向将不断改变，从而使仿形销 15 的轴杆产生相应的轴向位移和摆动，推动仿形仪 16 的信号元件发出控制信号，该信号经过仿形信号放大器 1 放大后就可用来控制进给系统的驱动装置 4、18，使铣刀 8 产生相应的随动进给，完成仿形加工。

（2）仿形铣削的加工方式

仿形铣削的加工方式有多种，常见的有以下两种。

1）平面轮廓仿形。铣削时仿形销沿着靠模外形运动，不做轴向运动。受其控制的铣刀也只沿工件的轮廓铣削，不做轴向进给运动，如图 2—81a 所示。这种加工方式主要用来加工具有复杂轮廓形状、深度不变的型腔或凹模型孔、凸模的刃口轮廓等。

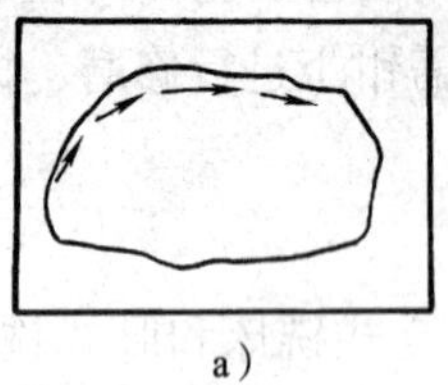
a）

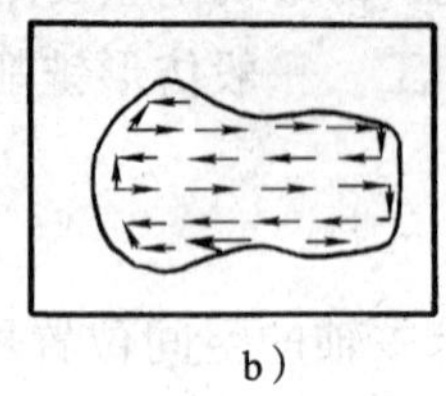
b）

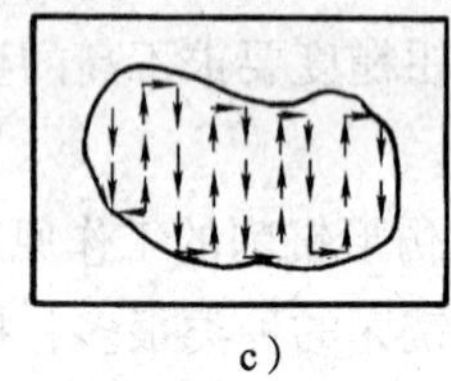
c）

图 2—81 仿形铣削加工方式

a）平面轮廓仿形 b）立体轮廓水平分行仿形 c）立体轮廓垂直分行仿形

2）立体轮廓仿形。按切削运动的路线可分为水平分行和垂直分行两种。

①水平分行。如图 2—81b 所示，切削时工作台做连续的水平进给，铣刀对型腔毛坯上一条水平的狭长表面进行切削，到达型腔的端部时，主轴在垂直方向做一次周期进给，然后工作台做反向进给。如此反复进行，直至加工出所要求的型腔表面。

②垂直分行。如图 2—81c 所示，切削时机床主轴做连续的垂直进给，到达型腔端部时，机床工作台在水平方向做一次水平横向进给，然后主轴做反向进给，如此反复，直至加工出所要求的型腔表面。

在仿形铣削加工中，应根据型腔的形状特点来选用加工方式。例如，加工如图 2—82 所示的半圆柱形截面型腔，有以下两种加工方式。

第一种，周期进给的方向与半圆柱面的轴线方向平行，如图 2—82a 所示。

第二种，周期进给的方向与半圆柱面的轴线方向垂直，如图 2—82b 所示。

由图 2—82 可见，在周期进给量相等的情况下，按图 2—82a 的加工方式，周期进给沿着一条水平直线进行，所获得加工表面的粗糙度较小，如图 2—83a 所示。两次周期进给所形成的残留面积高度为：

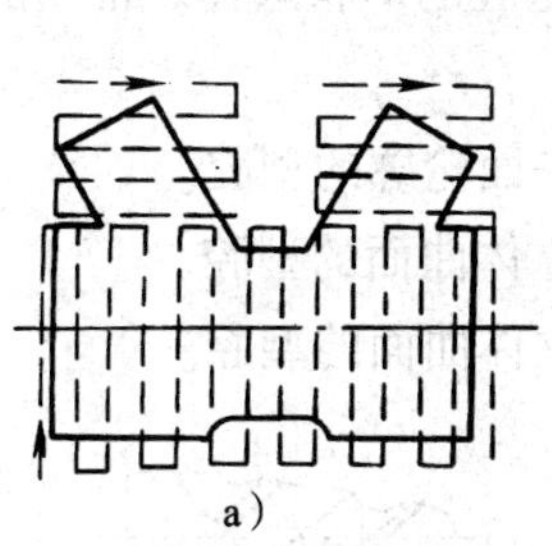

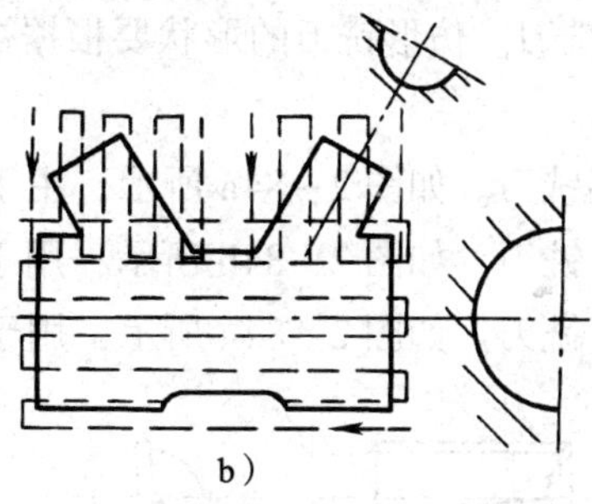

图 2—82 半圆柱形截面型腔

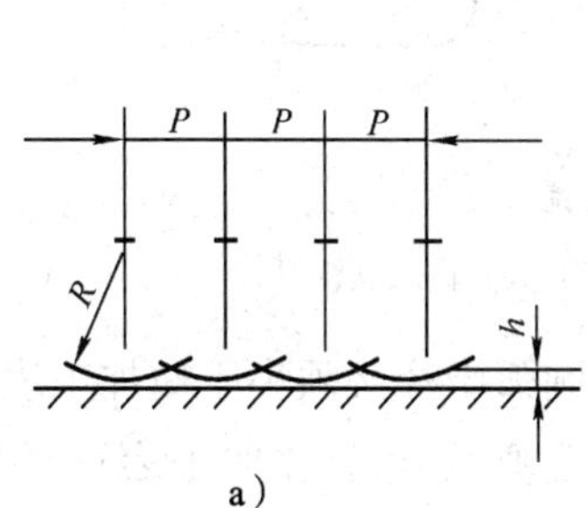

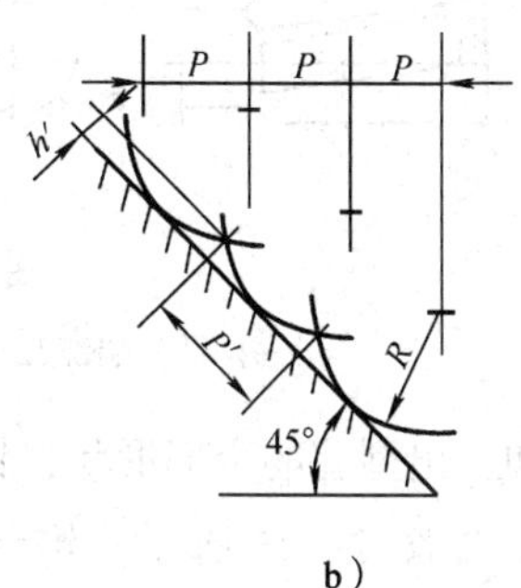

图 2—83 铣削残留面积

$$h = R - \sqrt{R^2 - \left(\frac{f}{2}\right)^2}$$

式中 h——残留面积高度，mm；

f——铣刀的周期进给量，mm；

R——铣刀的圆头半径，mm。

当采用图 2—82b 所示的加工方式时，周期进给为沿一条与水平方向成夹角的斜线进行，加工表面的粗糙度相对而言较大，如图 2—83b 所示。两次周期进给所形成的残留面积高度为：

$$h' = R - \sqrt{R^2 - \left(\frac{f'}{2}\right)^2}$$

式中 h'——残留面积高度，mm；

f'——铣刀的周期进给量，mm，$f' = \sqrt{2}f$；

R——铣刀的圆头半径，mm。

从上述两式可以明显看出，在周期进给量相同的情况下，铣削图 2—82 所示的截面为半圆形的型腔时，不同的仿形铣削加工方式所获得的表面粗糙度不同。因此，在型腔的仿形铣削加工中，应根据不同的加工性质，并结合型腔的形状特点，选择不同的加工方式。

（3）仿形铣刀与仿形销

1）仿形铣刀。仿形铣刀的形状要根据被加工型腔的形状选择。常用的仿形铣刀如图 2—84 所示。

①平头端铣刀。如图 2—84a 所示，用于加工平面轮廓的型腔。

②圆头锥铣刀。如图 2—84b 所示，用于加工立体曲面的型腔。

③圆头立铣刀。如图 2—84c 所示，用于加工立体曲面的型腔。

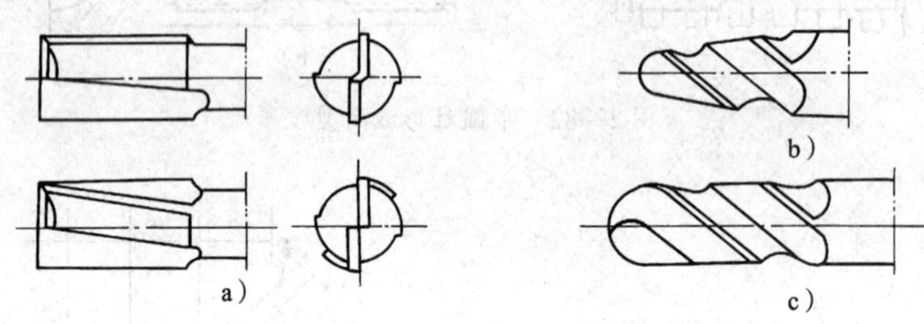

图 2—84　仿形铣刀

a）平头端铣刀　b）圆头锥铣刀　c）圆头立铣刀

为了能加工出型腔的全部形状，铣刀端部的圆弧半径必须小于被加工表面凹入部分的最小半径，如图 2—85 所示。锥形铣刀的斜度则应小于被加工表面的倾斜度，如图 2—86 所示。对于不同的加工精度，应选用不同的铣刀。如粗加工时为了提高铣削效率，常采用圆头、半径和螺旋角较大的铣刀进行加工；至于工件上小于铣刀半径的凹入部分可由精铣来保证。精加工时，为了降低型腔表面的粗糙度，则应采用齿数较多的立铣刀。

另外，由于立体仿形加工中铣刀的切削运动比较复杂，因此对铣刀的切入位置和切入方向均应选择合适，即要保证铣刀在任何方向切入时，其端部的切削刃能起到良好的钻削和铣削作用，这在粗铣时尤为重要。

2）仿形销（见图 2—87）。仿形销是仿形动作的起始元件。其形状应与靠模的形状相适应。在不考虑受力变形的条件下，仿形销的形状尺寸应与铣刀一致，才能实现相应的同步运动，保证加工精度。但在实际铣削中，仿形销不但在靠模型面有变位移动，而且还有靠模型面对它的作用力而产生的变形。为了保证仿形准确，这一变形在仿形铣削前应进行检测与修正。所以，实际仿形销的直径比铣刀略大。一般，仿形销的直径可按下式确定：

$$D = d + 2(c + e)$$

式中　D——仿形销的直径，mm；

d——铣刀的直径，mm；

c——型腔表面加工后留的精加工余量，mm；

e——仿形销偏移的修正量，mm。其大小决定于仿形销的构造、长度、进给速度及型腔表面形状等因素，一般可通过对机床的调试实测确定。表 2—9 为仿形销修正量，可供参考。

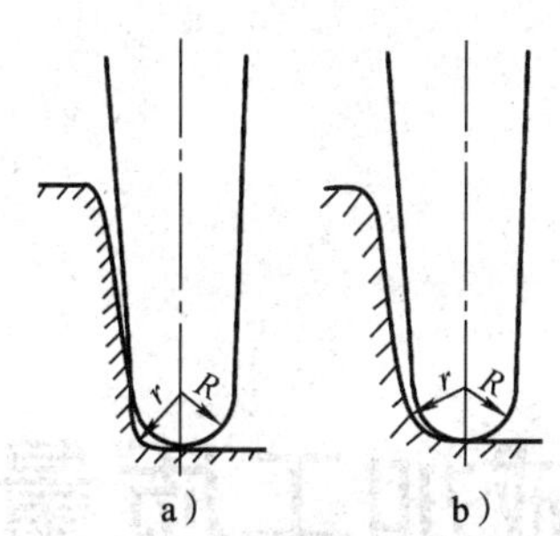

图 2—85 铣刀端部圆角

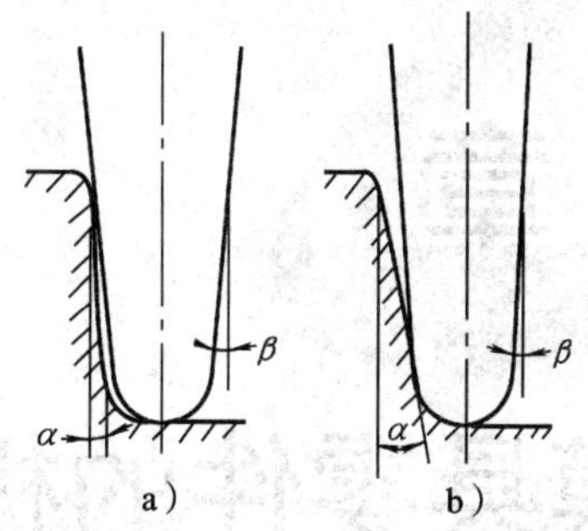

图 2—86 铣刀斜度

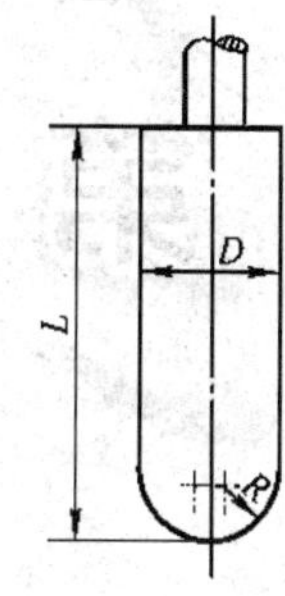

图 2—87 仿形销

表 2—9 仿形销修正量

仿形销长度 L（mm）	工作台进给速度(mm/min)			
	20	30	40	50
	e（mm）			
60	0.5	0.55	0.6	0.8
70	0.55	0.6	0.65	0.9
85	0.60	0.65	0.75	0.95
100	0.65	0.75	0.8	1.1
115	0.75	0.8	0.9	1.2

仿形销一般用硬铝、黄铜、塑料、木材、钢等材料制作。工作表面的粗糙度 $Ra \leq 0.8$ μm，常需要进行抛光。其自身质量要尽量轻些，过重将引起机床随动系统工作不正常。仿形销装到仿形仪上时，要用百分表检测，使仿形销与仿形仪轴的同轴度误差≤0.05 mm。

（4）仿形靠模

仿形靠模是仿形加工中重要的组成部分。其工作表面除应保证一定的尺寸、形状、位置精度和表面粗糙度外，还应具有足够的强度和硬度，以承受仿形销施加给靠模表面的压力。根据模具形状和机床结构的不同，仿形销与靠模表面的接触力一般很小，一般为零点几牛顿。因此，根据具体情况可采用石膏、木材、塑料、铝合金、铸铁或钢板等材料制作靠模，其工作表面应光滑，工作时需涂润滑剂以减小摩擦。为方便装夹，靠模上须设置装夹部位。

模具零件的机械加工质量

模具的质量主要包括组成零件的加工质量及其相关零件的装配质量。模具零件的加工质量是保证模具质量的基础。模具零件的机械加工质量主要包含两大方面：加工精度及表面质量。

第一节　模具零件的机械加工精度

机械加工精度是指零件加工后的实际几何参数与理想几何参数的符合程度。模具零件的加工精度主要包括零件的尺寸精度、几何形状精度及各表面之间的相互位置精度。在实际加工中任何方法都不可能使加工出的零件与理想的要求完全一致，其符合程度越高，加工精度就越高；反之，加工精度越低。

一、影响模具零件加工精度的因素

在机械加工中，模具零件的尺寸、几何形状和表面间的相对位置精度，取决于工件和刀具的相对位置，而刀具和工件直接或通过夹具又都安装在机床上，由机床提供动力和运动实现加工。这样，机床、夹具、刀具和工件就构成一个完整的系统，称为工艺系统。工艺系统直接影响零件的加工精度。

1. 工艺系统的几何误差对加工精度的影响

(1) 机床误差

机床的几何误差包括机床的制造误差、安装误差和磨损造成的误差。

1）机床主轴回转误差。机床主轴传递主要的切削加工运动，故在很大程度上影响工件的加工质量。主轴回转误差主要影响零件加工表面的形状和位置精度以及表面质量（如表面粗糙度）。如车床存在主轴径向回转误差，将使工件产生圆度误差。

2）机床导轨误差。机床导轨是加工时相关部件的安装基准和运动基准，因此，它的各项误差，如水平面内的直线度误差、垂直平面内的直线度误差、两导轨的平行度误差，将直接影响被加工零件的精度。如车床存在导轨误差，可导致车削后的工件产生圆柱度误差。

（2）夹具的制造误差和磨损

用于装夹工件和引导刀具的装置称为夹具。即工件通过夹具使被加工表面相对于机床和刀具具有正确的位置。

夹具误差主要有：夹具上的定位元件、对刀和导向元件、夹紧和分度机构、夹具体的制造和磨损误差，夹具的装配误差。这些误差对被加工零件的精度影响较大。

如采用心轴进行定位，车削空心套外圆柱面时，由于心轴制造误差以及使用过程中的磨损，会导致工件内孔与外圆柱面的同轴度误差，如图 3—1 所示，工件装在心轴上，其轴线与心轴轴线偏离 e，则加工出来的外圆柱面与孔的同轴度误差可达 $2e$。

（3）刀具的制造误差和磨损

刀具的制造误差和磨损对加工精度的影响因刀具的种类、材料不同而异。

1）定尺寸刀具。这类刀具包括钻头、铰刀、键槽铣刀、丝锥、板牙、拉刀等，其制造误差和磨损直接影响被加工工件的尺寸精度。

如用立铣刀铣削键槽，立铣刀的制造误差和磨损，将直接决定键槽宽度的尺寸精度。

2）成形刀具。这类刀具包括成形车刀、成形铣刀、成形砂轮等，刀具的形状精度将直接影响工件的尺寸精度，如图 3—2 所示为成形砂轮。同时，成形刀具装夹不正确，也将影响工件的加工精度。

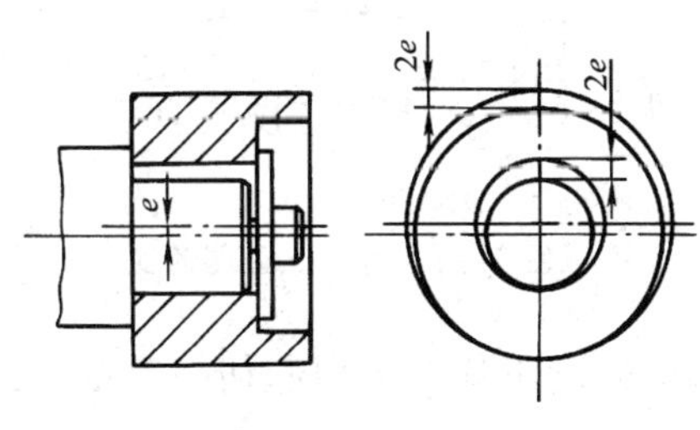

图 3—1 心轴定位

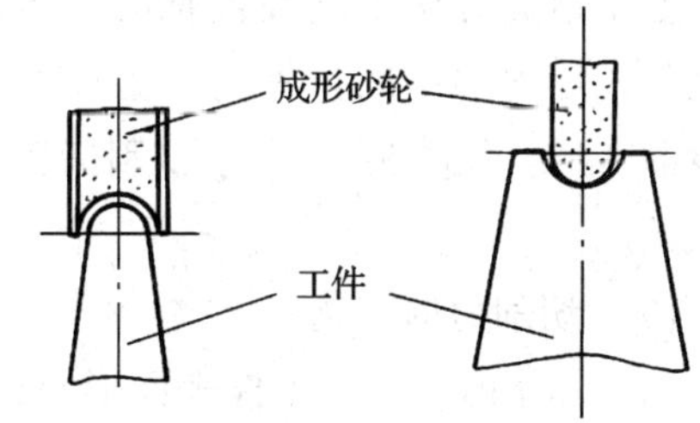

图 3—2 成形砂轮

如螺纹车刀的制造误差和磨损以及装夹时与工件回转轴线不垂直，会使螺纹的牙型角对轴线产生误差，如图 3—3 所示。

3）展成刀具。这类刀具包括花键滚刀、齿轮滚刀、插齿刀等，其刃口轮廓的形状误差会影响加工表面的形状精度。

（4）工件毛坯的几何形状误差

当工件毛坯的待加工表面存在形状或位置误差时，加工后在加工表面仍然会有与毛坯相类似的加工误差出现，这种现象称为“误差复映”，如图 3—4 所示。

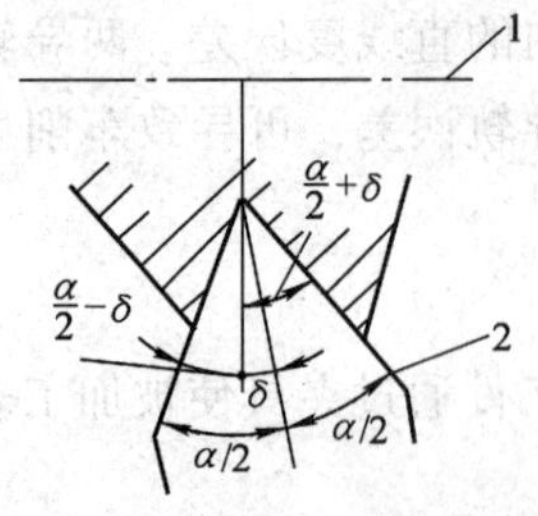

图3—3　螺纹车刀的装夹误差

1—工件轴线　2—螺纹车刀

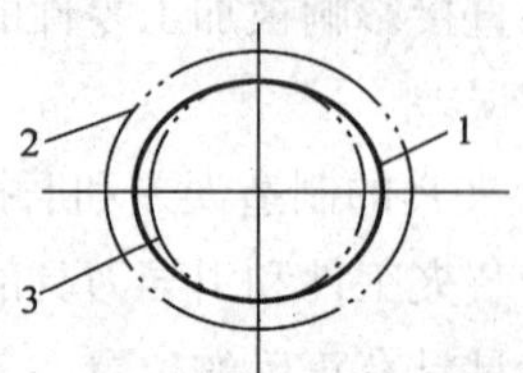

图3—4　误差复映

1—工件加工后形状　2—毛坯
3—工件理想形状

(5) 加工方法误差

在模具制造过程中，为达到零件所要求的精度，常采用的一种加工方法为试切法。试切法是一种通过试切—测量—调整—再试切，反复进行到被加工尺寸达到要求为止的加工方法。因此，在实际操作中的测量误差、机床进给的位移误差以及切削用量的变化都会影响零件的加工精度。

2. 工艺系统的力效应对加工精度的影响

模具零件加工过程中，组成工艺系统的机床、夹具、刀具和工件在切削力、传动力、惯性力、夹紧力和重力等作用下，将产生相应的变形，使已经调整好的刀具和工件的相对位置发生改变，从而导致加工误差。

工艺系统抵抗变形的能力是用刚度来衡量的，刚度用系统上的作用力与在力作用方向上所引起的位移之比来表示。

(1) 切削力着力点位置的变化

切削过程中，工艺系统的刚度会随切削力作用点位置的变化而变化。

如用顶尖装夹车削细长轴时，当车刀处于长轴的长度方向中间位置时，工件的轴线将产生弯曲变形，如图3—5所示，引起工件的圆柱度误差。

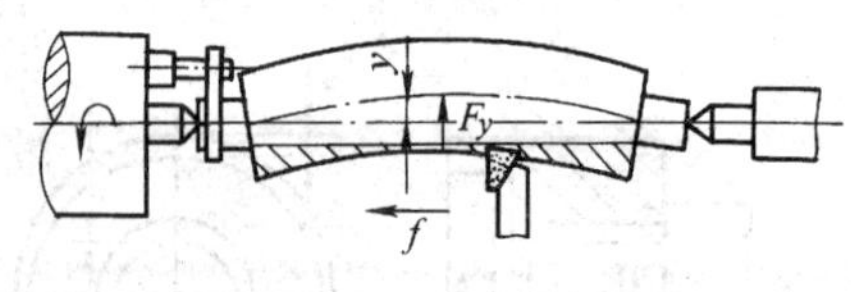

图3—5　着力点引起的变形

(2) 切削力的变化

切削加工时，由于工件表面形状误差或材料的硬度不均匀会引起切削力变化，从而引起工件的加工误差。

如毛坯形状误差引起的吃刀量变化，会使工件产生相应变形。

(3) 传动力和惯性力的变化

切削加工时，高速旋转的工艺系统的不平衡将会产生离心力，而带动工件旋转的传动件与工件之间的传动力和离心力在每一转中不断地变更方向，从而使刀具相对于工件发生位移，引起加工误差。

(4) 夹紧力及重力的变化

工件安装过程中，工件刚度较低或夹紧力着力点不当以及工艺系统相关部件自身的重力，都会引起工件相应的变形，如图3—6所示，造成加工误差。

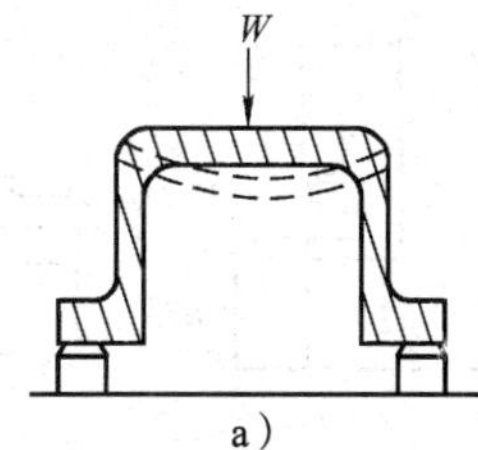

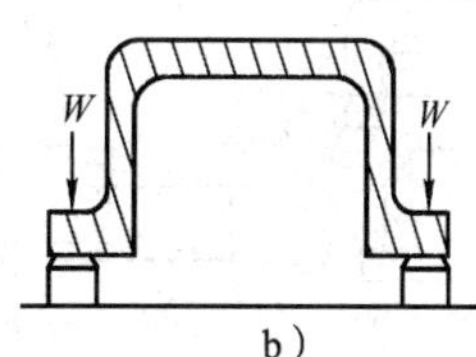

a) b)

图 3—6 夹紧变形

a）夹紧着力点不当 b）正确的夹紧着力点

（5）工件内应力的变化

内应力是指无外部载荷作用情况下，工件内部存在的应力。具有内应力的工件，处于不稳定的状态，即使常温下，其内部组织也在不断地变化，直至内应力消失。在内应力变化的过程中，工件可能变形，使原有的加工精度逐渐丧失。

3. 工艺系统的热变形对加工精度的影响

在机械加工过程中，工艺系统因受热将产生热变形。引起工艺系统热变形的热源有：内部热源和外部热源。内部热源主要是指切削热、摩擦热（电动机、轴承、离合器、齿轮等）；外部热源主要是指环境温度（气温、室温等）、热辐射（阳光、照明、暖气设备）。

由于工艺系统各组成部分的热容量、线膨胀系数、散热条件不完全相同，且作用于工艺系统各组成部分的热源及作用时间不同，故各部分热胀情况也不相同，导致刀具与工件之间的相对位置或运动状态发生改变，造成加工误差。

（1）工件的热变形

在切削加工中，工件的热变形主要是切削热引起的。随着切削时间的增加，工件温度逐渐升高，变形也就逐渐增大，增大部分被刀具切去，故工件冷却后，形成形状和尺寸误差。

（2）刀具的热变形

在切削加工中，切屑可将大部分的切削热带走，传入刀具的热量并不多，但是刀具工作部分体积小、热容量小，使刀具切削部分的温度急剧升高，可达 1 000℃左右，刀具热变形量可达 0. 03 ~0. 05 mm，刀具热变形会造成几何形状误差。

如用车床车削长轴时，由于刀具在切削过程中的热伸长，导致产生锥度，造成被加工长轴的形状误差。

（3）机床的热变形

机床运转时，在内外热源的影响下，各部分的温度将发生变化，这种变化所形成的机床温度场一般都是不均匀的，因而，机床零件产生的热变形也是不相同的。机床热变形对加工精度的影响，主要是主轴部件、床身导轨以及两者相对位置等方面的热变形影响。如图 3—7 所示为几种机床热变形的一般趋势。

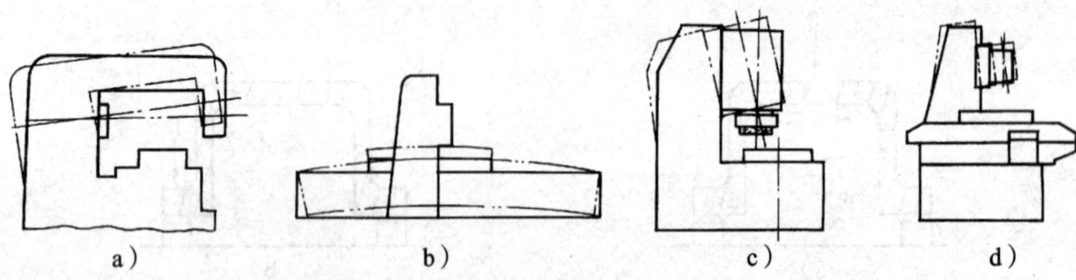

图 3—7　机床热变形的一般趋势

a）铣床　b）龙门刨床　c）磨床　d）坐标镗床

二、提高模具零件加工精度的途径及措施

1. 严格控制夹具误差

夹具的误差对被加工零件精度的影响较大，故设计或制造夹具时，应严格控制其制造误差（一般取工件公差的 1/3 左右）。在使用夹具的过程中应定期检验、及时更换或修理磨损超差元件。

2. 减小工艺系统受力变形

（1）提高工件及机床部件刚度，提高工艺系统的接触刚度

零件加工时，可采用一些辅助装置（如跟刀架）来提高工件刚度。尽量选用刚度大的设备，通过研磨、刮研改善配合表面粗糙度和形状精度，预加载荷消除配合面间的间隙可提高工艺系统的接触刚度。

（2）减小切削力及其变化

加工过程中，特别是对较硬材料的零件加工，合理选择刀具、正确选择切削液、减缓刀具磨损、适当地减少进给量和背吃刀量都可以减小切削力。批量加工毛坯时，可将毛坯分组来调整切削用量，以减小切削力的变化。这样都可以减少受力变形。

（3）合理安装工件

选择适当的夹紧方法，特别是针对薄壁零件，尽量避免点接触式的夹紧方法，如加工薄壁空心套，可采用开口过渡环或专用卡爪，如图 3—8 所示。

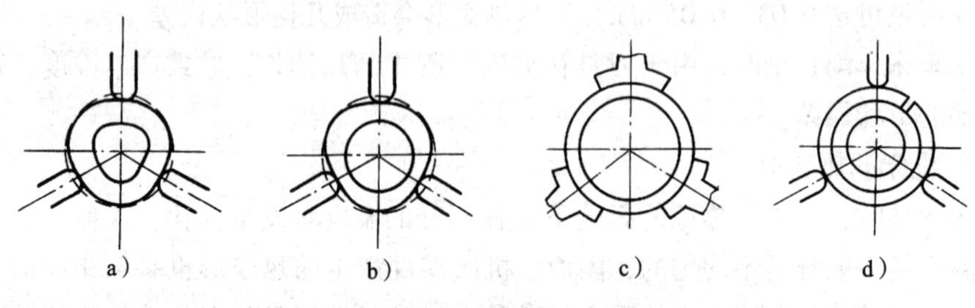

图 3—8　薄壁套夹紧方法

a）、b）不正确　c）、d）正确

3．减小工艺系统热变形

(1) 减小切削热

合理选择切削用量，正确选择刀具几何角度，采用流量充足的切削液，都可以降低切削温度。

(2) 减小摩擦热

给机床各运动副充分润滑，改变摩擦特性，对机床采用循环冷却润滑系统进行冷却和散热。

在实际操作中，精密加工经常在机床达到热平衡后再进行，即机床开动后一段时间，温升才逐渐趋于稳定，其热变形也相应地趋于稳定。

(3) 控制环境温度变化

对零件的精加工应控制室温的变化，一般是在恒温环境下进行。恒温室的温度一般为20℃。

第二节 模具零件的表面质量

模具零件的表面质量是指模具零件经过加工后的表面层状态，它包含表面粗糙度、表面层硬化、表层金相组织状态及表面残余应力等物理、化学性能的变化状态。

一、表面质量对模具零件的影响

1．表面粗糙度对模具零件的影响

(1) 影响模具零件间的配合精度

模具零件配合表面粗糙，其表面部分凸峰存在的细小峰顶很容易被磨损，致使配合间隙加大并可改变配合性质，降低配合精度。

如多工位级进模，其各凸模与导板孔的配合精度要求较高，若导板孔内表面加工时粗糙度值太大，模具工作一段时间后，其配合间隙加大，不但使产品质量下降，而且会造成模具报废。

(2) 影响模具零件的耐磨性

当两个零件接触时，最先接触的只是表面的凸峰顶部，因此，实际接触面积只占理论接触面积很小的一部分，所接触的凸峰顶部单位面积上的压力很大，表面很容易磨损。即使在有润滑的条件下，由于凸峰顶部处的压强超过油膜张力的临界值，破坏了油膜的形成，出现无润滑油的干摩擦，加速零件表面的磨损。但并不是表面粗糙度值越小越耐磨，因为过分光滑的表面不利于润滑油的储存，并且接触面间的分子吸附力增大甚至产生分子黏合而发生“咬合”现象，导致磨损的加剧。

如模具中的导柱、导套是滑动摩擦，零件表面粗糙度值选择不当，将会使其磨损

速度加快，进而影响模具的使用寿命。

（3）影响模具零件的疲劳强度

当零件承受交变载荷作用，其表面微观不平的凹谷处容易出现应力集中，导致疲劳裂纹。表面粗糙度值的减小可以提高疲劳强度。

如冷冲模的凸模在冲裁时一般承受压应力，而在脱料时又受拉应力，在这种交变应力的作用下，若表面粗糙度值过大，在工作时会产生应力集中现象，进而导致疲劳裂纹的产生，影响模具的耐用度。

（4）影响模具零件的耐腐蚀性

零件的耐腐蚀性在很大程度上取决于零件的表面粗糙度。模具零件特别是工作零件表面粗糙度值很大，则粗糙表面的凹谷处容易积累腐蚀性物质，而发生渗透与腐蚀，直接影响模具的精度与使用寿命。

2. 表面层硬化对模具零件的影响

零件在加工过程中，由于产生强烈的塑性变形，其表面的强度、硬度都有所提高，这种现象称为“冷作硬化”。在一定程度上，冷作硬化可提高零件的耐磨性。但是，过度的硬化会使表面产生细小的裂纹及剥落，加速磨损。

3. 表面残余应力对模具零件的影响

表面残余应力有拉应力和压应力之分。拉应力容易使已加工表面产生裂纹。如零件在淬火后，其表面易产生残余拉应力，在磨削后，也会产生同样的残余应力，残余应力超过材料的抗拉强度会出现裂纹，这就大大降低了模具特别是冲模的使用寿命。

二、影响表面质量的因素及改善措施

1. 影响表面粗糙度的因素及改善措施

（1）切削加工中的影响及改善措施

切削加工后的表面粗糙度主要取决于切削残留面积的高度。根据切削原理，如图3—9所示，影响切削残留面积高度 H 的因素主要包括进给量 f、刀尖圆弧半径 r 及刀具的主偏角 κ_r 和副偏角 κ_r'。此外，切削过程中的塑性变形、摩擦、积屑瘤、鳞刺、振动对加工表面粗糙度的影响也很大。

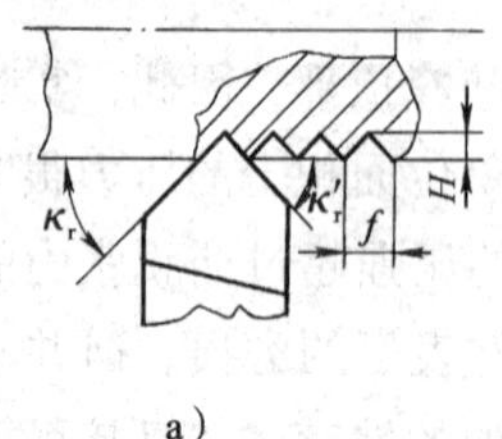

a）

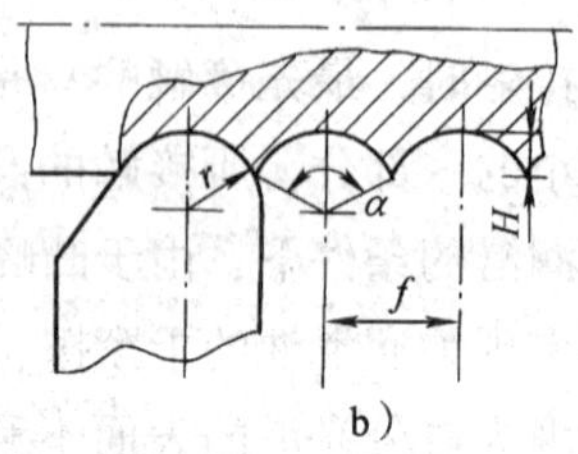

b）

图3—9　残留面积的高度

a）尖刀切削刃切削　b）圆弧切削刃切削

为减小切削加工后的表面粗糙度值，可采用如下措施。

1）合理选择切削速度。如图 3—10 所示是切削速度对表面粗糙度的影响，因为在一定的切削速度范围内容易产生积屑瘤或鳞刺；减小进给量，可减少残留面积高度，如图 3—11 所示是进给量对表面粗糙度的影响。

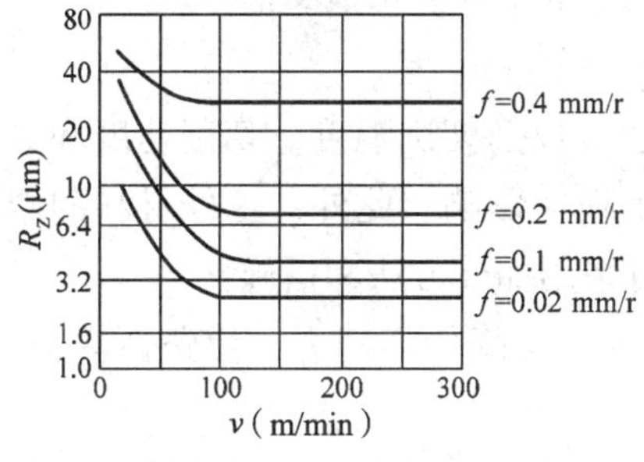

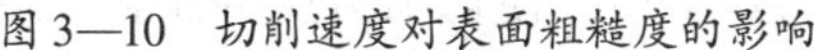
图 3—10　切削速度对表面粗糙度的影响

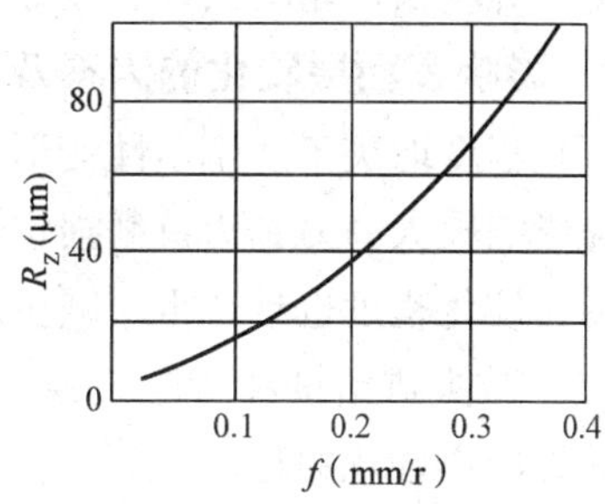

图 3—11　进给量对表面粗糙度的影响

2）合理选择刀具材料，适当增大刀具前角，可抑制积屑瘤和鳞刺生长；选择较大刀尖圆弧半径、减小主副偏角，均可减少残留面积。

3）合理选择切削液。切削液有冷却和润滑作用，在加工过程中能降低切削区的温度，减少切削刃与工件的摩擦，从而减少了切削过程中的塑性变形，对降低表面粗糙度值有很大作用。

4）必要时，在加工前对零件进行正火、调质热处理，以提高硬度、降低塑性和韧性。一般来说，切削脆性材料比切削塑性材料容易达到表面粗糙度要求。

（2）磨削加工中的影响及改善措施

磨削加工表面是由砂轮表面上的磨粒刻出的无数极细小的刻痕或沟槽所组成的。磨削加工的表面粗糙度是由刻痕几何因素和表面层金属的塑性变形决定的。若单位面积上的刻痕越多，即通过单位面积的磨粒越多，且刻痕细密均匀，则表面粗糙度数值越小。此外，砂轮的磨削速度比一般切削加工的速度高，磨粒在工件表面滑擦，磨削区温度很高，工件表层金属的金相组织发生变化形成表面烧伤，出现较大的塑性变形，使表面粗糙度值增大。

减小磨削加工后的表面粗糙度值，可采取以下措施。

1）合理选择磨削用量。提高砂轮线速度，参与切削的磨粒数增多，增加单位面积上的刻痕数。同时，高速磨削表层金属塑性变形不充分，塑性变形的减小，有利于降低表面粗糙度值；磨削深度对表层金属塑性变形的影响也很大，选择较小的磨削深度，能降低表面粗糙度值。

2）合理选择砂轮。通常砂轮粒度取 46 ~ 60#为宜。砂轮的粒度越细，磨削的表面粗糙度值越小。但是，粒度过细容易造成砂轮被磨屑堵塞，使加工表面产生烧伤现象，反而使表面粗糙度值增大。砂轮的硬度也应适宜，砂轮硬度是指磨粒在磨削力作用下从砂轮上脱落的难易程度。选择中软砂轮，磨钝了的磨粒能及时脱落露出新的磨粒继续切削，工件表面能获得较小的表面粗糙度值。砂轮太软，磨粒太易脱落，砂轮的磨削作用减弱，也会使表面粗糙度值增大。

3）经常仔细修整砂轮，磨削时适当增加光磨次数。

4）检查并保持磨削液的清洁。对磨削加工来说，磨削液的作用十分重要，对降低磨削力、温度及砂轮磨损都有良好的效果，有利于减小表面粗糙度值。

2. 影响表面层硬化的因素及改善措施

硬化程度取决于产生塑性变形的力和变形速度以及切削温度。切削速度和进给量对硬化影响较大，刀具刃口磨损也会对硬化产生很大影响。此外，工件材料的塑性越大，冷作硬化程度也越严重。减少冷作硬化，可采用如下方法和措施：

(1) 减少进给量和背吃刀量，提高切削速度，可降低切削力，使塑性变形减小，从而减轻冷作硬化的程度。

(2) 适当增大刀具前角和后角，减小刃口圆弧半径，使切削刃保持锋利，硬化程度也会减轻。

(3) 工件选用含碳量稍高的材料，含碳量越高，强度越高，其塑性变形越小，冷作硬化程度越小。

(4) 磨削时，减慢工件转速，增加对工件热作用时间，可弱化塑性变形，使冷作硬化程度减小。

3. 影响表层金相组织状态的因素及改善措施

机械切削加工过程中，切削热大部分被切屑带走，因此不影响工件表层的金相组织。而磨削加工，磨粒高速在工件表面摩擦，消耗的能量大部分转化为热能，故工件表面温升很高。当温度升高到超过工件材料相变的临界点时，引起表层金相组织发生变化，使表层金属的硬度下降，这时工件表面呈现出青、黄、紫等彩色氧化膜，这种现象称为“磨削烧伤”。磨削烧伤是由磨削高温引起的，使工件表面硬度下降，并可伴随出现残余应力，降低零件的物理性能和力学性能。

如前所述，磨削烧伤与温度密不可分。因此，解决磨削烧伤主要可从降低磨削温度入手。

(1) 合理选用磨削用量，减小磨削深度，增大工件回转速度，加大进给量来减少工件表面温度。但应注意的是，进给量加大会导致表面粗糙度值增大。一般采用提高砂轮速度和采用较宽砂轮来弥补。

(2) 正确选择砂轮。根据所加工工件材料，合理选择砂轮粒度、硬度、组织、结合剂。若砂轮粒度太细、硬度高、组织太密、结合剂无弹性，易出现烧伤。此外，为降低磨削区温度，在砂轮的孔隙内可浸入石蜡类润滑物质。

(3) 改善冷却措施。切削液直接进入磨削区可带走大量的热量，避免产生烧伤。但由于砂轮高速旋转时圆周方向产生强大的气流，使切削液很难真正进入磨削区，如图 3—12 所示，常用的外注式冷却方法不能有效降低磨削区温度。采用内冷却砂轮是切实可行的冷却方法，如图 3—13 所示，切削液从砂轮中心腔 3 靠离心力作用，通过砂轮内部的空隙从砂轮四周的边缘甩出，这样，切削液就直接进入磨削区。

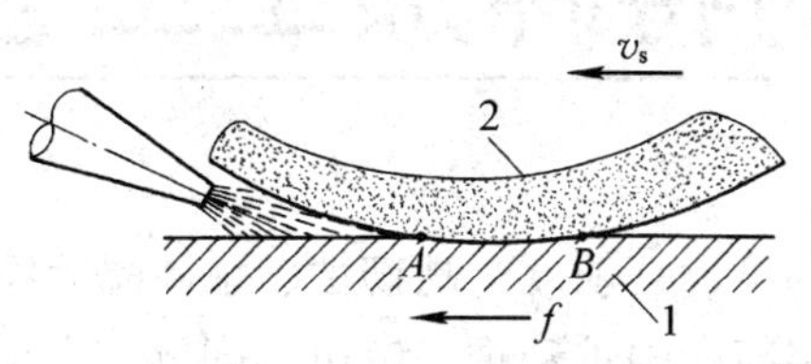

图 3—12 外注式冷却方法

1—工件 2—砂轮

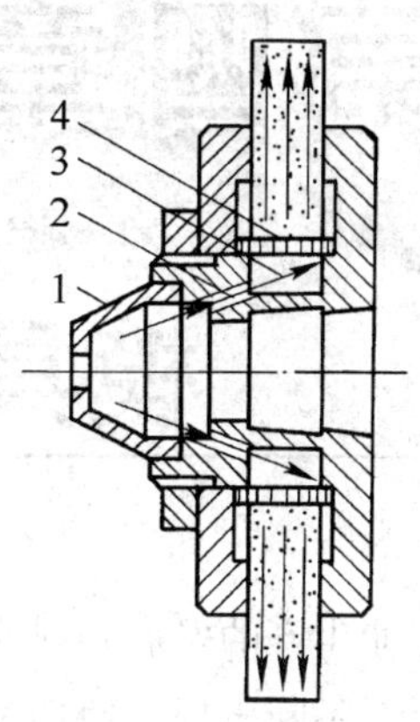

图 3—13 内冷却砂轮的结构

1—锥形盖 2—切削液通孔 3—砂轮中心腔 4—带径向小孔的薄壁套

4. 影响表面残余应力的因素及改善措施

表面残余应力是机械加工时已加工表面受切削热发生相变和塑性变形影响所致。已加工表面的塑性变形，一是在表面层受热膨胀的状态下发生，当切削过后，表层温度下降比里层快，收缩变形也比里层大，受到里层金属的阻碍，工件表面产生残余拉应力。温度越高，残余拉应力越大，甚至还会出现裂纹。二是因为刀具对已加工表面的挤压，使表层金属发生伸长塑性变形，但受到里层未发生塑性变形金属的阻碍，工件表层产生残余压缩应力。实际上，切削加工中切削热不高，表面产生残余压应力；磨削加工时温度较高，表面产生残余拉应力。

前面提到的一些方法与措施，如适当提高切削速度、增大刀具前角、减小刃口圆弧半径、合理选择切削液等都可以降低切削温度，减小塑性变形，从而使残余应力减小。

5. 提高表面质量的其他方法

（1）滚压加工

滚压加工是在常温状态下，通过滚珠或滚轮对金属表面进行挤压，从而改善工件表面的微观几何形状的方法。

（2）挤压加工

挤压加工是将挤压头安装在专用的弹性刀架上，在常温状态下对金属表面进行挤压的方法，可使金属表面粗糙度值下降、硬度提高。

（3）喷丸强化

喷丸强化是利用大量高速运动的丸珠打击被加工表面，使工件表面产生冷硬层的方法。

第四章 模具零件的特种加工工艺

随着工业生产的发展和科学进步，具有高强度、高硬度、高韧性、耐高温等特殊性能的新材料不断出现，使切削加工面临着许多新的困难和难以解决的问题。在模具制造过程中，对于一些形状复杂的型腔、凸模和凹模型孔等往往难以采用切削加工。特种加工就是在这种情况下产生和发展起来的工艺方法。

特种加工是指传统的切削加工以外的加工方法，即直接利用电能、光能、热能、化学能、电化学能等机械能以外的能源进行加工的工艺方法。其加工机理与传统的切削加工方法完全不同。本章仅介绍目前在模具生产中应用较广的电火花成形加工、电火花线切割加工和电化学加工。

第一节 电火花成形加工

电火花加工又称放电加工或电蚀加工，是一种利用电热能量进行加工的方法。它包括电火花成形加工、电火花线切割加工、电火花成形磨削、电火花同步回转加工、电火花表面强化和刻字等工艺方法。本节主要介绍电火花成形加工。

一、电火花成形加工的原理和特点

电火花成形加工是在一定的液体介质中，通过工具和工件两个电极之间脉冲放电时的电腐蚀作用对工件进行加工的方法。

1. 电火花成形加工的原理

如图 4—1 所示，电火花成形加工是在液体工作介质 5 中，机床的自动进给装置 3 能使工件 1 和工具电极 4 之间在正常加工时维持一很小的放电间隙（0.01～0.05 mm），当两者之间施加很强的脉冲电压达到间隙中介质的击穿电压时，便将当时条件下极间最近点的液体介质击穿，形成放电通道。由于通道的截面积很小，放电时间极短，致使能量高度集中（10～107 W/mm），放电区域产生的瞬时高温（10 000～12 000℃）足以使材料熔化甚至蒸发，局部熔化和汽化的金属在爆炸力的作用下被抛入工作液中冷却为金属小颗粒，被工作液迅速冲离工作区，从而使工件表面形成一个微小的凹坑。第一次脉冲放电结束之后，经过很短的间隔时间，第二个脉冲又在另一极间最近点击穿放电。如此周而复始高频率地循环下去，工具电极不断地向工件进给，它的形状最终就复制在工件上，形成所需要的加工表面。与此同时，总能量的一小部分也释放到工具电极上，从而造成工具电极损耗。

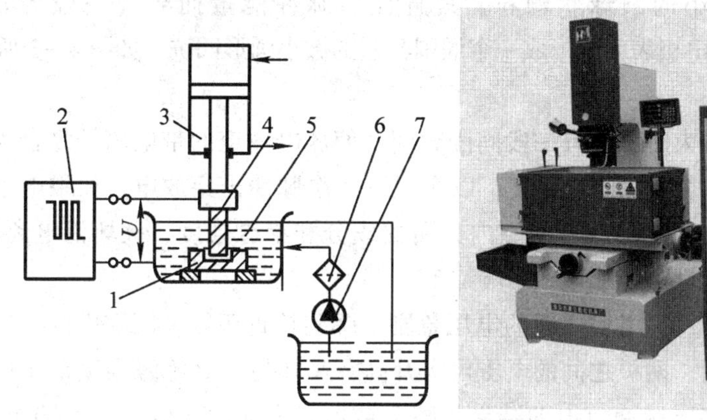

图 4—1 电火花成形加工的原理

1—工件 2—脉冲电源 3—自动进给装置 4—工具电极 5—工作介质 6—过滤器 7—泵

电火花成形加工是不断放电蚀除金属的过程。虽然一次脉冲放电的时间很短，但它是电磁学、热力学、流体力学等综合作用的过程，是相当复杂的。综合起来，一次脉冲放电的过程可分为电离—放电—热膨胀—抛出金属—消电离等几个连续的阶段。

（1）电离

由于工件和工具电极表面存在着微观的凹凸不平，在两者距离最近的点上电场强度最大，使附近的液体介质首先被电离为电子和正离子。

（2）放电

在电场的作用下，电子高速奔向阳极，正离子奔向阴极，产生火花放电并形成放电通道。两极之间液体介质的电阻从绝缘状态的几兆欧骤降到几分之一欧姆。由于放电通道受电场力和周围液体介质的压缩，其截面积极小，电场密度可达 $10^5 \sim 10^6$ A/cm^2，放电状态如图 4—2 所示。

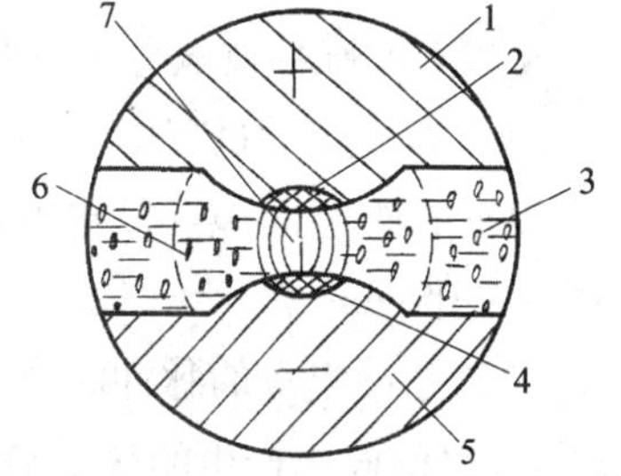

图 4—2 放电状态

1—阳极 2—阳极汽化、熔化区 3—工作介质 4—阴极汽化、熔化区 5—阴极 6—气泡 7—放电通道

（3）热膨胀

放电通道中电子与离子的高速运动和相互碰撞产生了大量的热能。阳极和阴极表面受高速电子和离子流撞击的动能也转为热能。因此，在两极之间沿放电通道形成了一个温度高达 10 000 ~ 12 000℃的瞬时高温热源。在热源作用区的工件表面层金属和工具电极很

快熔化甚至汽化。通道周围的液体介质（一般为煤油）除一部分汽化外，另一部分则被高温分解为游离的炭黑和 H_2、C_2H_2、C_nH_{2n} 等气体，使工作液变黑，在两极之间冒出小气泡。由于上述过程是在 $10^{-8}\sim10^{-7}$ s 这样极短的时间内完成的，因此具有突然膨胀、爆炸的特性（可以听到噼啪声）。

（4）抛出金属

由于热膨胀具有爆炸的特性，爆炸力将熔化和汽化的金属微粒抛入附近的液体介质中冷却，凝固成细小的圆球状颗粒，其直径因脉冲能量而异（一般为 0.1 ~ 500 μm）。抛出金属的电极表面则形成一个周围凸起的微小圆形凹坑，如图 4—3 所示。

（5）消电离

在一次脉冲放电结束后，应有一段间隔时间，使放电通道的带电离子复合为中性粒子，恢复间隙中液体介质的绝缘强度，以实现下一次脉冲击穿放电。如果电蚀产物和气泡来不及很快排出，就会改变间隙内介质的成分和绝缘强度，破坏消电离过程，使脉冲放电转变为连续性电弧放电，影响加工。

一次脉冲放电之后，两电极之间的电压急剧下降到接近于零。间隙中的介质随即恢复到绝缘状态。此后，两极之间的电压再次升高，又在另一处绝缘强度最小的地方重复上述放电过程。多次脉冲放电的结果是整个被加工表面由无数个小的凹坑构成，如图 4—4 所示。工具电极的轮廓形状便被复制在工件上，从而达到加工的目的。

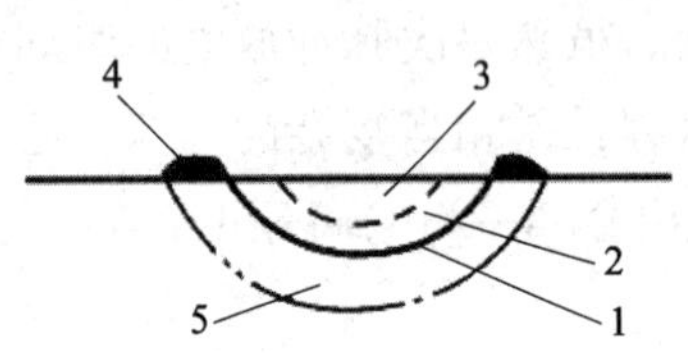

图 4—3　放电凹坑剖面

1—凝固区　2—熔化区　3—汽化区

4—凸起部分　5—热影响区

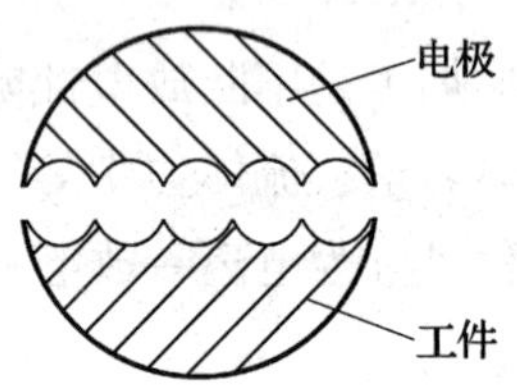

图 4—4　加工表面局部

2. 实现电火花成形加工的基本条件

从以上的脉冲放电分析，要使脉冲放电能够用于零件加工，应具备以下基本条件。

（1）在加工的过程中，必须使接在不同极性上的工具电极与工件之间保持一定的距离以形成放电间隙。放电间隙的大小与加工电压、加工介质等因素有关，一般为 0.01 ~ 0.05 mm。

（2）脉冲电源的脉冲波形基本是单向的，放电延续时间 t_i 称为脉冲宽度，t_i 应小于 10^{-3} s，以使放电产生的热量来不及从放电点过多传导、扩散到其他部位，从而仅在极小范围内使金属熔化甚至汽化。相邻脉冲之间的间隔时间 t_0 称为脉冲间隔，它使放电介质有足够的时间恢复绝缘状态（即消电离）。以免引起持续电弧放电，烧伤加工表面无法用于尺寸加工。$t_i + t_0 = T$ 称为脉冲周期。

(3) 脉冲放电必须在具有一定绝缘性能的液体介质中进行。液体介质能够将电蚀物从放电间隙中排除并对电极表面进行较好的冷却。

(4) 脉冲放电必须有足够的脉冲放电能量，以保证放电部位的金属熔化或汽化。

3. 电火花成形加工的特点

由于电火花加工是在一定的介质中，通过工具电极和工件电极之间脉冲放电时的电腐蚀作用，对工件进行加工的工艺方法，因此具有下列特点。

(1) 工具电极的材料硬度不必比工件材料高。

(2) 工具电极与工件在加工过程中不直接接触，两者之间的宏观作用力很小。因此，工具电极和工件不必受刚度限制，有利于实现微细加工。

(3) 直接利用电能和热能进行加工，便于实现整个加工过程中的自动化控制和自动化加工。

(4) 可以加工难以或无法用切削加工方法加工的高熔点、高硬度、高韧性、高强度的材料及形状复杂的工件。

由于电火花加工具有以上优点，因此已成为模具制造行业和科研部门广泛应用和不可缺少的加工方法。

4. 电火花成形加工的极性效应

在电火花加工的脉冲放电过程中，工具电极和工件都受到腐蚀作用，但正、负两极的腐蚀速度却不同。这种两极腐蚀速度不同的现象称为极性效应。

当用短脉冲加工时，电子的轰击作用大于离子的轰击作用，正极的腐蚀速度大于负极的腐蚀速度。这时，工件应接在脉冲电源的正极，称为“正极性”加工。

当采用长脉冲加工时，正离子的负极轰击作用远大于电子对正极的轰击作用，负极的腐蚀速度则大于正极的腐蚀速度。在这种情况下加工，则应将工件接在脉冲电源的负极，称为“负极性”加工。

在电火花加工中，极性效应越显著越好。因此，充分利用极性效应、合理选择加工极性可以提高加工效率，减少电极的损耗。生产实践和研究结果证明，工具电极和工件的腐蚀量不仅与脉冲宽度有关，而且还受电极与工件材料、加工介质、电源种类、单脉冲能量等因素的综合影响。所以，在实际生产中，极性的选择应依据实际情况而定。

二、型孔的电火花成形加工

型孔的电火花成形加工主要是指对各种模具成形孔的通孔和不通孔加工，如冲裁模的凹模型孔及卸料板孔、固定板孔，塑料模具的成形孔、型芯固定孔、镶块固定孔，以及粉末冶金模、硬质合金模、挤压模的型孔等。电火花加工型孔与机械加工相比，具有以下特点：加工可在工件淬火后进行，避免了热处理变形的影响；可以加工机械加工难以加工的材料，扩大了模具材料的选择范围；对于形状复杂的型孔，一般可采用整体加工，不用镶拼结构，从而简化了模具的结构；加工的型孔间隙均匀，孔壁耐磨，提高了模具质量和使用寿命；电极的损耗将影响加工精度，难以达到较低的表面粗糙度值，且难加工出小的棱边及尖角。

1. 型孔电火花成形加工的工艺方法

设凹模孔口尺寸为 l_1，工具电极相应的尺寸为 l_2，如图 4—5 所示。单面电火花放电间隙值为 δ，则：

$$l_1 = l_2 + 2\delta$$

其中，放电间隙 δ 主要取决于电参数和机床精度。当选择的电规准恰当且加工稳定时，δ 的误差就很小。这样就可以用尺寸精确的工具电极加工出比较精确的凹模型孔。

对于冲裁模，凹模型孔与凸模的双边配合间隙 Z 是一个很重要的技术参数，它的大小和均匀性将直接影响冲裁件的质量及模具的使用寿命，在加工中必须给予保证。保证配合间隙的电火花加工方法主要有直接配合法、修配凸模法、混合法和二次电极法四种。

（1）直接配合法

如图 4—6 所示，直接用加长的钢凸模作电极加工凹模型孔，加工后将凸模上的损耗部分切除。凸、凹模的配合间隙可通过调节脉冲参数、控制放电间隙使之与所要求的配合间隙均匀一致。用该法加工的模具质量较高，钳工修配工作量较少，制作周期短，但加工速度低，加工过程稳定性差。

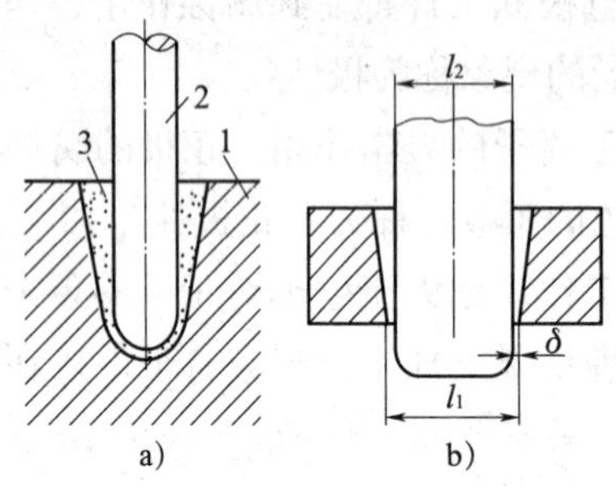

图 4—5　放电间隙及加工斜度

a）型腔　b）型孔

1—工件　2—电极　3—工作介质

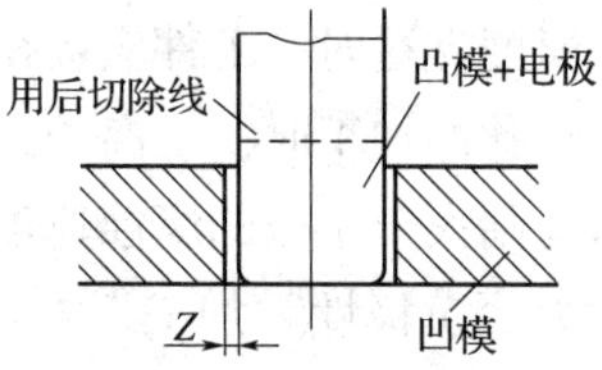

图 4—6　直接配合法

（2）修配凸模法

将凸模和电极分别制造，凸模留一定的修配余量。在用电极加工出凹模后，再以凹模型孔作基准件修配凸模以达到所需的配合间隙。此法可选择电加工性能较好的材料作电极，以提高电火花加工速度，且适应的配合间隙范围扩大，便于凹模的成批生产。

（3）混合法（间隙配合法）

如图 4—7 所示，将凸模和电极连接在一起加工成形。电火花加工时调节电参数使放电间隙与配合间隙一致，加工完后再将电极与凸模分开。凹模型孔加工成形后，不进

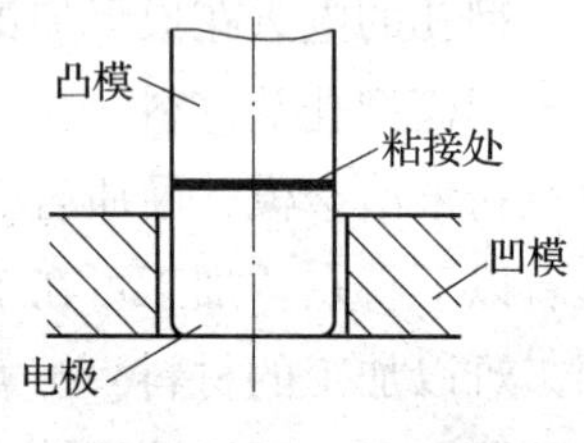

图 4—7　混合法

行任何修整而直接与凸模配合。此法综合了上述两种方法的优点，但电极与凸模粘接后长度较长，机加工时精度不易保证。

（4）二次电极法

利用一次电极制造出二次电极，再分别用一次和二次电极加工凹模和凸模。根据凹、凸模加工的难易程度可分为两类。

1）一次电极为凹型，一般用于凸模难以制造的情况。

2）一次电极为凸型，一般用于凹模难以制造的情况。

如图 4—8 所示为一次电极为凸型电极时的加工方法。其工艺过程如下：根据模具尺寸要求设计制造一次凸型电极→用一次电极 1 加工出凹模 2（见图 4—8a）→用一次电极 1 加工出凹型二次电极 3（见图 4—8b）→用二次电极 3 加工出凸模 4（见图 4—8c）→凸、凹模相配合保证间隙（见图 4—8d）。图中 δ_1、δ_2、δ_3 分别为加工凹模、二次电极和凸模的放电间隙。

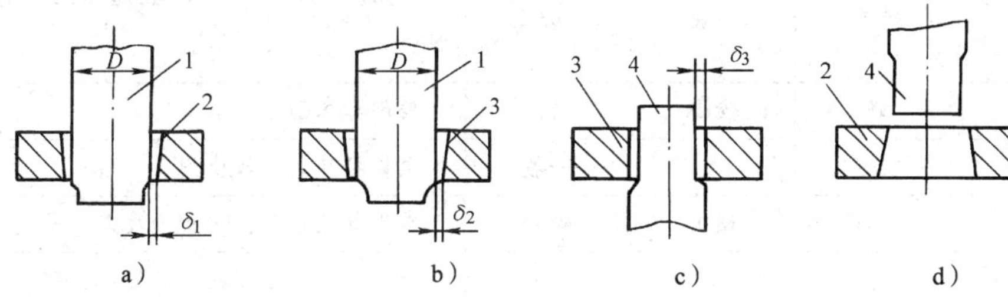

图 4—8 二次电极法（一次电极为凸型电极）

a）加工凹模 b）加工二次电极 c）加工凸模 d）凸、凹模配合

1—一次电极 2—凹模 3—二次电极 4—凸模

应用二次电极法能很好地调整加工间隙，且能加工出无间隙或间隙很小的精密冲裁模，但操作过程复杂。

上述四种型孔的加工方法，各有不同的特点和应用范围，不同的加工方法可根据不同的配合间隙来选择。表 4—1 为不同配合间隙型孔加工方法的选择。

表 4—1 不同配合间隙型孔加工方法的选择

配合间隙（单边）（mm）	直接配合法	间接配合法	修配凸模法	二次电极法
0 ~ 0.005	×	×	×	○
0.005 ~ 0.015	×	×	△	○
0.015 ~ 0.10	○	○	△	△
0.10 ~ 0.20	△	△	△	△
>0.2	△	△	○	×

注：（1）“×”不宜采用；“△”可以采用；“○”适宜采用。

（2）对于配合间隙 >0.1 mm 的型孔，在使用直接配合法和修配凸模法时，可采取一定的措施，如电极平动法或电极镀铜等。

2. 电极的设计与制造

型孔的加工精度是靠工具电极来保证的，因此，必须合理地选择电极材料和确定电极的具体尺寸，同时还要使其在结构上便于制造和安装。

（1）电极材料

电极材料必须是导电材料。常用的电极材料有铸铁、钢、纯铜、石墨、铜钨合金和银钨合金等。常用电极材料的性能见表4—2。在生产中应尽量选择损耗小、加工过程稳定、加工速度高、机械加工性能好、来源丰富和价格低廉的材料来制造电极。

表4—2　　常用电极材料的性能

电极材料	电火花加工性能		机械加工性能	说明
	加工稳定性	电极损耗		
铸铁	一般	一般	好	常用电极材料
钢	较差	一般	好	常用电极材料，电参数选择应注意稳定性
纯铜	好	较小	较差	磨削加工困难
黄铜	较好	大	一般	电极损耗大，较少用
石墨	尚好	较小	尚好	常用电极材料，机械强度差，易崩角
铜钨合金	好	小	一般	价格高，用于深孔、直壁孔、硬质合金
银钨合金	好	小	一般	价格昂贵，用于特殊及精密要求等

（2）电极的结构形式

电极的结构形式可分为整体式、镶拼式与组合式三种。应根据电极外形尺寸的大小、复杂程度、装夹方式和经济效果等进行选择。

1）整体式电极。它采用整块材料加工而成，是最常用的电极结构形式，如图4—9所示。对于体积小、易变形的电极，可在有效长度上部加大截面尺寸以提高刚度；对于体积和质量较大的电极，则可在非工作端面上开一些孔以减轻其质量。

2）镶拼式电极。如图4—10所示，当采用整体式电极加工有困难时，便将电极分成几块分别加工，再镶拼成一个整体，这样既便于机械加工又能节省电极材料。

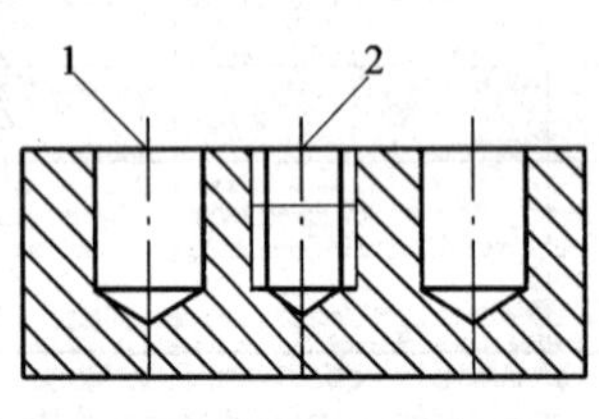

图4—9　整体式电极

1—减轻孔　2—安装螺钉孔

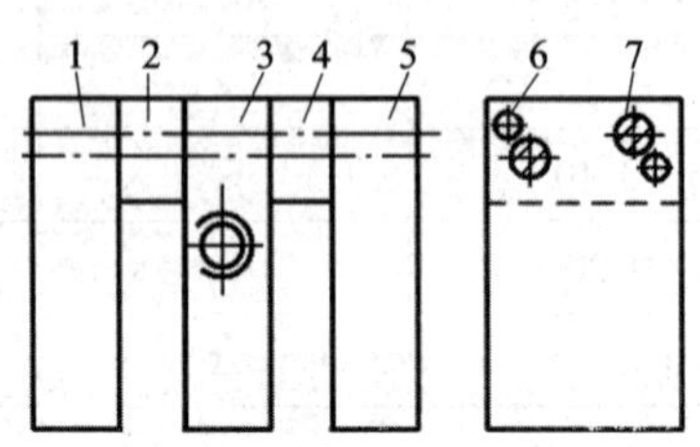

图4—10　镶拼式电极

1～5—电极拼块　6—定位销　7—固定螺钉

3）组合式电极。将两个以上的电极组合在一起，一次可加工出两个以上的型孔，如图4—11所示。采用组合式电极加工生产效率高，各型孔之间的位置精度也比较准确，但对电极的定位精度有较高的要求。

无论采用以上哪种结构形式的电极，都应有足够的刚度，以利于提高加工过程的稳定性。电极的重心应尽可能与机床主轴轴线重合，以免产生偏心，影响加工精度。

（3）电极尺寸的确定

电极尺寸主要包括电极的截面尺寸和长度尺寸。

1）电极截面尺寸的确定。电极截面尺寸是指垂直于电极进给方向的电极横截面尺寸。加工型孔时，电极的轮廓尺寸应比所加工型孔的尺寸均匀地缩小一个放电间隙。凸、凹模的尺寸公差往往只标注其中一个，另一个与之配作，以保证配合间隙。因此，电极截面尺寸的设计可分下列两种情况。

①按凹模尺寸和公差设计电极截面尺寸。由于穿孔加工所获得的凹模型孔与电极截面轮廓相差一个放电间隙值，如图4—12所示，因此，根据凹模尺寸和放电间隙便可算出电极截面上相应的尺寸。

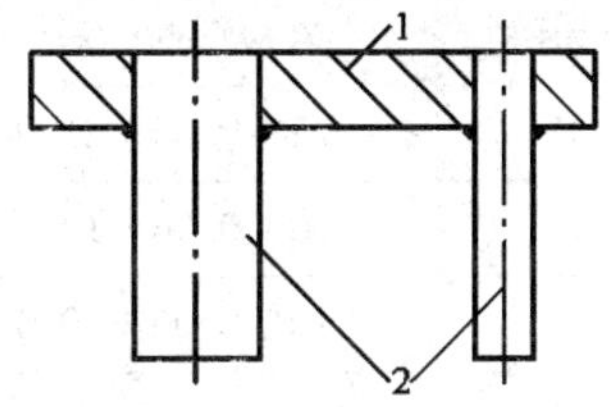

图4—11 组合式电极

1—固定板 2—电极

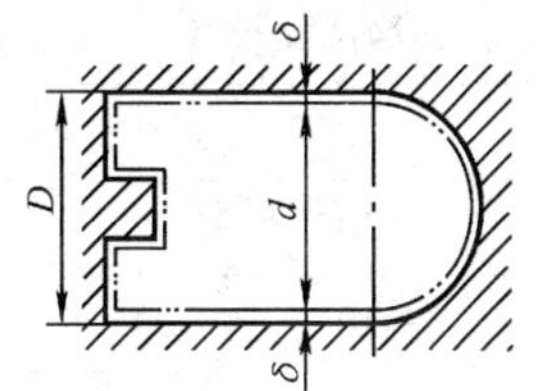

图4—12 电极与凹模的轮廓

单面放电间隙通常是指末挡精规准加工凹模孔口的单面放电间隙（δ），为了保证加工表面粗糙度，最后须用精规准修出，此时的单面放电间隙为0.01～0.03 mm。

②按凸模尺寸和公差确定电极截面尺寸。随着凸、凹模配合间隙的不同，可有下列三种情况。

a. 当凸、凹模的双面配合间隙等于双面放电间隙（$Z=2\delta$）时，电极截面尺寸与凸模截面尺寸完全相同。

b. 当凸、凹模的双面配合间隙小于双面放电间隙（$Z<2\delta$）时，电极截面尺寸比凸模截面尺寸均匀缩小$\frac{1}{2}(Z-2\delta)$。

c. 当凸、凹模的双面配合间隙大于双面放电间隙（$Z>2\delta$）时，则电极截面尺寸比凸模截面尺寸均匀增大$\frac{1}{2}(Z-2\delta)$。

2）电极的制造公差。电极的制造公差精度一般应不低于IT7级，由于加工过程中存在机床导向、校正误差和间隙波动等，其尺寸公差一般取型孔（或凸模）制造公差的1/3～1/2。

例 1：如图 4—13 所示为凹模上标注公差的例子。已知电火花精加工时的双面放电间隙 $2\delta=0.06$ mm，凸、凹模要求的双面配合间隙为 Z（2δ）。求电极的截面尺寸。

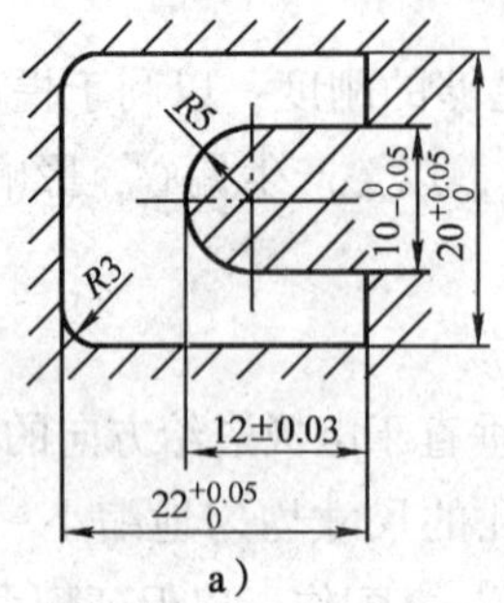

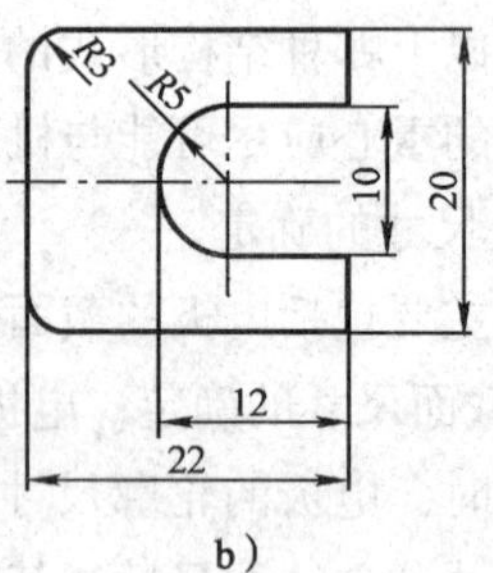

图 4—13　凹模上标注公差

a）凹模　b）凸模

电极截面尺寸的确定见表 4—3。

表 4—3　电极截面尺寸　mm

序号	凹模图样尺寸	凸模图样尺寸	凸模制造尺寸	电极截面的设计尺寸
1	$22^{+0.05}_{0}$	22	$22-Z$	$22-0.06=21.94^{+0.03}_{0}$
2	$20^{+0.05}_{0}$	20	$20-Z$	$20-0.06=19.94^{+0.03}_{0}$
3	$10^{0}_{-0.05}$	10	$10+Z$	$10+0.06=10.06^{+0.03}_{0}$
4	$R5$	$R5$	$5+Z/2$	$5+0.03$
5	$R3$	$R3$	$3-Z/2$	$3-0.03$
6	12 ± 0.03	12	12	12 ± 0.02

注：电极尺寸公差取凹模相应公差的 1/3 ~ 1/2。

例 2：如图 4—14 所示为凸模上标注公差的例子。已知电火花精加工的双面放电间隙 $2\delta=0.06$ mm，凸、凹模要求的双面配合间隙为 Z（$Z=0.04$ mm），则电极截面尺寸的确定见表 4—4。

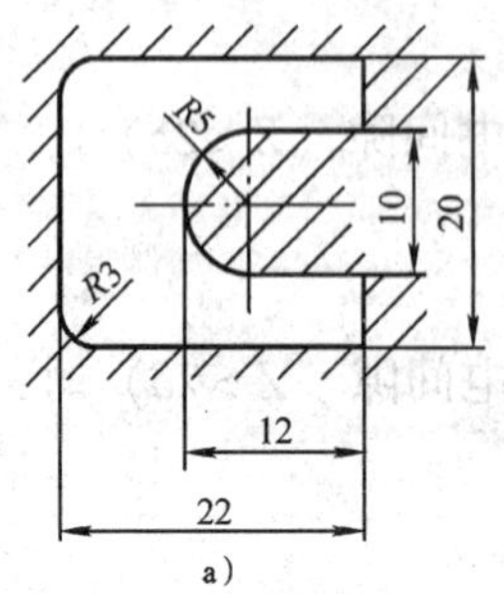

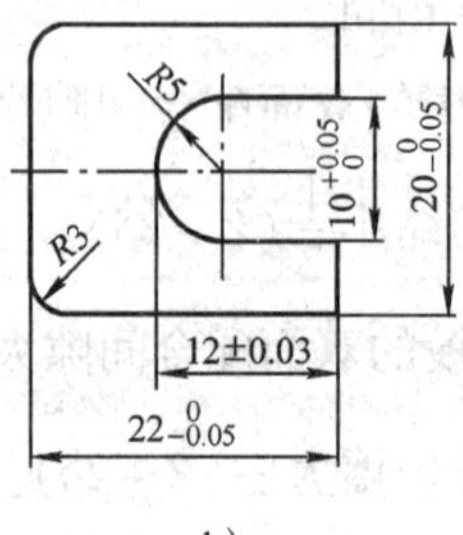

图 4—14　凸模上标注公差

a）凹模　b）凸模

表 4—4　　电极截面尺寸　　mm

序号	凸模图样尺寸	凹模图样尺寸	电极截面的设计尺寸	加工后凹模型孔尺寸
1	$22_{-0.05}^{0}$	22	$22-(0.06-0.04)=21.98_{-0.03}^{0}$	$21.98+0.06=22.04$
2	$20_{-0.05}^{0}$	20	$20-(0.06-0.04)=19.98_{-0.03}^{0}$	$19.98+0.06=20.04$
3	$10_{0}^{+0.05}$	10	$10+(0.06-0.04)=10.02_{0}^{+0.03}$	$10.02-0.06=9.96$
4	$R5$	$R5$	$5+\frac{1}{2}(0.06-0.04)=5.01$	$5.01-0.03=4.98$
5	$R3$	$R3$	$3-\frac{1}{2}(0.06-0.04)=2.99$	$2.99+0.03=3.02$
6	12 ± 0.03	12	12 ± 0.02	12

3）电极长度尺寸的确定。电极的长度取决于凹模有效深度、型孔的复杂程度、电极材料、装夹形式及制造工具等一系列因素。如图 4—15 所示为电极长度计算的示意图，其计算公式为：

$$L=KH+H_1+H_2+(0.4\sim0.8)(n-1)KH$$

式中　L——电极长度，mm；

H——凹模有效厚度（电火花加工深度），mm；

H_1——凹模下部挖空时电极需增加的长度，mm；

H_2——夹持部分长度，一般为 10～20 mm；

n——电极使用的次数；

K——与电极材料、加工方式、型孔复杂程度有关的系数。一般经验数据为：纯铜 2～2.5；黄铜 3～3.5；石墨 1～1.72；铸铁 2.5～3；钢 3～3.5。电极材料损耗小、型孔简单、轮廓无尖角时，取小值；反之，则取大值。

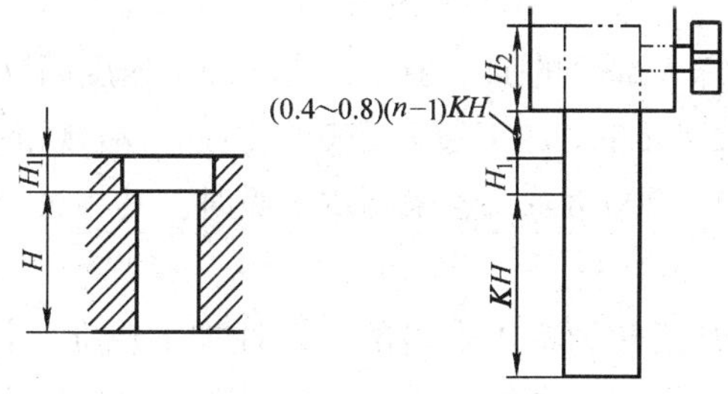

图 4—15　电极长度计算

（4）电极的制造

型孔电极的制造一般是经过普通机械加工后，再成形磨削加工。对于不易成形磨削的材料如纯铜，则在机加工之后钳工修磨。目前，应用电火花线切割直接加工电极的应用也非常广泛。

当采用钢凸模直接作电极时，如果凸、凹模的配合间隙超过了电火花放电间隙的

范围，便可以将电极部分进行增大或缩小。常用的方法是用化学浸蚀等使其均匀缩小到尺寸要求；用镀铜、镀锌等方法使其均匀扩大到所要求的尺寸。

3. 工件电火花成形加工的准备

电火花加工之前，除了使工件在外形尺寸和精度达到一定要求外，还需做好下列准备工作。

（1）加工预孔

电火花加工之前，工件的型孔部分要加工出预孔，并留出适当的电火花加工余量。其余量大小应以能补偿电火花加工的定位误差和机械加工误差为宜。一般情况下，每边留0.30～1.5 mm余量，并力求沿轮廓周边均匀分布。对于形状复杂的型孔，其余量应适当增大。

如果型孔有阶台时，阶台的预加工深度应尽量一致。型孔有尖角部位时，加工预孔要尽量清角。

（2）工件热处理

在电火花加工之前，按工件的技术要求进行热处理。

（3）磨光、除锈、去磁

工件淬火后须磨光两平面和定位基准面，经检验无淬火裂纹后除锈、去磁，方可进行电火花加工。

4. 电规准的选择及转换

电规准是指电火花加工过程中的一组电参数，包括电流、电压、脉冲宽度、脉冲间隙等。电规准选择是否正确，将直接影响加工的工艺指标及经济效果。它的选择应根据工件的要求、工件和电极的材料、加工工艺指标等因素确定，并在加工过程中正确及时地转换。

在型孔加工过程中，需经常选择粗、中、精三种电规准。

（1）粗规准

粗规准主要用于蚀除大部分的加工余量，要求加工速度高（不低于50 mm^3/min），加工表面粗糙度 $Ra<12.5$ μm，加工过程稳定。因此，粗规准主要采用较大的电流，较长的脉冲宽度（$t_i=20\sim200$ μs），若采用钢电极时，其相对损耗应低于10%。

（2）中规准

中规准是由粗规准加工转为精规准时的过渡性加工规准，目的是减少精加工时的加工余量，促进加工稳定性和提高加工速度，中规准采用的脉冲宽度为20～60 μs。加工表面粗糙度 $Ra=6.3\sim3.2$ μm。

（3）精规准

精规准是最终的加工规准，它用来保证模具的配合要求、表面粗糙度和刃口斜度等。采用的脉冲宽度为2～6 μs，表面粗糙度 $Ra=1.6\sim0.8$ μm。

粗、精规准的正确配合，可以较好地解决电火花加工的质量和生产效率之间的矛盾。如凹模型孔用阶梯电极加工时，电规准的转换程序是：当阶梯电极工作端的台阶进给到凹模刃口处时，转换成中规准过渡加工 1~2 mm，再转入精规准加工。在规准转换时，还要适当配合其他工艺条件，粗规准加工时，排屑容易，冲油压力可小些；转入精规准后加工深度增加，放电间隙小，排屑困难，冲油压力应逐渐增大；当穿透工件时，冲油压力应适当降低。在加工斜度、表面粗糙度要求较小和精度要求较高的冲模加工时，要将上部冲油改为下端抽油，以减少二次放电的影响。

三、型腔的电火花成形加工

型腔电火花加工有如下特点：型腔形状复杂，精度要求高；因为是盲孔加工，工作液循环困难，电蚀物排出条件差；工具电极损耗后不能用增加电极长度来补偿；加工面积变化较大，加工过程中电规准的调节范围较大，电极损耗较大，对精加工影响较大。因此，在型腔的电火花加工中，应从设备电源、工艺等方面采取相应措施，以减少或补偿电极的损耗，从而保证加工精度和提高生产效率。

1. 型腔电火花成形加工的工艺方法

型腔电火花加工的工艺方法主要有：单电极平动法，多电极更换法和分解电极加工法等。

（1）单电极平动法

单电极平动法是型腔加工中应用最广泛的一种。它是采用机床的平动头，用一个电极完成型腔的粗、中、精加工。加工时先用低损耗（电极相应损耗 $<1\%$）、高效率的电规准对型腔进行粗加工。然后启用平动头做平面圆周运动。按照粗、中、精的顺序逐级转换电规准，并相应加大电极的平动量，完成对型腔的加工。

如图 4—16 所示为单电极平动法加工电极的运动轨迹，图中 δ 为放电间隙。电极轮廓线上的小圆是电极表面上点的运动轨迹，其半径为电极做平面圆周运动的回转半径。该法一次装夹定位便可获得 ± 0.05 mm 的加工精度。但难以获得高精度的型腔，特别是难以加工出尖棱、尖角的型腔。此外，电极在粗加工中容易引起表面龟裂，影响型腔的表面粗糙度。为了弥补这一缺点，可采用精度较高的重复定位夹具，将粗加工后的电极取下，经均匀修光后再重复定位装夹，用平动头来完成型腔的最终加工。

（2）多电极更换法

多电极更换法是采用多个电极依次更换加工同一个型腔的方法。每个电极都对型腔的全部被加工面进行加工，但采用不同的电规准。因此，必须根据各个电极所应用的电规准和放电间隙来确定其尺寸。每个电极在加工时必须把前一个电极加工所产生的电蚀痕迹完全去除。一般用两个电极进行粗、精加工即可满足要求，只有当型腔的精度和表面质量要求很高时才用三个甚至更多的电极进行加工。

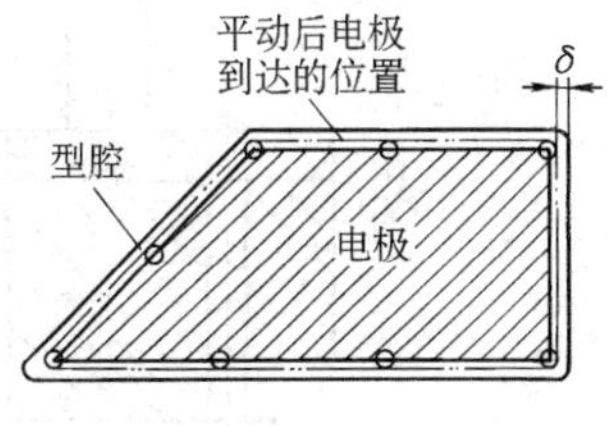

图 4—16 单电极平动法加工电极的运动轨迹

多电极更换法加工型腔的仿形精度高，尤其适用于尖角、窄缝多的型腔加工。但要求多个电极的一致性好，制造精度高，更换电极时要求装夹、定位精度高。因此，此法一般只用于精密型腔的加工。

（3）分解电极法

分解电极法是单电极平动法与多电极更换法的综合应用。它根据型腔的几何形状将电极分解成主、副电极分别制造。先用主电极加工型腔的主体部分，再用副电极加工型腔的窄缝、尖角部位。此法可根据主、副型腔不同的加工条件，选择不同的加工规准，有利于提高加工速度和改善加工表面的质量，使电极便于制造和修整。但电极在更换时，主、副电极之间的装夹精度要求很高。

2. 型腔电极的设计与制造

（1）电极材料

根据型腔电火花加工的特点，对电极材料的要求如下：电极损耗小、加工速度高、易于加工制造、来源丰富、价格便宜等。目前，在型腔电火花加工中应用最广泛的电极材料是石墨和纯铜，其性能见表 4—2。

石墨电极密度小，加工容易，但强度较差，采用大电流长脉冲加工时容易起弧烧伤。同时，不同质量的石墨材料的电火花加工性能不同。因此，一般应选用颗粒细小均匀、气孔率低、抗弯强度高和电阻率低的石墨材料。

（2）电极的结构形式

型腔电极与型孔电极一样，也可分为整体式、镶拼式和组合式。整体式电极用于尺寸较小、复杂程度一般的型腔加工；镶拼式电极适用于尺寸较大、单块电极坯料尺寸不够或形状复杂、电极易于分块制作的型腔加工；组合式电极在一模多腔的条件下采用，可以简化型腔加工的定位工序，提高定位精度、加工精度和加工速度。

由于型腔加工中，一般都是不通孔加工，它的排屑、排气条件差，影响加工状态的稳定和表面质量。因此，可在电极上适当设置排气孔和冲油孔来改善加工条件。一般排气孔设置在蚀除面积较大的位置和电极端部有凹入的位置，如图 4—17 所示。冲油孔则要设置在排屑困难的位置，如拐角、窄缝等处，如图 4—18 所示。排气孔和冲油孔的直径为平动头偏心量的 1/2（一般为 1 ~ 2 mm），过大将造成电蚀表面形成柱状凸台不易清除。为了便于排气和排屑，可将排气孔和冲油孔上端孔径加大 5 ~ 8 mm。各孔间的距离一般为 20 ~ 40 mm，面积较大的多排孔要相互错开。

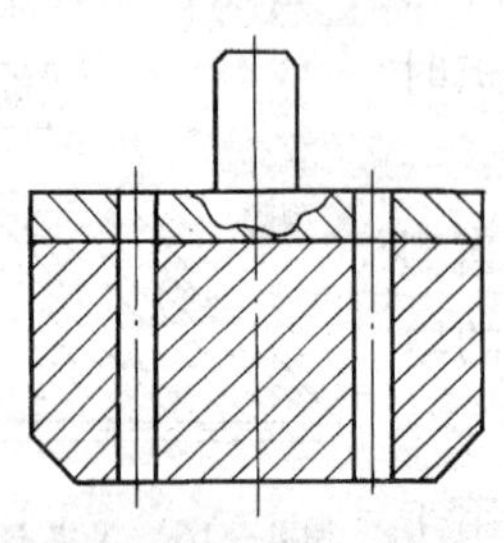

图 4—17　电极排气孔的位置

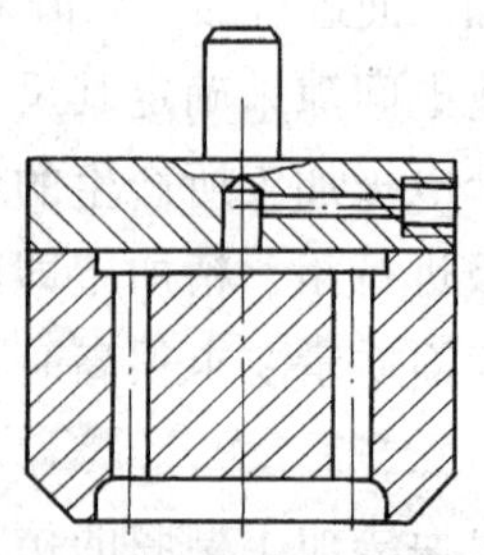

图 4—18　电极冲油孔的位置

在实际型腔加工中，对排气孔和冲油孔的设置也可采用部分排气、部分冲油的方法。如果型腔有通孔或型腔下面有工艺孔，也可改为下面抽油。对排气孔和冲油孔的设置应以不产生气体和电蚀物积存为原则。

(3) 型腔电极的尺寸

型腔电极的尺寸是根据所加工型腔的大小与加工方式、加工时的放电间隙及电极损耗而确定的。它的尺寸分为水平尺寸和垂直尺寸。当采用单电极平动法加工时，其电极尺寸计算方法如下。

1) 型腔电极的水平尺寸。型腔电极的水平尺寸是指与机床主轴相垂直的尺寸，如图 4—19 所示。考虑到平动头的偏心量可以调整，一般可用下式确定：

$$a = A \pm Kb$$

$$b = \delta + H_{max} - h_{max}$$

式中 a——电极水平方向尺寸，mm；

A——型腔的基本尺寸，mm；

K——与型腔标注有关的系数；

b——电极单边缩放量，mm；

δ——粗规准加工时的单面放电间隙，mm；

H_{max}——粗规准加工时表面微观不平度最大值，mm；

h_{max}——精规准加工时表面微观不平度最大值，mm。

上式中“+”“-”号的确定原则：电极的凹入部分（对应型腔凸出部分）尺寸应放大，取“+”号；反之，电极的凸出部分（对应型腔凹入部分）尺寸应缩小，取“-”号。

2) 型腔电极的垂直尺寸。型腔电极的垂直尺寸是指电极与机床主轴轴线相平行的尺寸，如图 4—20 所示。型腔电极在垂直方向的有效工作尺寸 H_1 可由下式确定：

$$H_1 = H'_1 + C_1 H'_1 + C_2 S - \delta_1$$

式中 H'_1——型腔的垂直尺寸，mm；

C_1——粗规准加工时电极端面的相对损耗率，其值一般 $<1\%$，C_1、H'_1 只适用于未进行预加工的型腔；

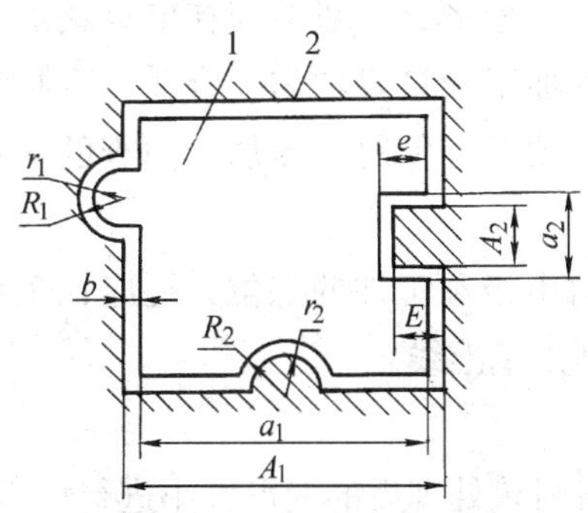

图 4—19 型腔电极的水平尺寸

1—电极 2—型腔

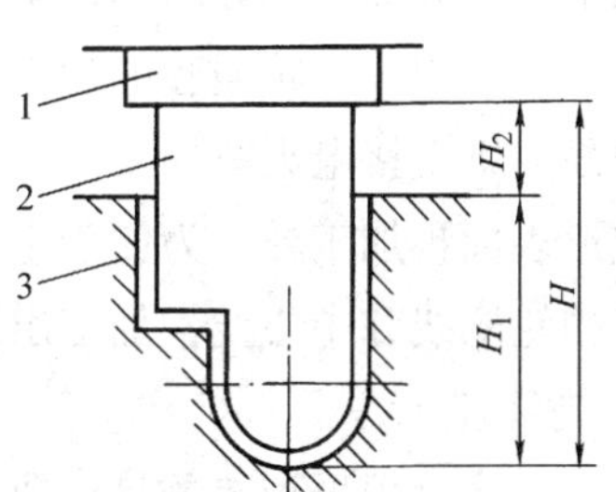

图 4—20 型腔电极的垂直尺寸

1—电极固定板 2—型腔电极 3—工件

C_2——中、精规准加工时端面的相对损耗率，其值一般为20%～25%；

S——中、精规准加工时端面的总的进给量，其值一般为0.4～0.5 mm；

δ_1——最后一挡精规准进给时端面的放电间隙，可忽略不计。

在用上式计算型腔电极垂直方向尺寸后，还应考虑重复使用造成的垂直方向尺寸损耗，以及加工结束时电极固定板与模具之间应有一定的距离。因此，型腔电极在垂直方向还应增加一个高度 H_2，型腔电极在垂直方向的总高度尺寸为：

$$H = H_1 + H_2$$

（4）电极的制造

型腔电极的制造方法主要根据电极材料、型腔的精度和数量来确定。

1）石墨电极的制造。石墨材料主要以机械加工为主。当石墨坯料尺寸不够时，可采用螺栓连接或用环氧树脂、聚乙烯醋酸溶液等黏合制成。对于镶拼电极，一个型腔电极的各个拼块都要用同一牌号的石墨材料，并使其纤维组织的方向一致，避免因方向不同的不合理拼合（见图4—21）引起电极的不均匀损耗，降低加工质量。

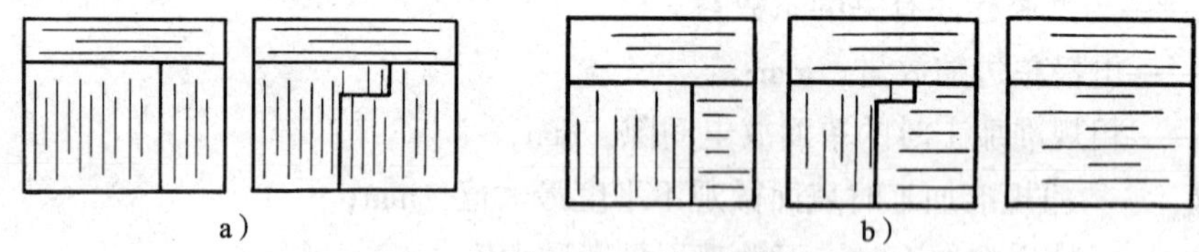

图4—21　石墨纤维方向及拼块组合

a）合理拼合　b）不合理拼合

2）纯铜电极的制造。纯铜电极主要用机械加工配合钳工修光的方法制造。对于多电极更换加工法或品种多、数量少、形状复杂的型腔，采用电铸电极能节省大量工时，减轻钳工工作量。

3. 工件的准备

型腔电火花加工前的工件准备，主要考虑对工件的预加工和热处理工序的安排。

（1）工件的预加工

为了节省型腔电火花的粗加工时间，提高生产效率，一般型腔在电火花加工前要用机械加工方法去除大部分的加工余量。留下的加工余量要均匀、合适，否则将造成电极损耗的不均匀，影响型腔的加工精度和表面质量。但对于预加工困难的形状复杂的成形表面，则直接电火花加工。

除成形表面预加工外，为便于电火花加工时电极和工件的定位，还应在工件表面划出型腔的轮廓线和中心线，加工出基准面或划出基准线。

（2）热处理

热处理工序可根据型腔的具体要求和工件材料热处理后的变形大小进行恰当安排。

1）热处理淬火、回火安排在电火花加工之后，然后钳工修磨和抛研，能得到较好的淬透性，但热处理变形不易消除。适用于硬度和耐磨性要求较高、尺寸精度要求不严格的型腔。

2）热处理工序安排在预加工之后、电火花加工之前，可消除热处理变形，但却在电火花加工时将已淬硬的表层蚀除掉一部分，将影响型腔表面的热处理质量。因此，适用于硬度、耐磨性要求一般而尺寸精度要求高的型腔。

（3）除锈、去磁

在电火花加工之前，必须对工件进行除锈、去磁处理，以免在加工中造成工件吸附铁屑，引起拉弧烧伤，影响成形表面的质量。

4. 电规准的选择、转换与平动量的分配

（1）电规准的选择

电规准的选择和转换正确与否，对型腔表面的加工精度、表面粗糙度及生产效率有很大的影响。当电流峰值一定时，脉冲宽度越宽，则单个脉冲能量越大；生产效率越高，放电间隙越大；工件表面越粗糙，电极损耗越小。当电流峰值增加，则生产效率增加，电极损耗增加且与脉冲宽度有关。因此，选择电规准时应综合考虑这些因素。

1）粗规准。主要进行粗加工。要求较高的蚀除速度，电极损耗小，电蚀表面不要太粗糙。一般选用脉冲宽度 $t_i > 500$ μs 和大的电流峰值用负极性加工。

2）中规准。主要是减小被加工表面的粗糙度，为精加工做准备。一般选用脉冲宽度 $t_i = 20 \sim 400$ μs 和较小的电流峰值进行加工。

3）精规准。主要作用是对型腔进行精修，使其达到最终加工要求。其加工余量一般不超过 0.1～0.2 mm。一般选用脉冲宽度 $t_i < 20$ μs 和小的电流峰值进行加工。

（2）电规准的转换与平动量的分配

电规准转换的挡数应根据具体的加工对象而定。对于尺寸小、形状简单、深度浅的型腔，加工时电规准的转换挡数可少些；对于结构复杂、尺寸大、深度大的型腔，其电规准转换挡数应多些。在实际生产中，一般粗加工选择一个挡次；中、精加工则应选择 2～4 挡。

开始加工时，应选粗规准进行加工，当型腔轮廓接近加工深度（大约 1 mm 余量）时，依次转换成中、精规准各挡参数进行加工，直至达到最终要求。

第二节 电火花线切割加工

一、电火花线切割加工的原理

电火花线切割加工是通过电极与工件之间脉冲放电时的电腐蚀作用，对工件进行加工的一种工艺方法。其原理与电火花成形加工相同，但加工方式不同。电火花线切

割加工采用连续移动的金属丝作电极，如图4—22所示。工件接正极，电极丝接负极。加上高频电源后，在工件与电极丝之间产生很强的脉冲电场，使其间的介质被击穿，产生脉冲放电。每个电脉冲使电极与工件之间产生一次火花放电，在放电通道的中心温度可高达10 000℃，使工件金属熔化，甚至有少量汽化。高温同时也使电极丝与工件之间的工作液部分发生汽化，汽化后的工作液和金属蒸气瞬间迅速热膨胀，并具有爆炸的特性。在热膨胀力的作用下，使熔化和汽化的材料，被抛出或被液体介质冲走，在机床数控系统的控制下，工作台相对电极丝按预定的轨迹运动要求运动，于是加工出所要求的工件。

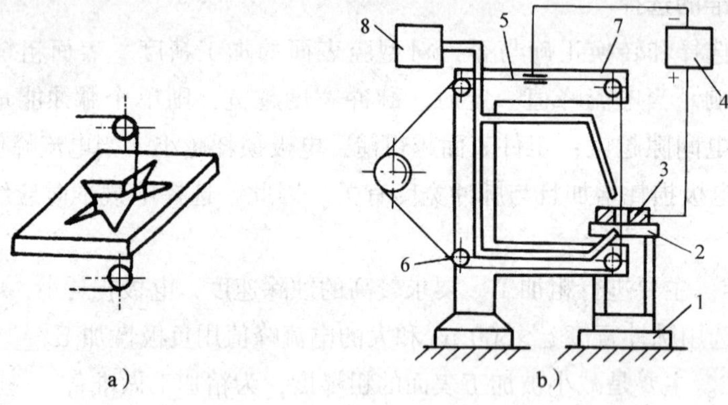

图4—22　电火花线切割的原理

a）切割图形　b）机床加工示意图

1—底座　2—工作台　3—工件　4—脉冲电源　5—电极丝　6—导轮　7—支架　8—工作液箱

二、电火花线切割加工的特点

与电火花成形加工相比，电火花线切割加工具有下列特点。

（1）不需制作成形电极，可大大节约电极的设计、制造等费用，缩短生产周期。

（2）能方便地加工出形状复杂、细小的通孔和外形表面。

（3）在加工过程中，电极是运动着的长金属丝，单位长度上的电极损耗小，有利于提高加工精度。

（4）脉冲电源的加工电流较小，脉冲宽度较窄，属中、精加工范畴，故采用正极性加工（即脉冲电源正极接工件，负极接电极丝）。线切割过程基本是一次加工成形，一般不需中途转换电规准。

（5）仅对工件进行切割，实际金属去除量很少，材料利用率很高。

（6）选用水基乳化液作工作液，而不是煤油，因此，既不会引燃起火，又可节省能源物资。

（7）采用四轴联动，可加工锥度及上、下面异形体零件。

（8）自动化程度高，操作安全、方便，加工周期短，成本低。

三、电火花线切割加工的应用范围

1. 加工模具

电火花线切割加工适用于各种形状的冲模，调整不同的间隙补偿量，只需一次编程就可切割出凸模、凸模固定板、凹模及卸料板等。还可加工挤压模、粉末冶金模、弯曲模、塑压模等通常带锥度的模具。

2. 加工电火花成形加工用的电极

电火花线切割加工适用于一般穿孔加工的电极、带锥度型腔加工的电极及各种微细复杂形状的电极，尤其对于铜钨、银钨合金之类的材料，用线切割加工特别经济。

3. 加工零件

在新产品试制、品种多而数量少、特殊难加工材料等情况下，直接采用线切割加工制造零件，可缩短制造周期。

四、电火花线切割加工机床

电火花线切割加工机床的分类方式有很多种。根据电极丝的运行速度，电火花线切割加工机床通常分为两大类：快速走丝电火花线切割机床和慢速走丝电火花线切割机床。

1. 快速走丝电火花线切割机床（见图 4—23）

这是我国生产和使用的主要机床，也是我国独有的电火花线切割加工模式。快速走丝电火花线切割机床采用直径为 0.08 ~ 0.2 mm 的钼丝或直径为 0.3 mm 左右的钼丝作电极，走丝速度为 8 ~ 10 m/s，且双向往返循环进行。通常采用 5% 左右的乳化液和去离子水等作工作液。目前能达到的加工精度为 ±0.01 mm，表面粗糙度 $Ra = 2.5 \sim 0.63$ μm，最大切割速度可达 500 mm^2/min。切割厚度与机床的结构参数有关，最大可达 500 mm，可满足一般模具的加工要求。

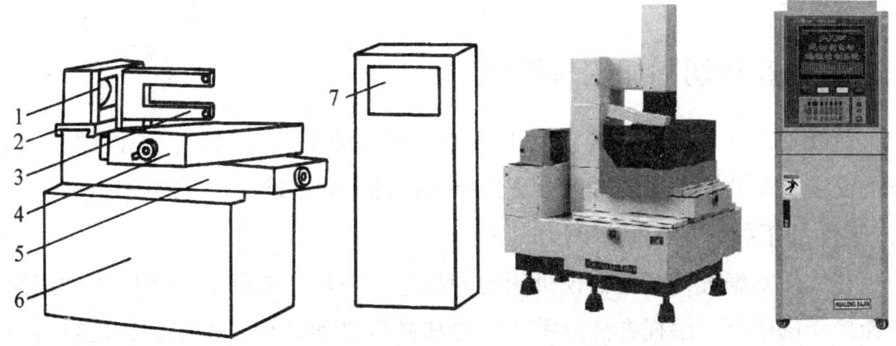

图 4—23 快速走丝电火花线切割机床

1—卷丝筒 2—走丝溜板 3—丝架 4—上拖板 5—下拖板 6—床身 7—脉冲电源及控制柜

2. 慢速走丝电火花线切割机床 （见图4—24）

它采用直径为0.1～0.3 mm的铜丝作电极，电极丝做低速单向运动，一般走丝速度低于0.2 mm/s，精度达0.001 mm级，表面质量也接近磨削水平。电极丝放电后不再使用，工作平稳、均匀、抖动小、加工质量较好。而且采用先进的电源技术，实现了高速加工，最大生产率可达350 mm²/min。

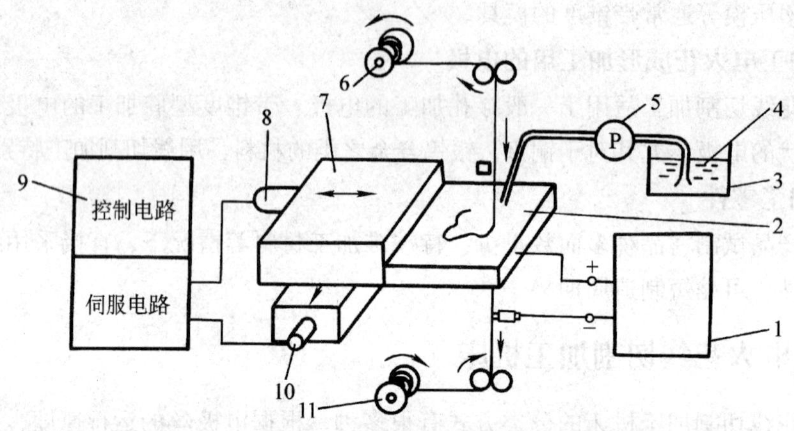

图4—24 慢速走丝电火花线切割机床

1—脉冲电源 2—工件 3—工作液箱 4—去离子水 5—泵 6—放丝卷筒 7—工作台 8—x轴电动机 9—数控装置 10—y轴电动机 11—收丝卷筒

由于慢速走丝电火花线切割机床是采取电极丝连续供丝的方式，即电极丝在运动过程中完成加工，因此即使电极丝发生损耗，也能连续地予以补充，故能提高零件加工精度。慢速走丝电火花线切割机床所加工的工件表面粗糙度通常可达到 *Ra*0.12 μm及以下，且慢速走丝电火花线切割机床的圆度误差、直线误差和尺寸误差都较快速走丝电火花线切割机好很多，所以在加工高精度零件时，慢速走丝电火花线切割机得到了广泛应用。但慢速走丝电火花线切割机床价格比快速走丝电火花线切割机床高很多。

五、电火花线切割加工与操作

电火花线切割加工过程主要包括工件加工程序的编制与调试；工件的正确安装；电极丝的安装、调整；加工规准的合理选择以及机床的正确使用与维护等。

1. 工件加工程序的编制

电火花线切割编程与其他数控机床的编程过程一样，是将要加工的工件编制出控制系统能接受的指令。编程方法分手工编程和微机自动编程。手工编程能较清楚地了解编程所需要进行的各种计算和编程过程，是计算机辅助编程的基础。但其计算工作较复杂、效率低，且易出现错误，因而只适合简单零件的编程。计算机辅助编程可以快速、准确地完成线切割加工程序的编制。

2. 工件的工艺准备与装夹

电火花线切割加工之前，应将工件毛坯切削加工到一定的尺寸要求，钻好穿丝孔，磨削有关平面，对其进行必要的加工工艺准备和正确可靠的装夹，才能加工出符合质量要求的工件。

(1) 加工基准的准备

根据工件外形和加工要求，在线切割加工之前，工件上应准备好相应的校正和加工的基准面。该基准应与其设计基准一致。

1）以外形为校正和加工的基准。对于外形是矩形的工件，可选择两个相互垂直且垂直于工件上、下平面的侧面，作为校正和加工的基准面，如图 4—25 所示。

2）以外形为校正基准、内孔为加工基准。工件外形无论是圆形、矩形或其他异形，都应准备一个与工件的上、下平面保持垂直的校正基准面；而内孔可作加工基准，如图 4—26 所示。

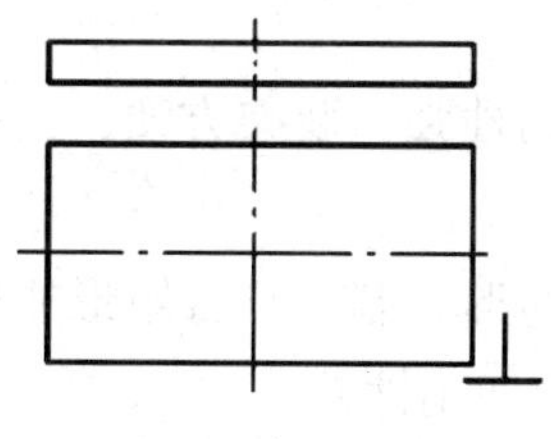

图 4—25 矩形工件的校正和加工基准

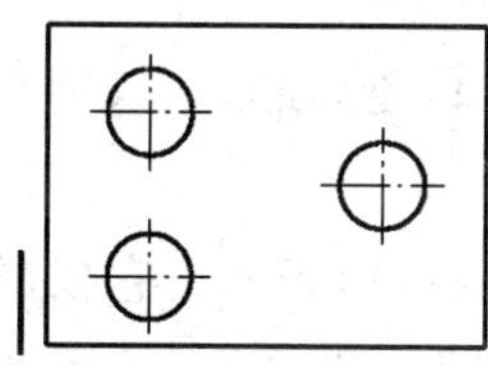

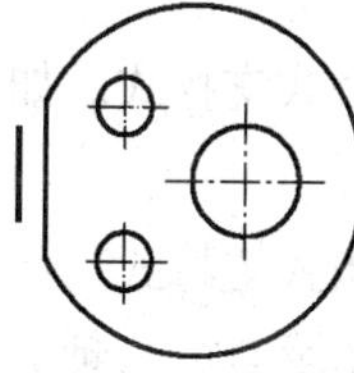

图 4—26 外形为校正基准、内孔为加工基准

3）以工件上的划线为校正和加工基准。当工件的加工精度不高，工件上不允许有工艺平面，又无工艺孔的情况下，可在工件上划线作为校正和加工基准，以保证定位要求。

4）穿丝孔的准备。电火花线切割加工中，电极丝的穿丝孔直径一般为 3 ~ 10 mm，可用钻削加工。

穿丝孔的位置根据切割工件的具体情况而定。一般原则是孔位应有利于简化编程运算、缩短切入时的切割行程和减小材料变形。如选在切割图形的边角处或在已知尺寸交点上，可使尺寸运算简化。选在切割型孔的中心时，可使编程计算坐标方便和加工操作方便，但切入行程较长，特别对于较大的型孔更不适合。切割凸模、型芯工件时，穿丝孔宜选在加工图形的拐角处，可简化编程计算、缩短切入行程；但如果由外向内顺序切割会使工件材料割断，破坏材料的内部应力平衡而造成变形；若改在图形起始点预制穿丝孔则不会出现以上情况。因此，穿丝孔的位置，要根据实际情况妥善选择。

(2) 工件的装夹与调整

装夹时工件的基准面应清洁、无毛刺。工件装夹的位置必须保证工件的切割部位位于机床工作台纵、横向进给的允许范围之内和电极丝的运行空间。同时装夹工件的作用力要均匀，不得引起工件的变形与翘曲等。

1）工件的装夹形式

①悬臂支撑式。如图4—27所示，这种方式装夹通用性强、装夹方便。但工件一端受力，容易产生位置误差。只适用于加工要求不高、悬臂短的工件装夹。

②两端支撑式。如图4—28所示，这种方式装夹工件稳定，定位精度高，装夹方便，但不适用于小型工件的装夹。

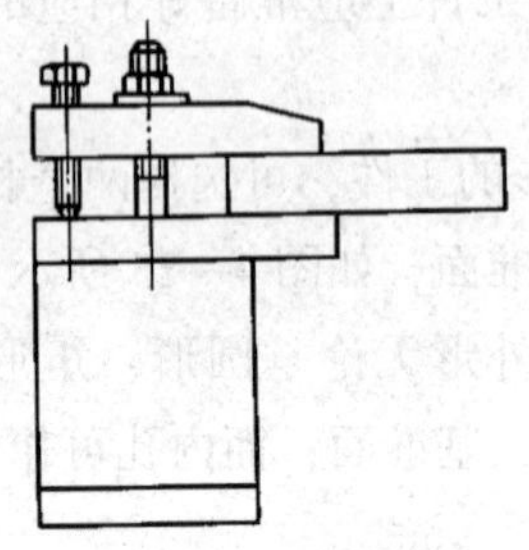

图4—27 悬臂支撑式

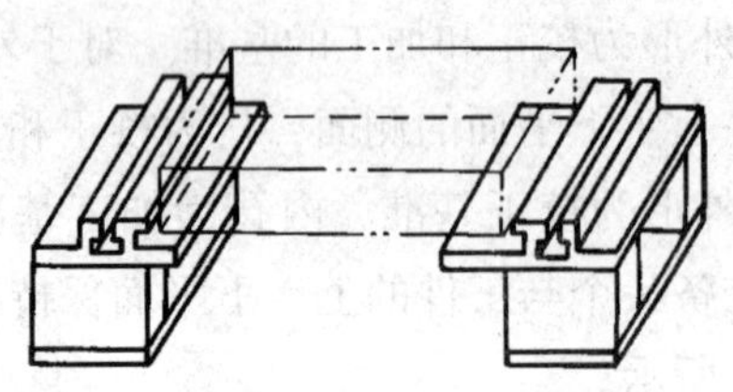

图4—28 两端支撑式

③桥式支撑式。如图4—29所示，这种方式装夹通用性强，装夹方便，大小工件都适用。

④板式支撑式。如图4—30所示，它根据常规零件的形状制成具有矩形或圆形孔的支撑板夹具。这种方式装夹精度高，适于批量生产，但通用性差。

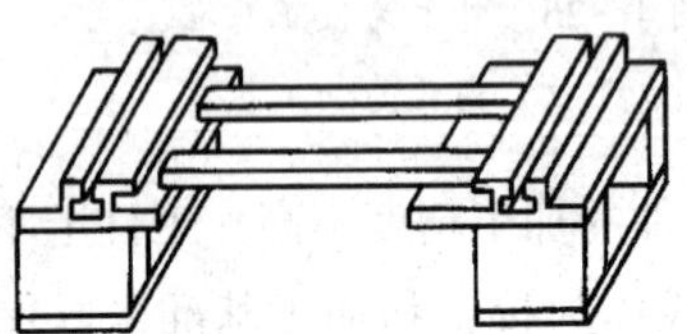

图4—29 桥式支撑式

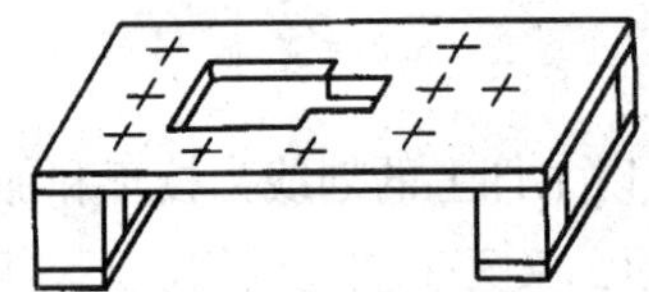

图4—30 板式支撑式

2）工件的调整。工件采用上述方式装夹后，还必须进行校正，方能使工件的定位基准面分别与机床的工作台面及工作台的进给方向 X、Y 保持平行。才能保证切割加工的表面与基准面之间的相对位置精度。常用的校正方法有以下几种。

①百分表找正。将百分表的磁力表架固定在机床的丝架或其他部位，使百分表触头接触在工件基准面上，往复移动拖板。根据百分表的指示数值，相应调整工件。校正工件应在三个坐标方向上进行，如图4—31所示。

②划线法找正。利用固定在丝架上的划针尖对正工件上的基准线或基准面，纵、横两个方向上移动拖板，目测校正工件，如图4—32所示。该法可用于工件的切割图形与定位基准相互位置精度要求不高的情况。

（3）电极丝坐标位置的调整

在线切割加工之前，电极丝应调整到切割加工的起始位置上。常用的调整方法有以下几种。

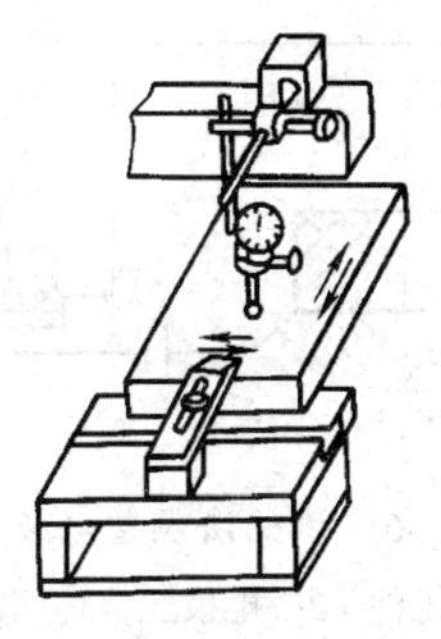

图 4—31　百分表找正

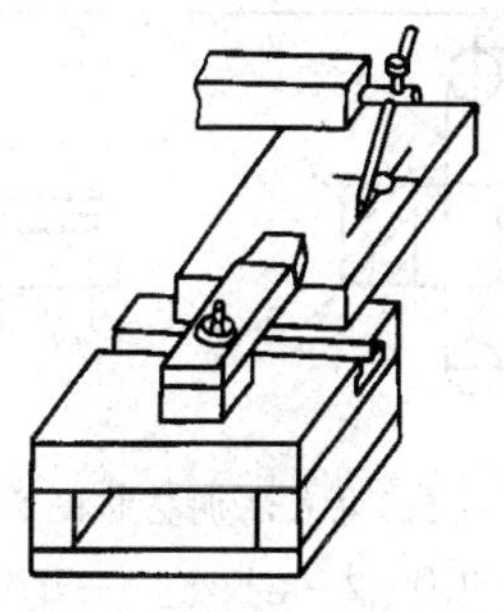

图 4—32　划线法找正

1）目测法。利用钳工或钻削加工工件穿丝孔所划的十字中心线，目测电极丝与十字基准线的相对位置，如图 4—33 所示。调整时，移动拖板使电极丝中心在纵、横两个方向上分别与十字中心线重合。该法适用于加工要求较低的工件。

2）火花法。火花法是利用电极丝与工件在一定间隙下发生放电火花调整电极丝位置的方法，如图 4—34 所示。调整时，移动拖板使工件的基准面逐渐靠近电极丝，在发出火花的瞬间，记下拖板的相应坐标。再根据放电间隙推算电极丝中心的坐标。此法简便易行，但电极丝靠近基准面产生的脉冲放电间隙与正常切割时的放电间隙并不相同而产生误差。

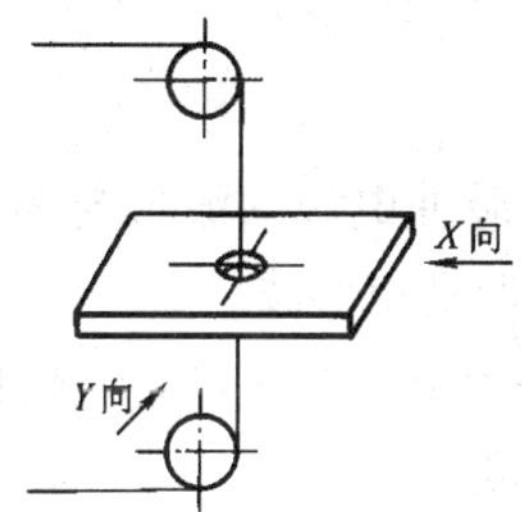

图 4—33　目测法调整电极丝位置

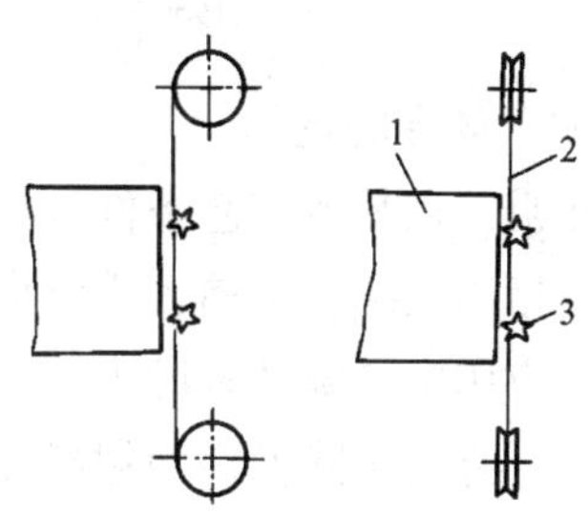

图 4—34　火花法调整电极丝位置

1—工件　2—电极丝　3—火花

3）电阻法。电阻法是利用电极丝与工件基准面由绝缘到短路的瞬间，两者之间电阻突然变化的特点来调整电极丝与工件基准相对位置的方法。该法操作方便、测量准确、灵敏度高。常用以下方法。

①电表法。将万用表置于欧姆挡，电表测量笔分别接工件与电极丝。移动拖板使工件与电极丝逼近，在万用表指针偏摆的瞬间记下拖板相应坐标，以此推算电极丝坐标位置，如图 4—35 所示。

②讯响法。如图 4—36 所示，将讯响器代替万用表，以讯响信号反映电极丝与工件基准面接触的时刻。记下拖板相应坐标，以此推算电极丝坐标位置。

4）显微镜法。如图 4—37 所示，借助定心显微镜中的垂直分辨线，将电极丝调整到起始点坐标位置上。该法可测量电极丝相对于不通孔的坐标。同时，可在机床上直接测量工件尺寸，且不损伤工件基准面。

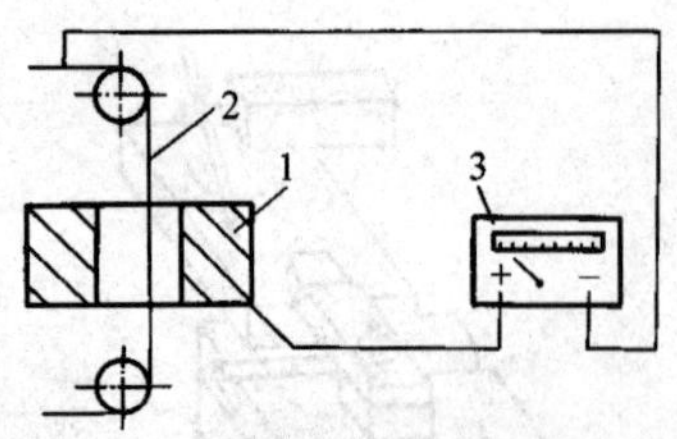

图 4—35　电表法调整电极丝位置

1—工件　2—电极丝　3—万用表

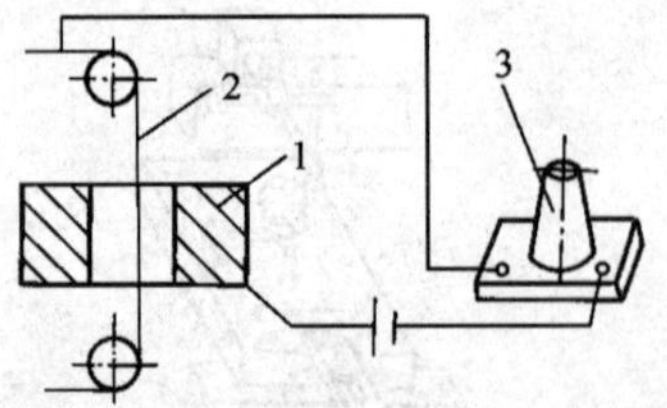

图 4—36　讯响法调整电极丝位置

1—工件　2—电极丝　3—讯响器

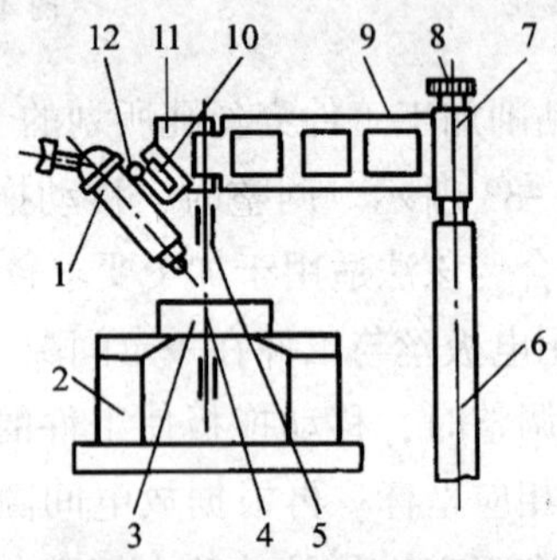

图 4—37　显微镜法调整电极丝位置

1—显微镜　2—工作台　3—工件　4—电极丝　5—导轮　6—立柱

7—升降架　8、12—紧固螺钉　9—横臂　10、11—支架

（4）加工规准的选择

实践证明，在其他工艺条件大体相同的情况下，脉冲电源的波形与参数对工艺效果的影响是相当大的，目前，广泛应用的脉冲电源波形是矩形波。

在实际应用中，脉冲宽度为 1 ~ 60 μs，脉冲频率为 10 ~ 100 kHz。脉冲宽度越窄，频率越高，则有利于降低表面粗糙度值，提高切割速度。

在工艺条件大体相同的情况下，利用矩形波脉冲电源进行加工时，电参数对工艺指标的影响有下列规律。

1）切割速度随着加工电流峰值、脉冲宽度、脉冲频率和开路电压的增大而提高。

2）加工表面粗糙度值随着加工电流峰值、脉冲宽度和开路电压的减小而减小。

3）加工间隙随着开路电压的提高而增大。

4）表面粗糙度的改善有利于提高加工精度。

5）在电流峰值一定的情况下，开路电压的增大有利于提高加工稳定性和脉冲利用率。

第三节　电化学加工

电化学加工是利用电化学作用对金属进行加工的方法。目前，已广泛应用于模具的加工制造之中。按其作用，可分为三大类：第一类是利用电化学阳极溶解来进行加工，如电解加工、电解抛光等；第二类是电化学阴极镀覆进行加工，如电镀、电铸等；第三类是电化学加工与其他加工方法相结合的电化学复合加工，如电解磨削、电化学阳极机械加工等。本节主要介绍有关模具型腔的电化学加工制造技术。

一、电解加工

1. 电解加工的基本原理

电解加工是利用金属在电解液中产生阳极溶解的电化学反应，将工件加工成形的一种方法，其原理如图 4—38 所示。

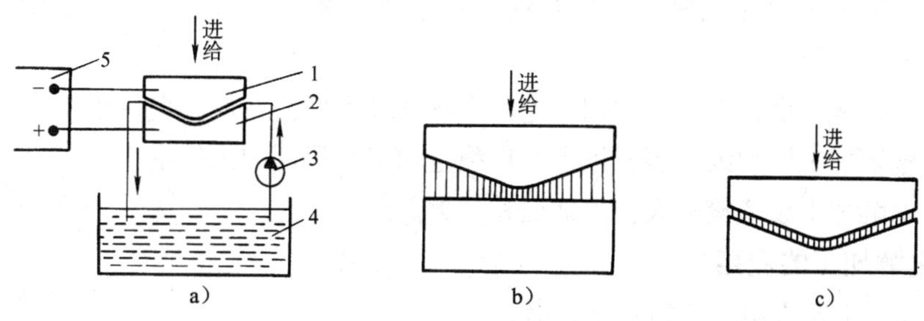

图 4—38 电解加工的原理

1—工具电极（阴极） 2—工件（阳极） 3—泵 4—电解液 5—直流电源

电解加工时，在工件（阳极）和工具电极（阴极）之间接入低电压（6 ~ 24 V）、大电流（500 ~ 2 000 A）的直流电源，在两极之间的狭小间隙（0.1 ~ 1 mm）内，通以具有一定压力（0.49 ~ 1.96 MPa）和高速（可达 75 m/s）的电解液，使得工件不断溶解。开始时，两极之间的间隙大小不等，间隙小处电流密度大，金属（阳极）的去除速度快；间隙大处则电流密度小，去除速度慢。随着工件表面材料的不断溶解，工具电极不断地向工件进给，蚀除的金属变成氢氧化物沉淀不断被电解液冲走，工件表面就逐渐被加工成接近于工具电极的型面。直至将工具电极的型面完全复制到工件上而获得所需型面为止。

电解加工中的电化学反应是随着加工条件而改变的。通常，加工钢制型腔时，常用的电解液为 NaCl 水溶液。其离解反应如下：

$$H_2O \rightarrow H^+ + OH^-$$

$$NaCl \rightarrow Na^+ + Cl^-$$

电解液中的正、负离子在电场力作用下，分别向正、负极运动，阳极的主要反应：

$$Fe - 2e \rightarrow Fe^{2+}$$

$$Fe^{2+} + 2OH^- \rightarrow Fe(OH)_2 \downarrow$$

$$4Fe(OH)_2 + 2H_2O + O_2 \rightarrow 4Fe(OH)_3 \downarrow$$

阴极的主要反应：

$$2H^+ + 2e \rightarrow H_2 \uparrow$$

由以上反应可以看出，电解加工过程中，阳极以 Fe^{2+} 的形式不断被溶解，水被分

解消耗，因而电解液的浓度会产生变化。但电解液中氯离子、钠离子的作用是导电，并不消耗。所以电解液的寿命长，只需过滤干净，适当调整浓度，可长期使用。

2. 电解加工的特点

（1）能以简单的进给运动一次加工出形状复杂的型面和型腔，生产效率高。电解加工型腔比电火花加工型腔的效率高 4 ~ 10 倍，比铣削加工高几倍到十几倍。

（2）可加工高硬度、高强度、高韧性等难以切削加工的金属材料，应用范围广。

（3）加工过程中无切削力，加工后无残余应力，适用于易变形零件的加工。

（4）工具电极基本不损耗，可长期使用。

（5）加工后表面无毛刺，表面粗糙度可达 $Ra0.8 \sim 0.2$ μm，尺寸精度平均达到 0.1 ~ 0.3 mm。

（6）电解液对设备有腐蚀作用，电解产物处理不好会造成环境污染。

（7）电解加工影响因素多，不易实现稳定加工和保证加工精度。

（8）电解加工设备投资大，占地面积较大。

3. 电解加工的应用

电解加工主要应用于下列几个方面。

（1）各种异形型腔加工。

（2）难以用传统方法加工的零件型面，如沟槽、斜面、深孔等的加工。

（3）零件的倒棱、去毛刺及微孔加工。

（4）难加工材料的加工。

二、电解抛光

1. 电解抛光的基本原理

电解抛光实际上也是利用电化学阳极溶解的原理，对工件表面进行抛光的表面加工方法。

电解抛光时，将工件放入装满电解液的电解槽内，并接直流电源正极，工具电极接负极，两极之间保持一定的间隙，如图 4—39a 所示。通电后，工件的表面发生电化学溶解，表面形成一层被阳极溶解的金属和电解液组成的黏膜。由于黏膜的黏度大，电导率很低。工件表面微观几何形状高低不平，在其凸出的地方黏膜薄，电阻较小；在凹入的地方黏膜厚，则电阻较大，如图 4—39b 所示。凸出的地方比凹入的地方电流密度大，阳极溶解的速度快。凹入的地方则几乎不发生阳极溶解。经过一段时间之后，凸出的地方被溶解，有效高度降低并趋于平整，被加工表面粗糙度减小，最后达到抛光的目的。

电解抛光与电解成形加工型腔，虽然都是利用阳极溶解的原理进行加工，但二者主要的不同点在于：电解抛光的加工间隙较大；电流密度较小；电解液无压力要求，一般不流动，必要时可以搅拌；所用的设备、工装简单，工具电极容易制造。

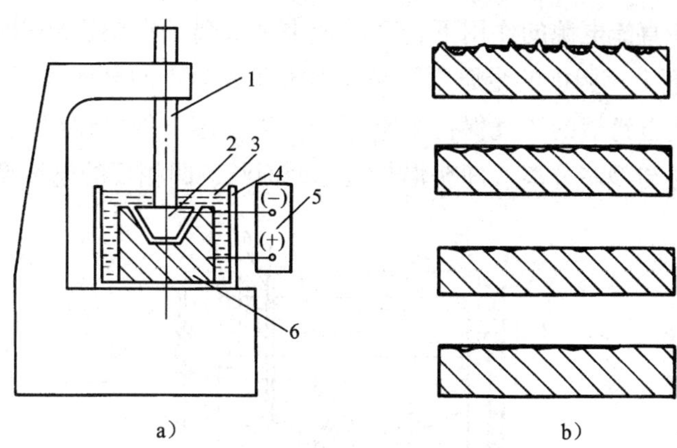

图 4—39 电解抛光的基本原理

1—主轴 2—工具电极（负极） 3—电解液 4—电解液槽 5—电源 6—工件（正极）

2. 电解抛光的特点

（1）加工效率高，如余量为 0.1 ~ 0.15 mm 时，电解抛光的时间为 10 ~ 15 min。

（2）对于表面粗糙度要求不太严的模具型腔，电解抛光后可直接应用于生产。对于表面粗糙度要求高的模具型腔，经电火花加工后，用电解抛光去除硬化层和降低表面粗糙度值后，再进行手工抛光，可大大减少制造周期。

（3）经电解抛光后的表面易形成致密、牢固的氧化膜，可提高型腔表面的耐腐蚀能力，且不产生残余应力。

（4）电解抛光可对淬火钢、耐热钢、不锈钢等各种硬度和强度的材料进行抛光。

（5）经电解抛光后，型腔金属结构的缺陷及电火花加工的波纹易明显地显露出来。

3. 电解抛光的工艺过程

电解抛光基本工艺过程是：加工模具型腔→工具电极制造→电解抛光前预处理（化学去油、清洗）→电解抛光→电解抛光后处理（清洗、钝化、干燥处理）→钳工精修。

三、电铸加工

型腔的电铸加工是采用电镀的原理，使金属离子还原沉积在预先按型腔大小和形状制作的型芯（阴极）表面上，然后，将铸壳和型芯分开镶入模套而成为所需要的型腔。

电铸和电镀的基本原理相同，但目的却不同。电镀的目的是：对表面进行装饰、防止腐蚀，镀层厚度为 0.02 ~ 0.05 mm，与基体的结合要牢固，表面要求平整、光亮，无严格的尺寸精度要求。电铸的目的则是：复制型腔，用于成形加工，铸层厚度为 0.05 ~ 6 mm，铸层与基体的结合不牢固且须分开，有尺寸精度和形状要求。

1. 电铸加工的基本原理

如图 4—40 所示，用可导电的型芯作阴极，电铸材料作阳极，电铸材料的金属盐

溶液作电铸液。在直流电源的作用下，金属盐中金属离子在阳极获得电子沉积镀覆在型芯（阴极）表面上，阳极的金属原子失去电子而成为正的金属离子，源源不断地补充到电铸液中，使电铸液的浓度保持基本不变。当型芯上的电铸层达到所需要的厚度时取出，将电铸层与型芯分离。即获得与型芯型面凸、凹相反的电铸型腔。

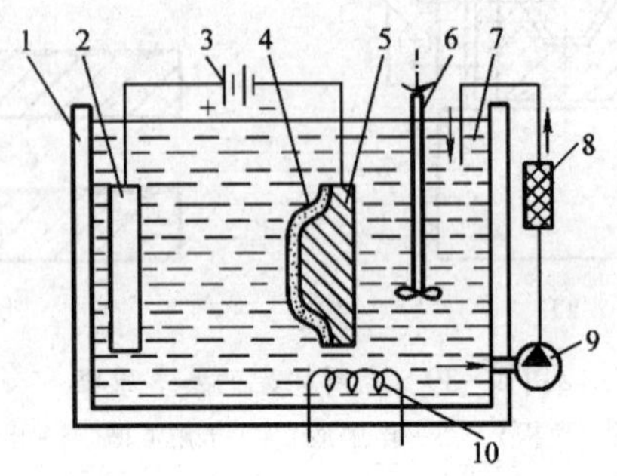

图 4—40　电铸的基本原理

1—电铸槽　2—阳极　3—直流电源　4—电铸层　5—型芯（阴极）
6—搅拌器　7—电铸液　8—过滤器　9—泵　10—加热器

2. 电铸加工的特点

（1）仿形精度高。它能准确、精密地复制出形状复杂的型腔，可获得尺寸精度高、表面粗糙度值小（$Ra=0.1\ \mu m$）的型腔，且可用一个型芯生产出多个形状、尺寸一致的型腔。

（2）应用设备简单，操作容易。

（3）电铸速度慢，电铸件的尖角或凹槽部位的电铸层厚度不均匀，大而薄的型腔易变形。

3. 电铸加工的应用

由于电铸型腔的强度不高，一般为 1.4～1.6 MPa；硬度较低，一般为 35～50HRC。目前主要用于较小的注塑模型腔，如笔杆、笔套、吹塑制品、搪塑玩具、工艺制品及电火花型腔加工的工具电极等。近年来研制的电铸铁镍合金在制作较大模具型腔取得了一定成果。

4. 电铸加工的工艺过程

电铸加工型腔的工艺过程一般为：型芯设计与制造→型芯预处理→电铸→清洗→脱模→机械加工→镶入模套。

四、电解磨削

电解磨削是将电解作用与机械磨削相结合的一种新的加工方法。其加工原理如图 4—41 所示。磨削时工件接直流电源的正极，导电磨轮接电源的负极，由磨料保持一定的电解间隙。工件表面的电解腐蚀物和阳极膜等由磨轮刮除，然后再由电解液冲走。

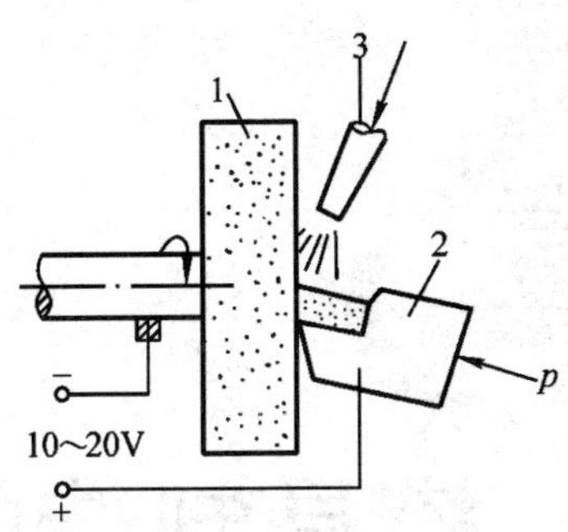

图 4—41 电解磨削的基本原理

1—导电磨轮 2—工件 3—电解液喷嘴

电解磨削几乎不产生磨削力和磨削热，所以磨削效率高，磨轮损耗小。磨削表面粗糙度 Ra 值可达 0. 012 ~ 0. 025 μm。磨削表面不会产生烧伤、裂纹、变形和毛刺等缺陷，所以适合于磨削高硬度、高脆性、高强度、高韧性、热敏性或磁性材料，如硬质合金、不锈钢、高速钢、钛合金和镍合金等。

由于电解液有腐蚀性，磨削时有刺激性气体及雾状电解液溢出，故应考虑设备防腐及劳动保护等问题。

模具制造的其他方法

随着模具制造技术的发展和模具新材料的出现，对于凸模、凹模等模具工作零件，除采用切削加工和特种加工方法进行加工外，还可以采用冷挤压、超塑性成形、铸造等方法进行加工。这些加工方法各有其特点和适用范围，在应用时可根据模具材料、模具结构特点和生产条件等因素进行选择。

第一节　冷挤压加工技术及设备

一、冷挤压加工的原理

冷挤压是机械制造工艺中少切削或无切削加工的工艺之一。其结构如图 5—1 所示，是利用金属塑性变形的原理，在室温下，在油压机的高压下，使淬硬的挤压冲头缓慢挤入具有一定塑性的坯料中，获得与冲头形状相同、凹凸相反的型腔的一种无切削的加工方法。

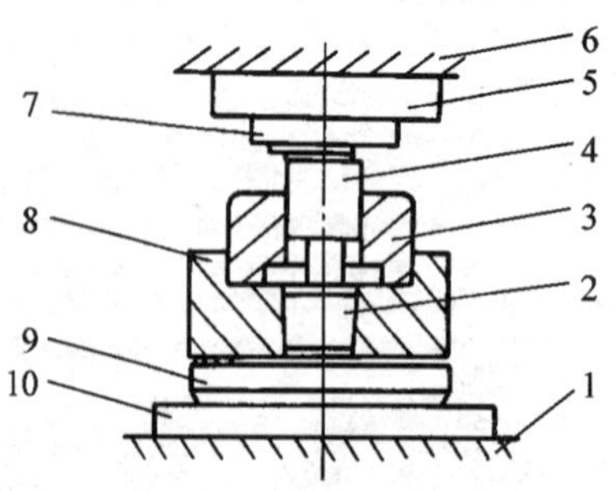

图 5—1　冷挤压的结构

1—油压机下座　2—坯料　3—导向套　4—挤压冲头　5—上座板
6—油压机上座　7—上垫板　8—套圈　9—下垫板　10—下座板

冷挤压加工在室温条件下进行，不需要对毛坯进行加热。而且冷挤压可以在普通机械压力机（冲床）、液压机、摩擦压力机或高速锤上进行。

二、冷挤压加工的特点及适用范围

1. 冷挤压加工的特点

冷挤压加工型腔和其他加工方法相比具有以下特点。

（1）可以加工某些难以进行切削加工的形状复杂的型腔。

（2）冷挤压是在常温条件下进行的，挤压过程简单迅速，生产效率高。一个挤压头可以多次使用。对于批量大、多型腔的模具更为适用。

（3）加工精度高，可达 IT7 级或更高的精度。表面粗糙度 *Ra* 值可达 0. 3 μm 左右。

（4）冷挤压加工的型腔材料纤维具有连续性，金属组织紧密，型腔强度高。

（5）型腔冷挤压加工是利用材料的塑性成形，适用于塑性好的材料；塑性差的材料不宜成形或只能成形形状简单、深度浅的型腔。

2. 冷挤压加工的适用范围

（1）常用于挤压不通孔的型腔、齿轮型腔。

（2）适用于加工有色金属、低碳钢、中碳钢及有一定塑性的工具钢为型腔材料的热固性和热塑性塑料注塑模、塑料压模、金属压铸模、锻造模及粉末冶金压模的制造。

（3）适用于加工多型腔模具及有浮雕、花纹、文字的型腔。

（4）不宜制造有较窄的凹槽、凸筋及复杂形状的型腔。

三、型腔冷挤压加工方式

型腔的冷挤压加工可分为敞开式和封闭式两种。

1. 敞开式冷挤压

如图 5—2 所示，敞开式冷挤压在挤压时型腔坯料周围不加任何约束，被挤压坯料的塑性流动不但沿挤压冲头的轴线方向流动，同时也沿径向流动。它只适用于型腔深度较浅、坯料厚度较大，而且坯料的面积比型腔在坯料上的投影面积大很多的型腔加工。否则冷挤压加工时，由于挤压冲头对坯料的压力会使坯料向外胀大或产生很大的翘曲，降低型腔的精度，甚至引起坯料开裂。敞开式冷挤压必须设置可靠的安全保护措施。

2. 封闭式冷挤压

如图 5—3 所示，封闭式冷挤压是将坯料装在冷挤压的模套内，再将挤压冲头压入坯料迫使坯料变形与挤压冲头紧密贴合，获得精度较高的型腔。在挤压过程中，由于坯料的变形受到模套的限制，坯料只能沿着与挤压冲头压入的相反方向产生塑性流动。因而成形的型腔精度较高，但所需要的挤压力较大。

封闭式冷挤压广泛应用于塑料注塑模、塑料压模等需要精度较高的、挤压深度较大的型腔。由于封闭式冷挤压冲头和坯料均封闭在模套和导向套内，它可以防止冲头断裂及坯料开裂引起的安全事故。但机床本身仍需要考虑安全措施。

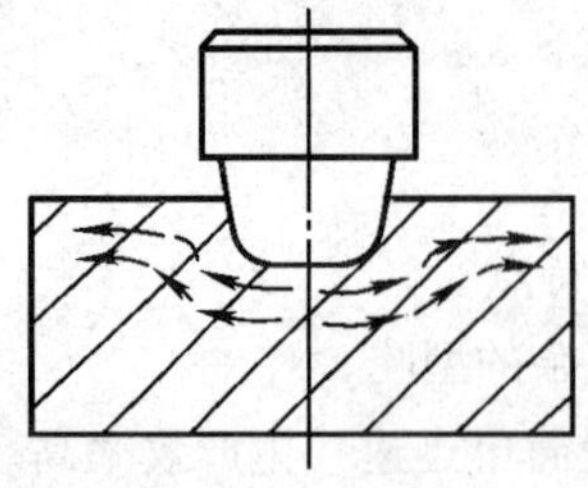
图 5—2 敞开式冷挤压

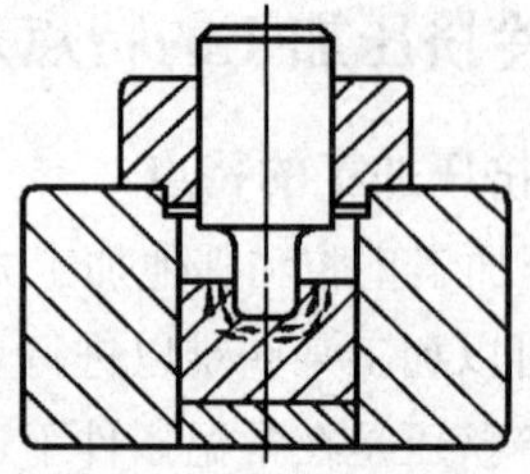
图 5—3 封闭式冷挤压

四、挤压设备

型腔冷挤压专用油压机的结构，如图 5—4 所示。由于型腔冷挤压所需要的挤压力较大，挤压时的速度低、工艺简单、工作行程短、挤压工具及坯料体积较小，所以要求挤压设备有好的刚性，活塞导向准确，工作平稳，能随时观察挤压情况，反映挤压深度，达到预定深度能自动停机，并有防止冲头和坯料崩裂的安全保护装置。常用型腔冷挤压专用油压机技术参数见表 5—1。

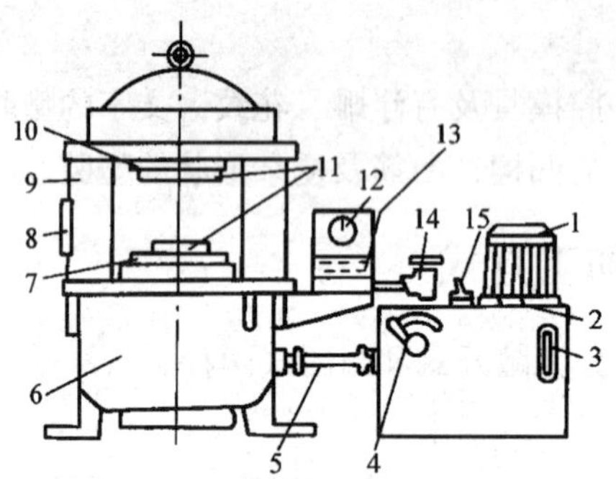

图 5—4 型腔冷挤压专用油压机的结构

1—电动机 2—中压控制阀旋钮 3—油标 4—操作手柄 5—油管 6—机座 7—下座板 8—观察窗 9—防护罩 10—上座板 11—垫板 12—压力计 13—操作面板 14—排气阀 15—调节手柄

表 5—1 型腔冷挤压专用油压机技术参数

油压机吨位（kN）	活塞直径（mm）	最大工作油压（MPa）	空间高度（mm）	活塞空行程速度（mm/s）	工作行程速度（mm/s）	总功率（kW）	外形尺寸（高×宽×厚）（mm）
1 000	360	1 000	165	4. 25	0 ~ 0. 2	4	1 800 × 625 × 840
2 000	500	100	210	—	0 ~ 0. 1	—	—
3 000	750	400	250	4. 25	0 ~ 0. 1	7	1 950 × 3 950 × 1 600
5 000	800	1 000	240	2	0 ~ 0. 08	10	—

五、冷挤压工艺及工具设计

1. 冷挤压冲头的设计制造

(1) 冷挤压冲头的材料

冷挤压冲头是型腔冷挤压加工的关键工具，它对型腔的形状、尺寸精度和表面粗糙度有直接的影响。在工作时，挤压头要求受极大的挤压力，其工作表面和坯料的流动金属之间要产生很大的摩擦力。为此，冷挤压冲头必须要有足够的强度、硬度和耐磨性。因此，选择冷挤压冲头材料时，应选择淬硬性好、热处理变形小和切削加工性能良好的材料。冷挤压冲头常用材料见表 5—2。

表 5—2　　冷挤压冲头常用材料

冲头形状	材料	允许承受单位压力 (MPa)	硬度 (HRC)
简单	T8A、T10A	2 000 ~ 2 500	挤软材料 60 ~ 63
中等	CrWMn、9CrSi	2 000 ~ 2 500	挤硬材料 61 ~ 64
复杂	Cr12、Cr12MoV	2 500 ~ 3 000	—

(2) 冷挤压冲头的结构

根据冷挤压的工艺要求，一般冷挤压冲头的结构可分为成形工作部分、导向部分和过渡部分，如图 5—5 所示。

1) 成形工作部分。冷挤压冲头的成形工作部分是指在工作时挤入型腔坯料的部分，它的形状和尺寸应和型腔尺寸一致。精度比型腔要求的精度高一级，表面粗糙度 Ra 值为 0.32 ~ 0.08 μm。一般挤压成形后，型腔上口有塌角现象，有效深度范围为 70% ~ 90%。所以，实际挤入长度 L_1 比型腔要求的深度要大。一般成形工作部分长度取型腔深度的 1.1 ~ 1.3 倍。在其端面要设圆角，其半径 R 不小于 0.2 mm。有时为了便于脱模，在允许的情况下将成形工作部分制造出 1:50 的脱模斜度。

对于型腔底部要挤压出凸起的文字或花纹时，应将冲头端面制造出如图 5—6b 所示的断面形状，才能保证文字或花纹的清晰。

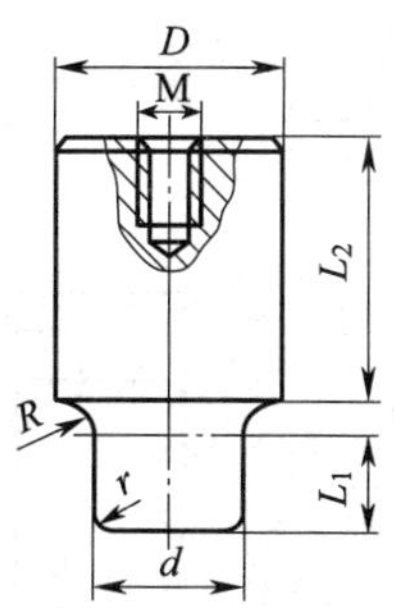

图 5—5　冷挤压冲头的结构

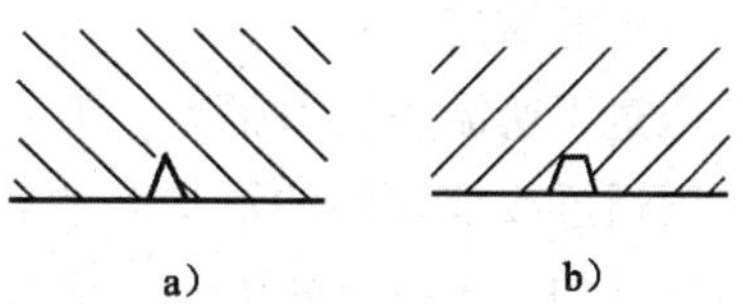

图 5—6　文字与花纹的断面形状

a) 不良　b) 良

2）导向部分。冷挤压冲头的导向部分如图 5—5 所示的 L_2 部分。其主要作用是和导向套配合，保证挤压冲头的垂直性和正确的挤入坯料，防止挤压过程中冲头的偏斜。一般取 $D=1.5d$，$L_2>(1\sim1.5)D$。外径 D 与导向套的配合为 H8/h7；表面粗糙度 Ra 值为 1.25 ~ 0.63 μm。为了便于将挤压冲头从型腔坯料中取出，可在其端部设螺纹孔。

3）过渡部分。过渡部分为成形工作部分与导向部分的连接处。为了防止因应力集中而造成挤压冲头的断裂，一般该部分设计为较大半径的圆弧，以形成平滑过渡，一般 $R=5\sim15$ mm。

2. 坯料的设计

（1）冷挤压的坯料及坯料热处理

冷挤压加工时，其坯料的性能、组织等对型腔的加工质量有着直接的影响。为了便于冷挤压加工，坯料应采用退火状态下硬度低、塑性好的材料。同时该材料还应具有热处理淬火硬度高、耐磨性好、韧性好及变形小的性能。

冷挤压加工常用的材料有：铝及铝合金、铜及铜合金、低碳钢、中碳钢及部分工具钢、合金钢，如 10Cr、20Cr、T8A、T10A、3Cr2W8V 等。

坯料在切削加工后冷挤压前，必须进行退火处理，低碳钢退火至 100 ~ 160HBS，中碳钢球化退火至 160 ~ 200HBS，以提高材料塑性变形能力，降低强度，减小冷挤压的变形抗力。在材料退火处理中要特别注意防止表面氧化与脱碳。

（2）坯料的尺寸及形状

坯料的尺寸及形状应根据型腔设计尺寸和形状及冷挤压工艺的要求确定，并要防止冷挤压过程中坯料产生翘曲变形和开裂。为此，坯料的端面积与型腔在端面上的投影面积之比要足够大，坯料的厚度要充分大于型腔深度等。

敞开式冷挤压坯料的形状、尺寸，在充分考虑型腔形状、尺寸和冷挤压工艺要求的条件下，一般没有具体限制。

封闭式冷挤压坯料的外形轮廓多为圆柱体和圆锥体，其尺寸可按以下经验公式确定，如图 5—7 所示。

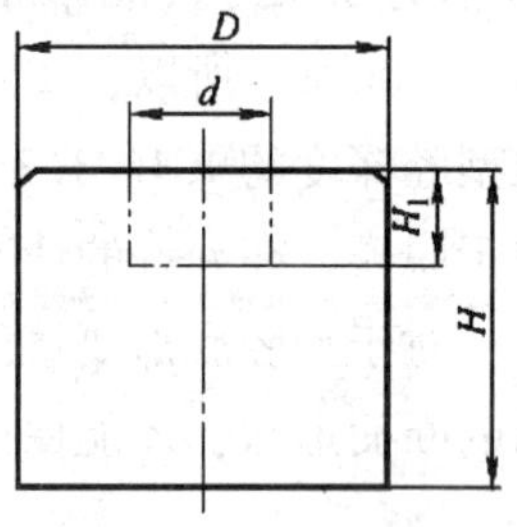

图 5—7　坯料尺寸

$$D=(2\sim2.5)d$$

$$H=(2.5\sim3)H_1$$

式中　D——坯料直径，mm；

d——型腔直径，mm；

H——坯料高度，mm；

H_1——型腔深度，mm。

因冷挤压过程所需挤压力很大，为了减小挤压过程中的挤压力，一般通过改变坯料的形状来达到，如图 5—8 所示。它是在坯料底部加工出一个减压穴，减压穴直径 $d_1=(0.6\sim0.77)d$，切除金属的体积为型腔体积的 60%。但在型腔底部需挤出图案和文字时，坯料不能设置减压穴。

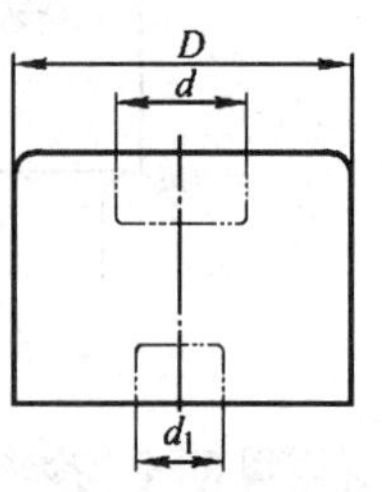

图 5—8　坯料减压穴

为了挤压出清晰的图案和文字，坯料的形状可改变为顶端为球面，如图 5—9a 所示，也可以在冷挤压时坯料底面垫一块和图案或文字大小一致的垫块，如图 5—9b 所示，以使图案或文字清晰。

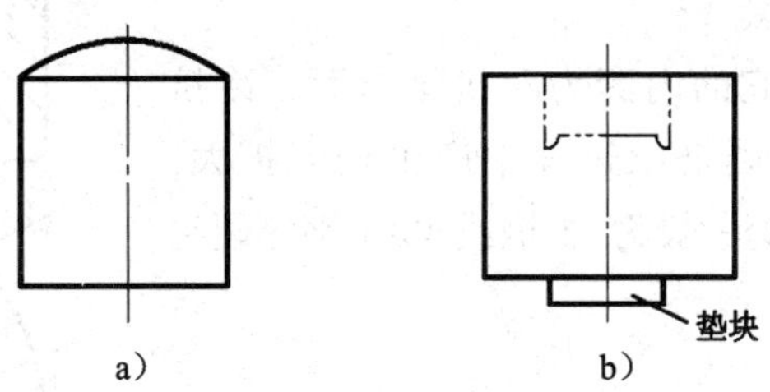

图 5—9 有图案和文字的坯料

a）顶端为球面的坯料 b）挤压时坯料底面加垫块

为了保证冷挤压型腔的表面粗糙度，冷挤压坯料的顶面是挤压成形后的型腔工作表面。因此，坯料加工时应保证顶面的表面粗糙度 $Ra \leqslant 0.32\ \mu m$。

3. 冷挤压模套及导向圈设计

型腔的封闭式冷挤压时，型腔毛坯放在模套内进行挤压。模套的作用是限制毛坯料的径向流动，使之处于三向应力状态下，以提高模坯的塑性变形能力，防止坯料破裂。常用的模套及挤压方式有单模套、双模套、对拼内套式模套和组合模套。

（1）单模套

如图 5—10 所示，冷挤压时坯料是装在一个单层模套内进行的，模套的材料一般为 45 钢或 40Cr 钢，经热处理硬度为 43～48HRC。导向套精度要求达到 IT7，热处理硬度为 54～58HRC。模套外径 r_2 和内径 r_1 一般为 $r_2=4r_1$。图 5—10a 所示的坯料为圆柱体，冷挤压后坯料从模套内取出困难。坯料为图5—10b、c 所示的圆锥体时制造较麻烦，但从模套内取出容易。

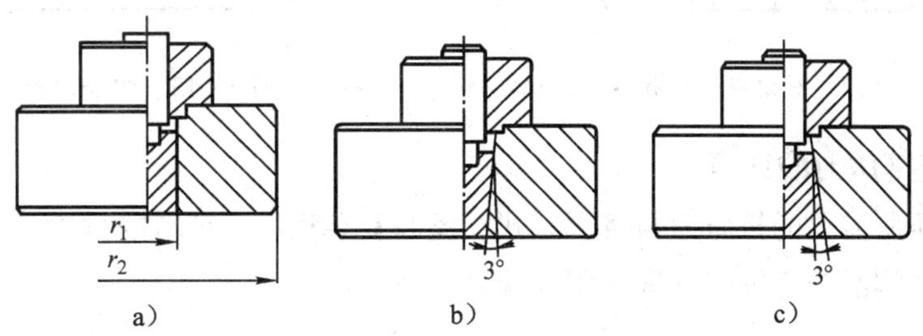

图 5—10 单模套及挤压方式

（2）双模套

双模套与相同外径的单模套相比具有较高的强度，其强度可提高 30%～50%。它的模套是由内、外两个模套组成，内、外套采用过盈配合，给内套形成一定的预应力。过盈量一般为直径的 0.008 倍。两层模套的尺寸为 $r_3=(3.5\sim4)\,r_1$，$r_2=(1.7\sim1.8)\,r_1$，常用结构如图 5—11 所示。模套常用的材料：内模套一般为 45 钢、40Cr 钢，热处理硬度为 40～45HRC；外模套用 Q235 或 45 钢制造。内模套与坯料接触部分的表面粗糙度 *Ra* 值为 1.25～0.16 μm。

（3）对拼内套式模套

如图 5—12 所示，它的内套为对拼锥形套，冷挤压后坯料取出容易。但因挤压过程中产生径向扩大，影响挤压精度，对拼内套一般为 45 钢或 40Cr 钢淬硬到 43～48HRC。

（4）组合模套

如图 5—13 所示，组合模套主要用于矩形坯料的冷挤压，它是由多个拼块组成不同尺寸的内孔。它适用于各种坯料的挤压，但制造麻烦。组合模套的外套一般用 Q235 制造。内套用 45 钢或 40Cr 钢制造并淬硬到 43～48HRC。拼块用 T10A 制造，其硬度达 54～58HRC。

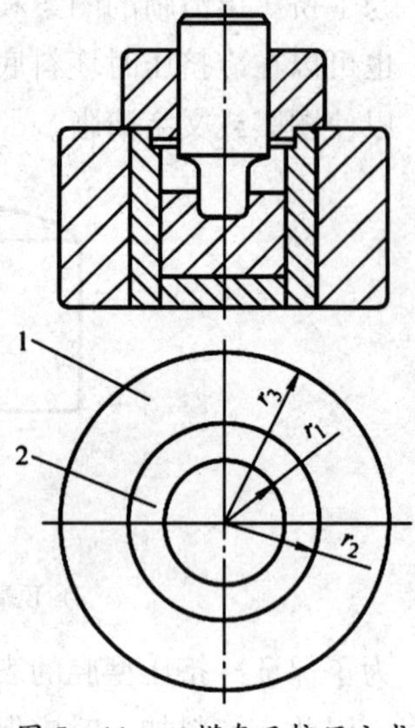

图 5—11　双模套及挤压方式

1—外模套　2—内模套

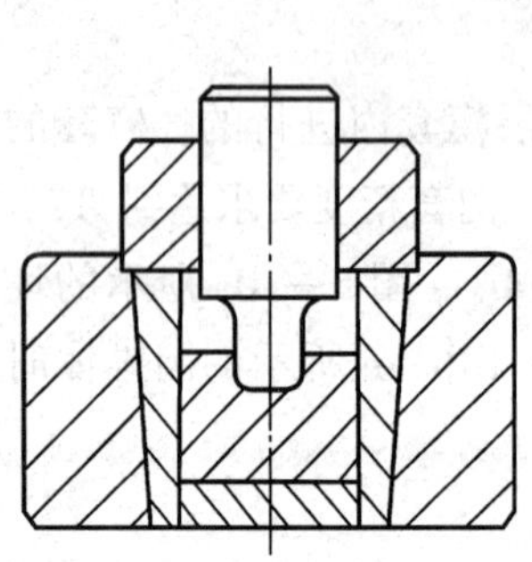
图 5—12　对拼内套式模套

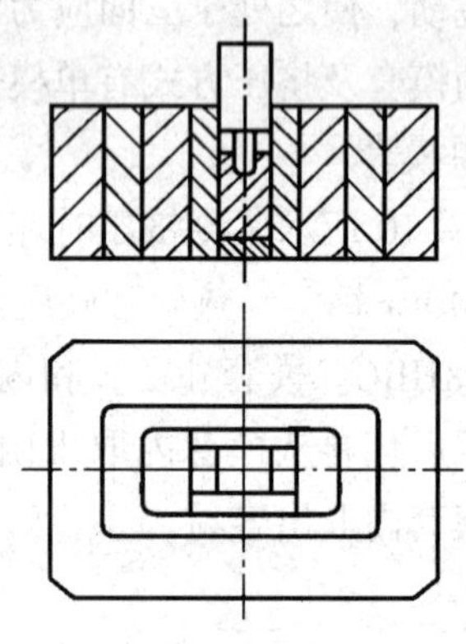
图 5—13　组合模套

4. 型腔挤压力的计算

型腔挤压所需要的挤压力与挤压方式，型腔复杂程度，坯料的材质、大小及形状，挤压时使用的润滑液有关，一般采用经验公式计算：

$$P = 10 \times g \times F \times K$$

式中　P——型腔挤压力，N；

F——型腔投影面积，mm²；

K——安全系数，一般取 1.2；

g——单位挤压力，N/mm²。

不同的挤压深度，所受的单位挤压力也不同。挤压深度与单位挤压力的关系见表 5—3。

表 5—3　　挤压深度与单位挤压力的关系

挤入深度（mm）	单位挤压力(1×10^7 Pa)
5	HB×1.65－35
5～10	HB×1.65
>15	HB×1.65＋25

注：表中 HB 为挤压坯料的布氏硬度值。

5．润滑

为了防止冲头与坯料咬合，减少挤压力，提高挤压冲头的使用寿命，冷挤压时应采用润滑措施。常用的润滑方法如下。

（1）冲头与坯料挤压表面清洗去油，在硫酸铜溶液中浸渍 3～4 s，并涂凡士林稀释的二硫化钼润滑剂。该方法简单，它可以保证润滑并防止高压下润滑剂被挤出润滑区。如果冲头端面有文字或花纹时，应防止润滑剂进入文字或花纹内。否则，挤压时不能将润滑剂挤出而影响文字或花纹的质量。

（2）冲头表面镀铜或镀锌，坯料进行磷酸盐表面处理，挤压时用二硫化钼作润滑剂。

6．冷挤压制造型腔时的注意事项

（1）挤压型腔时，压力机必须平稳，冲头与坯料平面必须垂直，挤压过程必须跟踪观察，如发生异常应立即停机，但不能立即打开防护罩，以免发生危险。

（2）当挤压型腔的变形程度过大，不能一次挤压成形时，中间需要退火才能继续挤压。

（3）为保护冲头，使用后可将冲头进行低温回火以消除内应力，以便重复使用。

（4）当压力机没有自动控制装置时，冷挤压工具设计上应考虑限位措施。

（5）挤压出的型腔毛坯在加工平面及外形尺寸时必须使型腔与平面垂直，与外形同心。

（6）冷挤压型腔废品分析见表 5—4。

（7）影响挤压型腔精度的因素很多。坯料越硬或弹性变形越大则型腔精度越低；挤入深度越大，冲头圆角大，则型腔精度越高；挤压冲头的斜度对型腔精度不利，斜度大小受型腔要求精度限制；型腔形状及坯料形状对挤压的型腔精度也有影响。

表 5—4　　冷挤压型腔废品分析

废品类型	废品原因	防止措施
型腔底部凸起部分凸起不足	1．坯料形状不合适，挤压时空气排不出 2．润滑油太多	1．在坯料表面设置凸尖，排除大部分空气 2．适当减少润滑油用量

续表

废品类型	废品原因	防止措施
型腔膨胀	1. 挤压冲头坯料的碳化物偏析不均匀，回火不足而使冲头钝粗 2. 套圈变形	1. 加强挤压冲头热处理检查，挤压冲头材料需要反复锻造，改善碳化物分布 2. 加强套圈强度
平面麻点	1. 坯料组织为片状珠光体 2. 挤压时坯料表面不清洁	1. 坯料做球化退火处理 2. 挤压前注意清洁
型腔侧面拉毛	1. 挤压冲头表面粗糙度不够 2. 坯料表面未研光 3. 润滑条件不好	1. 研光挤压冲头 2. 研光坯料表面 3. 改善润滑
型腔侧面裂纹	1. 减压穴开得不当 2. 润滑条件不好 3. 挤压冲头不光洁 4. 坯料退火不均匀 5. 坯料含有杂质	1. 改进减压穴设计 2. 改进润滑条件 3. 提高挤压冲头表面质量 4. 注意坯料均匀退火 5. 检查坯料

六、型腔冷挤压实例

例：塑料螺旋齿轮压模型腔的冷挤压。

如图 5—14 所示为冷挤压成形塑料螺旋齿轮型腔，挤压时冲头和坯料有相对运动。

1. 螺旋齿轮技术参数

外径：18 mm；法向模数：1 mm；齿数：16；螺旋方向：右；法向齿压力角：20°；轴向螺旋角：4°46′。

2. 冷挤压冲头

如图 5—15 所示为螺旋齿轮挤压冲头，材料为 Cr12，经多次锻造。硬度为 62 ~ 64HRC，表面粗糙度 *Ra* 值为 0. 16 ~ 0. 08 μm。

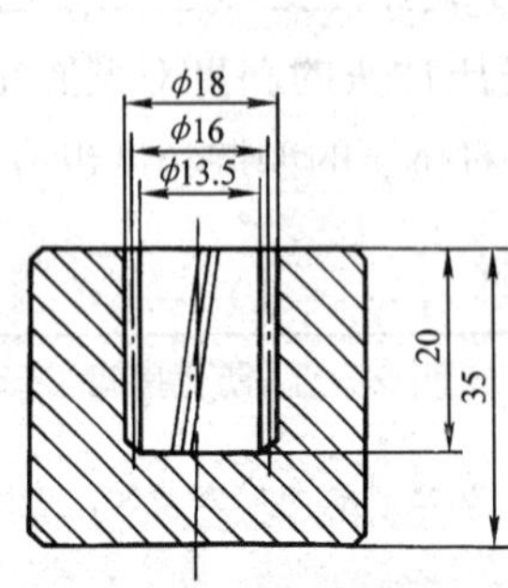

图 5—14　螺旋齿轮型腔

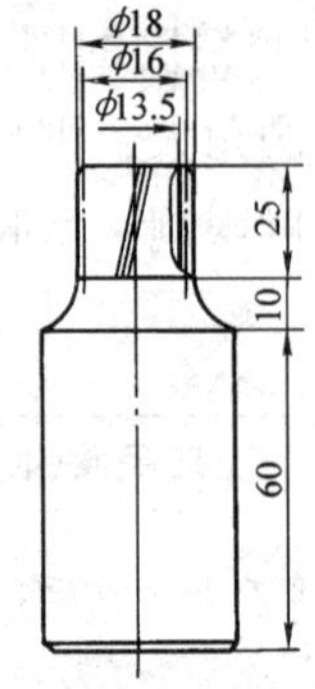

图 5—15　螺旋齿轮挤压冲头

3. 润滑

坯料表面涂硫酸铜后加猪油润滑。

4. 挤压力

挤压螺旋齿轮型腔所需挤压力为 8 000 MPa。

5. 挤压过程及效果

一次挤压 15 mm 的深度。挤压时挤压冲头与坯料做相对运动。在坯料和模套下垫止推滚动轴承，以保证挤压时的相对运动。经冷挤压后的型腔表面光洁，无裂纹，线条清晰。

第二节 超塑性成形技术

一、超塑性成形概述

在模具的型腔制造中，近年来发展了超塑性制模技术，利用模具钢的超塑性挤压出模具型腔。它对缩短模具的制造周期、提高模具的质量和制造形状复杂的模具型腔十分有利。

超塑性是指某些金属材料在一定的条件下具有特别好的塑性。其伸长率可达 100% ~200%。凡是伸长率能超过 100% 的材料，均称为超塑性材料。

用超塑性成形制造模具型腔，是以超塑性金属为模具型腔材料，在超塑性状态下将工艺凸模压入坯料内部来加工模具型腔的工艺方法。采用这种方法制造模具的型腔，材料不会因大的塑性变形而断裂和硬化，是制造复杂形状的模具型腔的有效方法。

超塑性金属目前已有一百多种，有的已经在工业生产中得到广泛应用，如锌铝合金。但因锌铝合金的承压性能及耐热性能较差，只能部分应用于压力小及工作温度不高的模具型腔。目前，用于模具制造的超塑性金属主要是近年来研制的 10Ni3MnCuAl 钢，简称 PMS 钢。本节重点介绍超塑性材料 PMS 钢型腔的成形。

二、PMS 钢的性能

1. PMS 钢的成分及组织

（1）PMS 钢的成分

PMS 钢的成分见表 5—5。由于合金元素的影响，热处理时 PMS 钢的临界温度比一般钢材低，在进行相关热处理操作时可具体参考表 5—6。

表 5—5　　PMS 钢的成分

元素	C	Mn	Ni	Mo	Cu	Al	S
w（%）	0.05 ~0.2	0.5 ~2.0	2.0 ~4.0	0.2 ~0.8	0.8 ~1.5	0.5 ~1.5	≤0.01

表 5—6　　PMS 钢的临界温度

临界点	Ac_1	Ac_3	Ar_1	Ar_3	Ms
温度（℃）	675	820	382	517	270

PMS 钢在 850 ~ 900℃固溶处理后，硬度为 30 ~ 32HRC，经人工时效处理后硬度可以达到 40 ~ 42HRC。并且还具有加工性能好、热处理工艺简单、优异的镜面加工性能和较好的图案蚀刻性能等优点。广泛应用于制造使用温度在 300℃左右，硬度为30 ~ 50HRC，要求高精度、低表面粗糙度值的各种热塑性塑料模具中。

（2）PMS 钢的组织

原始供应的 PMS 钢为热轧空冷状态。由于该钢具有很高的淬透性，其原始组织为贝氏体和马氏体及马氏体与条间分布的铁素体的混合组织。

PMS 钢经超细化处理后具有超细化的晶粒组织，其基体晶粒度为 12 级。由于晶粒细化，晶界面积增加，增加了晶界滑移的机会，使变形过程中所必需的扩散过程加快，以及位错的滑移过程容易进行，保证了变形过程中的晶粒的等轴化。由于该钢为析出硬化型时效钢，其超塑性变形温度恰是时效温度，所以在变形过程应力作用下，大量的第二相在晶界内析出。硬化相的析出不但可以阻止超塑性变形过程中晶粒的长大，起稳定组织作用，而且使变形后的强度提高。所以，超塑性变形同时实现了该钢的时效过程。超塑性变形后的 PMS 钢具有与 24 h 人工时效后相同的金相组织。因此，超塑性成形后配合适当的机械加工，可直接投入应用。

经超塑性成形的模具型腔尺寸、精度和表面粗糙度均优于常规的电加工和机械加工。而且模具的型腔有较长的使用寿命，有利于提高经济效益。

2. PMS 钢超塑性热处理

PMS 钢的超塑性是通过热处理方法获得的。为了获得 PMS 钢超塑性所必需的微细晶粒组织，对坯料需要用三次循环淬火热处理法进行晶粒超细化处理，其热处理工艺曲线如图 5—16 所示。

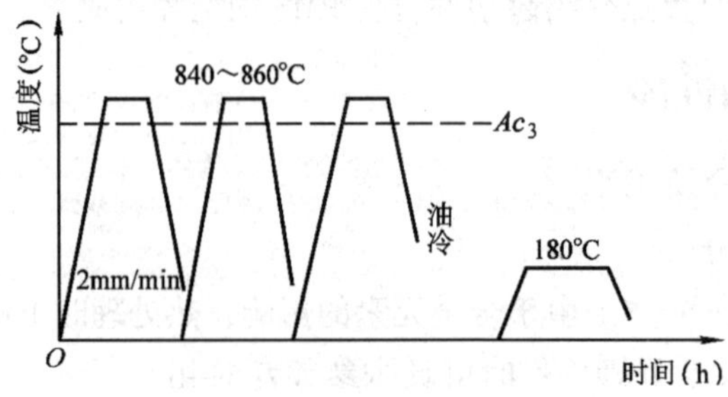

图 5—16　超细化热处理工艺曲线

PMS 钢经以上组织细化处理后，在 630 ~ 670℃变形时具有超塑性。其断裂伸长率可达 150% ~ 200%，相应的变形抗力为 45 MPa，最大变形抗力小于 60 MPa，如图

5—17 所示。在变形温度为 650℃ 和（3～9）×10^{-2}/mm 的应变速率范围内可实现超塑性，如图 5—18 所示。

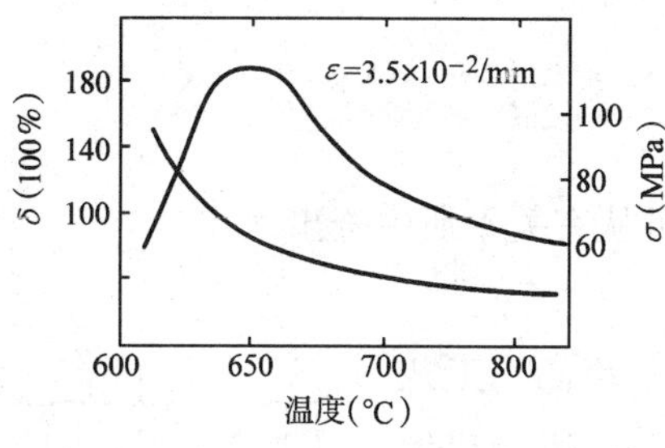

图 5—17 超细化处理后拉伸试验结果

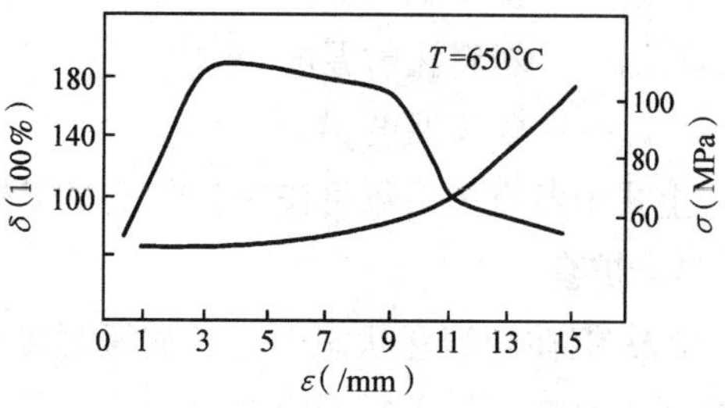

图 5—18 应变速率拉伸试验结果

三、超塑性成形加工工艺

这里主要介绍 PMS 钢制造塑料模具型腔的超塑性成形工艺，只要掌握 PMS 钢制造塑料模具型腔的超塑性成形工艺之后，对于其他超塑性材料制造塑料模具型腔的超塑性成形工艺就触类旁通了。

PMS 钢制造塑料模具型腔的超塑性成形工艺过程：坯料制备、坯料超塑性处理、坯料外形加工、涂润滑剂、制造工艺凸模、挤压模具组合、超塑性成形、凸模凹模分离、修整抛光、模具总装。

1. 坯料制备及超塑性处理

型腔坯料的尺寸可按体积不变的原理（即模坯成形前后体积不变），根据型腔的结构尺寸进行计算。在计算时应适当增加压制成形余量，多余材料用切削加工方法去除。坯料与工艺凸模接触的表面粗糙度 $Ra<0.32$ μm。

PMS 钢出厂时未经超塑性处理，所以需将坯料按所需形状、尺寸加工成形后，进行超塑性晶粒细化处理，其处理过程可参见图 5—16 所示的工艺曲线。因坯料尺寸大小不同，在进行超细化热处理时可按坯料的大小以 2 mm/min 速度确定保温时间，制定循环热处理的工艺过程。

2. 制造工艺凸模

工艺凸模工作时需要承受较大的挤压力，同时工作表面和流动金属之间有着强烈的摩擦。因此，工艺凸模要有足够的强度、硬度及耐磨性。制造工艺凸模的材料常用 T8A、T10A、Cr12、Cr12MoV 等。热处理后的硬度为 58～60HRC。表面粗糙度 Ra 值为 0.32～0.08 μm。

工艺凸模尺寸的确定要考虑模具材料及塑料制作的收缩率，其计算公式如下：

$$L = D[1 - a_1 t_{\theta1} + a_2(t_{\theta1} - t_{\theta2}) + a_3 t_{\theta3}]$$

式中 L——工艺凸模尺寸，mm；

D——塑料制件尺寸，mm；

a_1——凸模的膨胀系数，/℃；

a_2——PMS 钢的膨胀系数，/℃；

a_3——塑料的膨胀系数，/℃；

$t_{\theta1}$——挤压温度，℃；

$t_{\theta2}$——塑料注射温度，℃；

$t_{\theta3}$——模具温度，℃。

上式中各有关系数可按工艺凸模及塑料的种类从有关手册中查出。

3. 护套

PMS 钢在超塑性状态下，其屈服强度低，伸长率高。工艺凸模压入坯料时，金属受力会发生自由的塑性流动，影响成形精度。因此，将坯料装入护套内进行挤压，如图 5—19 所示。由于护套的作用，变形金属的塑性流动方向与工艺凸模压入方向相反，使变形金属与凸模表面紧密贴合，从而提高了型腔的成形精度。

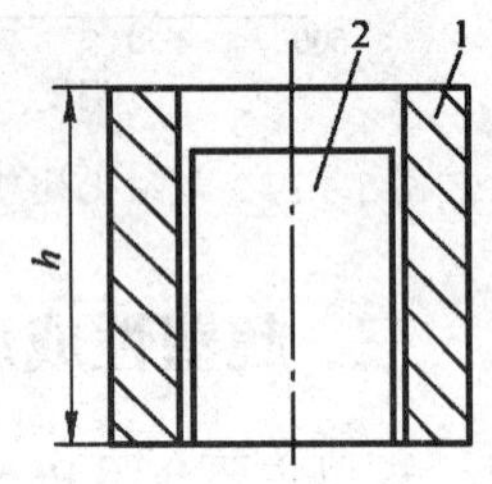

图 5—19　护套

1—护套　2—坯料

护套的内部尺寸由型腔外部尺寸决定，可比坯料尺寸大 0.1～0.2 mm，内壁表面粗糙度 $Ra<0.63$ μm，并有 1∶50 的锥度，以利于挤压后的顺利脱模。护套的壁厚可按强度理论计算，一般其厚度不小于 30 mm。护套的材料可用 45 钢、40Cr 钢制造。热处理后的硬度为 40～45HRC。护套的高度应略高于坯料的高度。

4. 挤压设备及挤压力计算

PMS 钢的超塑性挤压一般在液压机上进行，根据挤压力的大小选用不同规格的液压机。根据 PMS 钢的特性和工艺要求，压制型腔的液压机必须设置加热装置并能对温度进行控制，以便将 PMS 钢加热到 630～670℃并保持恒温，以一定的压力实现超塑性成形。挤压力的大小与挤压速度、型腔形状的复杂程度等因素有关。一般采用下列经验公式确定：

$$F = 10^{-6} PA\eta$$

式中　F——挤压力，N；

P——单位挤压力，一般取 100～150 MPa；

A——型腔投影面积，mm^2；

η——修正系数。$\eta=\eta_1\eta_2\eta_3$。η_1 根据型腔形状复杂程度在 1.1～1.3 范围内选取。η_2 根据型腔尺寸大小在 1～1.3 范围内选取。η_3 根据挤压速度在 1～1.5 范围内选取。

5. 润滑

超塑性成形时，进行合理的润滑可以减小金属流动和工艺凸模之间的摩擦力，降低单位挤压力。同时可以防止金属黏附，易于脱模，获得理想的型腔尺寸和表面粗糙度。所用的润滑剂应能耐高温，常用的润滑剂一般为胶体石墨水剂润滑剂和玻璃粉润滑剂，玻璃粉润滑剂能耐很高温度，应用效果好。无论哪种润滑剂，使用时用量不能

过多，应保证涂抹均匀，否则会造成润滑剂堆积，影响型腔的精度。

6．塑料齿轮型腔模超塑性成形工艺过程

如图 5—20 所示为用 PMS 钢制造塑料齿轮型腔模加工过程。

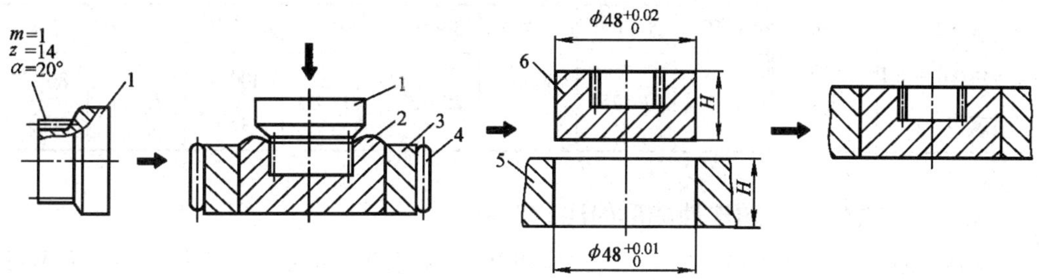

图 5—20 塑料齿轮型腔模加工过程

1—工艺凸模 2—坯料 3—护套 4—加热器 5—型腔固定板 6—齿轮型腔

在以上挤压过程中，其挤压力的变化曲线如图 5—21 所示。在开始挤压成形初期，随变形量的增加，压力逐渐增大。当压力增大到一定程度后，材料进入超塑性流动状态，此时材料表现出高的塑性和低的流变应力。然后，随变形量的增加压力上升缓慢，直到成形到最终尺寸。成形后的模具型腔轮廓清晰，尺寸精度达到使用要求，表面粗糙度低、表面无氧化。经短时间的抛光便达到镜面标准，满足使用要求。

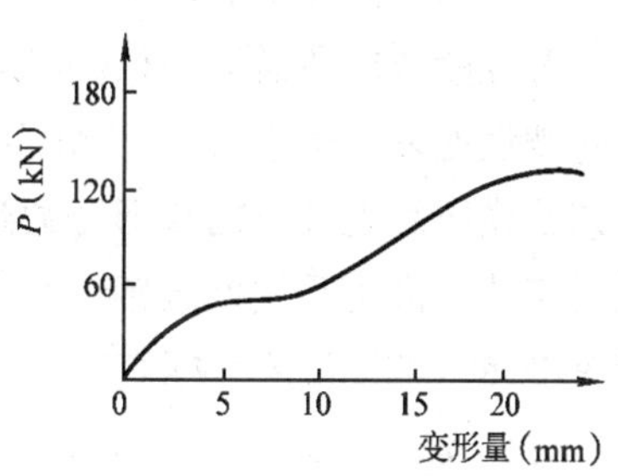

图 5—21 挤压力的变化曲线

四、超塑锌铝合金

超塑锌铝合金是具有超塑性的锌基合金。目前，用于模具制造的超塑性合金材料主要是 Zn—22Al。由于超塑性合金材料同各种钢材相比，其耐热性和承载能力比较差，所以，多用于产品试制和小批量生产的模具型腔的制造，如塑料注塑模具、薄板拉深模具等。

1．Zn—22Al 的特性

超塑性合金 Zn—22Al 是以锌为基体含有 22% 铝的合金材料。它在 275℃ 以上是单相固溶体。冷却时分解为两相组织，即 α（Al）和 β（Zn）的层状共析组织。如果将其加热到 350℃，再进行快速冷却，就可以得到 5 μm 以下的超细粒状两相组织。在获得超细晶粒后，再加热到 250℃ 时，伸长率 δ 可以达 100% 以上。进入了超塑性状态，此时将工艺凸模压入合金材料内部，可以获得任意形状的型腔。超塑性成形后，再对合金进行强化处理，可大大提高其抗拉强度，同时获得两相层状共析组织。超塑合金 Zn—22Al 的主要成分及性能见表 5—7。

表 5—7　Zn—22Al 的主要成分及性能

主要成分（%）	性能								
w_{Al}=20～40	密度	250℃		恢复正常温度			强化处理		
w_{Cu}=0.4～1	(g/cm³)	σ_b(MPa)	$\delta\times100$	σ_b(MPa)	$\delta\times100$	HB	σ_b(MPa)	$\delta\times100$	HB
w_{Mg}=0.001～0.1 余量为 w_{Zn}	5.4	8.6	1 125	300～330	28～33	60～80	400～430	7～11	86～112

2. Zn—22Al 合金超塑性成形的注意事项

Zn—22Al 合金的超塑性成形工艺过程和 PMS 钢超塑性成形工艺过程相同。只不过是材质的变更而工艺有所变化。在 Zn—22Al 超塑性成形中应注意的事项有以下几点。

（1）Zn—22Al 合金在出厂时，已经过超塑性处理。因此，可直接选择适当类型的原材料，经切削加工成坯料后，即可进行挤压成形。如果材料不能满足要求，可将材料经等温锻造成所需的规格。经等温锻造的 Zn—22Al 合金，已不具有超塑性，必须进行超塑性处理。由于 Zn—22Al 合金在超塑性状态下，屈服极限很低，伸长率高，所以工艺凸模压入毛坯时的成形压力远小于一般冷挤压或成形钢制毛坯时所需的压力。因此，工艺凸模可采用低碳钢、中碳钢、工具钢制造。工艺凸模尺寸和挤压力计算可参考 PMS 钢型腔超塑性成形工艺。

（2）为了增强模具承载能力，超塑合金型腔的外围要用钢制模框加固；在注射成形模具温度较高的浇口部分采用钢制镶件结构，用来弥补合金熔点较低的不足。

（3）护套材料可采用普通结构钢制造，经热处理硬度在 45HRC 以上，壁厚在 25 mm 以上。

（4）超塑性成形时的润滑剂应能耐高温。一般用 295 硅脂、201 甲基硅油、硬脂酸锌等，用量不能过多，要涂抹均匀，以免影响成形精度。

第三节　合成树脂模具制造

合成树脂是高分子聚合物，与金属材料相比，其强度和耐用度较差。但它的密度小、质量轻、成形容易；制模周期短，使用方便。在新产品试制或批量较小的情况下，可用来制造中、小型塑料注塑模的型腔或铝板、薄钢板的拉伸弯曲模具的凹模。用合成树脂制造型腔常用的方法为浇注成形法。

一、浇注型腔常用的合成树脂

合成树脂的种类很多，其性能区别也很大。目前，用于制造模具型腔的合成树脂主要有以下几种。

1. 酚醛树脂

酚醛树脂是热固性塑料。它是用来制造模具零件、模型零件较早的树脂。它通常由酚类化合物和醛类化合物缩聚而成。其刚性好、变形小、耐热耐磨，能在150～200℃的温度范围内长期使用。在水润滑条件下，有极低的摩擦系数。其电绝缘性能优良，但质脆，冲击强度差，应用时必须加入其他填料改善其性能。

2. 环氧树脂

环氧树脂是热固性塑料。常温下具有较高的力学强度和良好的耐酸、盐、碱和有机溶剂等化学药品的侵蚀能力。其收缩率在加入填料后可达到0.1%，但其抗冲击性能低、质脆，需加入适量的填料、增韧剂等改善性能。

3. 聚酯树脂

浇注用的聚酯树脂是热固性的不饱和聚酯树脂，其力学强度高，化学性能稳定，成形方法容易，并且可在常温常压下固化。但聚酯树脂的收缩率较大，所以制作模具型腔时必须考虑树脂的收缩率对型腔精度的影响，它可以通过加入各种填料来改善物理性能，减小收缩率和降低成本。

二、型腔浇注成形的工艺过程

采用浇注法制造模具型腔的工艺过程，因使用的树脂不同而有所不同，现以环氧树脂浇注型腔为例说明其工艺过程：模型及模框的准备、原料配制、浇注及固化、制品后处理、装配。

1. 模型及模框的准备

型腔浇注用的模型，根据型腔的形状和尺寸大小，可用木材、石膏、金属或塑料制作。木模型和石膏模型应进行充分干燥，以免浇注时产生气泡，并使型腔表面龟裂。木模型的表面要用虫胶漆或石蜡填缝。为了防止树脂和模型粘接，在模型与树脂接触表面要涂脱模剂，以利于脱模。

用树脂浇注型腔时，为了限制树脂的流动使之成为一定几何形状，模型要用适当的模框围起来，并和模型相对固定形成浇注树脂的空间，如果模框浇注后需和树脂型腔分离，则模框内侧面也应涂刷脱模剂，以利于模框和树脂型腔的分离。

2. 原料配制

浇注型腔用的树脂通常使用双酚A型环氧树脂，除环氧树脂外，还需要加入固化剂。常用的固化剂有两类：一类是胺类固化剂，它能使环氧树脂在室温下固化，使用方便，但其毒性较大，选用时必须注意；另一类是酸酐类固化剂，它的毒性小，但需加热才能使环氧树脂固化，使用不方便。

为了提高树脂型腔的冲击韧性，降低配料时树脂溶液的浓度，同时有利于填料的浸润等，可加入少量的增塑剂，如邻苯二甲酸二丁酯、邻苯二甲酸二辛酯、癸二酸二丁酯等，用量一般为树脂用量的10%～20%；有时为了降低树脂的黏度，方便浇注，还常加入稀释剂，一般为树脂用量的5%～20%。

（1）浇注型腔常用的配方

为了满足型腔性能的要求和浇注时的成形工艺条件，需选定适当的配方，浇注型腔用环氧树脂配方见表5—8。

表5—8　浇注型腔用环氧树脂配方　份

原料＼配方	Ⅰ	Ⅱ	Ⅲ
环氧树脂6207（工业用）	—	83	83
环氧树脂634（工业用）	100	17	17
铝粉（100～200目）	170	220	150
还原铁粉	—	—	100
均苯四甲酸酐	21	—	—
顺丁烯二酸酐	19	48	48
甘油	—	5.8	5.8

（2）环氧树脂混合料的配制

配制前要对树脂和各种原料进行干燥。配制用的容器要清洁，不得有油脂。配制过程中，要注意使组分完全混合均匀，排除溶液中的空气和挥发物及控制好固化剂的加入温度。按照选定的配方，准备称量好各种原料。混合料的配制顺序可按以下步骤进行：环氧树脂6207及顺丁烯二酸酐→加入甘油→加入环氧树脂634→加入铝粉搅拌均匀→抽真空至无气泡→取出浇注。

3. 浇注及固化

将已经混合好的环氧树脂混合料浇注到已安装、固定好的模型和模框内，使其充满模型和模框的空间。然后，将其放入90℃的烘干箱中保温3 h；升温到120℃保温3 h，再升温至180℃保温20 h，经缓慢冷却后，即可开模取出型腔制件。

4. 制品后处理

环氧树脂浇注的型腔制件可不经特别后处理，只要经过修整即可应用。在需要的情况下，可以对环氧树脂型腔制件进行切削加工。

将以上浇注成形的环氧树脂型腔装配到塑料注塑模具的模架上，即可进行塑件的注射成形。

合成树脂除以上介绍的制作模具型腔外，还可以制作大型的汽车覆盖件的主模型、切削加工用的仿形靠模、仿形样板及铸造用的模型等。

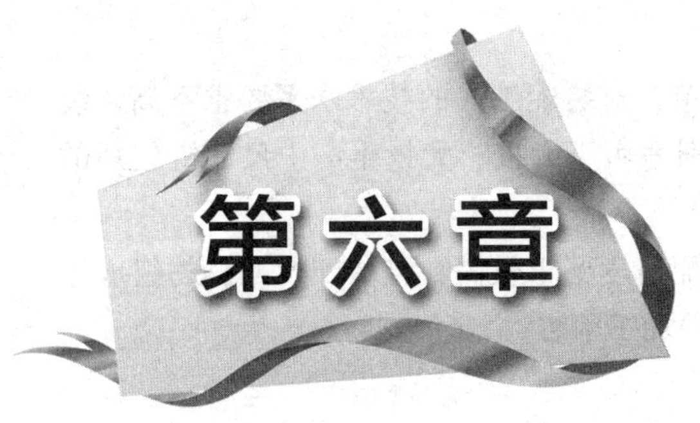

第六章 模具装配工艺

模具装配就是把组成模具的零件依照一定的要求进行配合、定位、连接或固定起来成为各种组件、部件，最后将所有的零件、组件和部件连接或固定起来成为符合要求的完整模具。模具生产属于单件小批量生产，适合采用集中式装配。

构成模具的所有零件的精度是模具装配合格与否的基础，模具装配图是装配的依据，模具装配的技术条件是验收的依据。

并非所有的模具零件合格就一定能装配出合格的模具，在装配过程中既要保证相配零件的配合精度，又要保证零件之间的位置精度要求，对于那些具有相对运动的零（部）件，还必须保证它们之间的运动精度要求。所以，在装配过程中必须采取相应的工艺措施才能保证模具的装配精度。

由于模具或其他机械产品是由许多零件装配而成的，因此零件的精度将直接影响产品的精度。当某项装配精度是由若干个零件的制造精度所决定时，就出现了误差累积的问题，要分析产品有关组成零件的精度对装配精度的影响，就要运用装配尺寸链。

第一节　模具装配方法

产品的装配方法是根据产品的产量和装配的精度要求等因素来确定的。一般情况下，产品的装配精度要求高，则零件的精度要求也高。但是，根据生产的实际情况采用合理的装配方法，也可以用精度较低的零件来达到较高的装配精度。常用的装配方法有以下几种。

一、完全互换装配法

完全互换装配法是指在装配时各配合零件不经修配、选择和调整即可达到装配精度要求。要使被装配的零件达到完全互换，装配的精度要求和被装配零件的制造公差之间应满足：封闭环公差等于各个组成环公差之和。

采用完全互换装配法，具有装配工作简单、对装配工人的技术水平要求不高、装配质量稳定、易于组织流水作业等优点，特别适用于大批、大量生产中尺寸链较短的零件组的装配。

但采用完全互换法进行装配时，如果装配精度要求较高，且装配尺寸链的组成环较多，则各组成环的公差必然很小，将使零件加工困难。

二、分组装配法

在成批和大量生产中，当产品的装配精度要求很高时，装配尺寸链中各组成环的公差必然很小，致使零件加工困难，甚至可能使零件的加工精度超出现有工艺所能达到的水平，在这种情况下可将产品各配合副的零件按实测尺寸分组，装配时按组进行互换装配以达到装配精度的要求，称为分组装配法。

采用分组装配法，先将零件的制造公差扩大数倍，按经济精度进行加工，然后将加工出来的零件按扩大前的公差大小分组进行装配。

各组零件的尺寸公差和配合间隙与原设计的装配精度要求相同。所以分组装配法扩大了组成零件的制造公差，使加工容易。在同一个装配组内既能完全互换，又能达到很高的装配精度要求。

采用分组装配法时应注意以下几点。

（1）每组配合尺寸的公差要相等，以保证分组后各组的配合精度和配合性质都能达到原来的设计要求。因此，扩大配合尺寸的公差时要向同方向扩大，扩大的倍数就是以后分组的组数。

（2）分组数不宜过多（一般分为 4 ~5 组），否则将使零件的测量、分类和保管工作变得复杂。

（3）分组装配法不宜用于组成环很多的装配尺寸链，因为尺寸链的环数如果太多，也和分组过多一样会使装配工作复杂化。

另外，采用分组装配法还应当严格零件的检测、分组、识别、储存和运输等方面的管理工作。

三、修配装配法

采用修配装配法可将零件的制造公差放大，使零件的加工变得容易，然后在装配时修去指定零件上的预留修配量以达到装配精度的方法，称为修配装配法。这种装配方法在单件、小批量生产中广泛采用。常见的修配方法有以下两种。

1. 按件修配法

按件修配法是在装配尺寸链的组成环中预先指定一个零件作为修配件（修配环），装配时再用切削加工改变该零件的尺寸以达到装配精度的要求。

例如，在模具装配中采用的压印锉修法就是典型的按件修配法。

在按件修配法中，选定的修配件应是易于加工的零件，在装配时它的尺寸改变对其他尺寸链不至产生影响。

2. 合并加工修配法

合并加工修配法是把两个或两个以上的零件装配在一起后，再进行机械加工，以达到装配精度的要求。零件组合所得尺寸作为装配尺寸链的一个组成环看待，从而使尺寸链的组成环数减少，公差扩大，更容易保证装配精度。

例如，如图 6—1 所示，装配凸模和固定板时，对尺寸 A_1、A_2并不严格控制，而是将两者装配在一起磨削上平面，以保证装配要求。

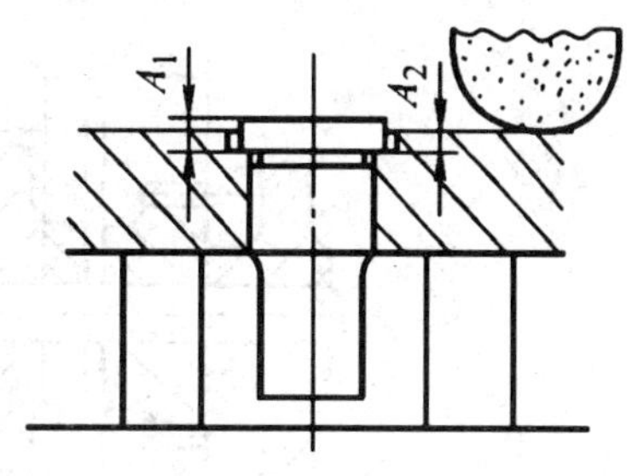

图 6—1 凸模和固定板装配后磨平安装面

四、调整装配法

采用调整装配法也可将零件的制造公差放大，使零件的加工变得容易，然后在装配时用改变模具产品中可调整零件的相对位置或选用合适的调整件以达到装配精度的方法，称为调整装配法。根据调整方法不同，将调整法分为以下两种。

1. 可动调整法

在装配时用改变调整件的位置达到装配精度的方法称为可动调整法。如图 6—2a 所示是用螺钉调整件调整滚动轴承的配合间隙。转动螺钉可使轴承外环相对于内环做适当的轴向位移，使外环、滚动体、内环之间保持适当的间隙。如图 6—2b 所示是移动调整套筒 1 的轴向位置，使间隙 N 达到装配精度要求。当间隙调整好后，用止动螺钉将套筒固定在机体上。

用可动调整法达到装配精度时，在调整过程中不需拆卸零件，比较方便，在机械制造中应用较广。

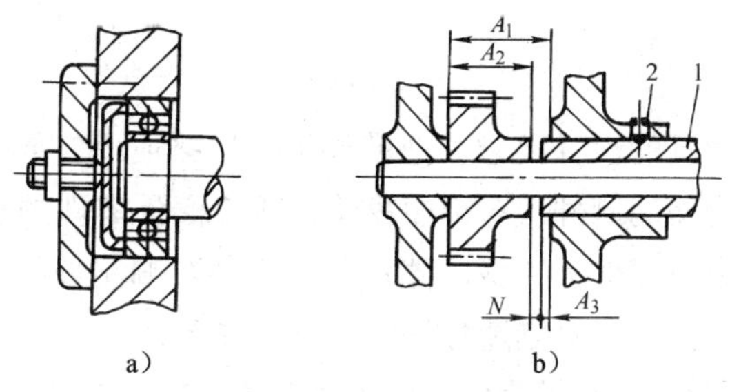

图 6—2 可动调整法

1—调整套筒 2—止动螺钉

2. 固定调整法

在装配过程中选用合适的调整件达到装配精度的方法称为固定调整法。如图 6—3a 所示是用垫圈来调整齿轮的轴向间隙。调整垫圈的厚度尺寸 A_3根据尺寸 A_1、A_2、N 来确定，由于 A_1、A_2、N 是在它们各自的公差范围内变动的，所以需要准备不同厚度的垫圈（A_3）。这些垫圈可以在装配前按一定的尺寸间隔做好，装配时根据预装时对间隙的测量结果选择一个厚度适当的垫圈进行装配，以得到所要求的间隙 N。

如图 6—3b 所示是用调整垫片调整滚动轴承的间隙。在装配时，当轴承间隙过大（或过少），不能满足其运动要求时，可选择一个厚度比原垫片适当减薄（或增厚）的垫片替换原有垫片，使轴承外环沿轴向适当位移，从而保证轴承的装配精度。

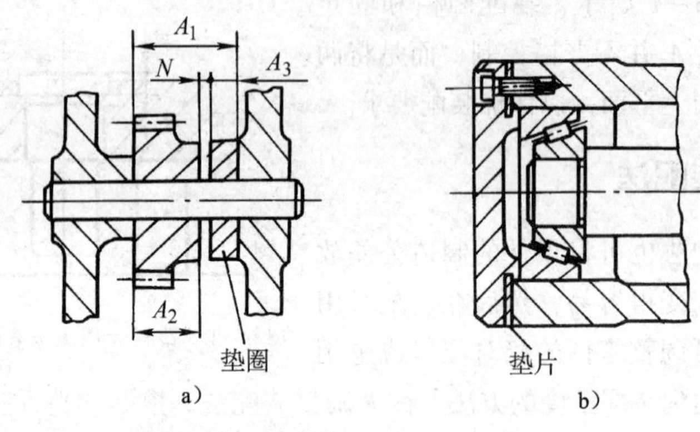

图 6—3　固定调整法

修配装配法和调整装配法的共同之处是能用精度较低的组成零件，达到较高的装配精度。但调整装配法是用更换调整零件或改变调整件位置的方法达到装配精度，而修配装配法是从修配件上切除一定的修配余量达到装配精度。

模具装配属于单件、小批量生产，其装配方法主要采用修配装配法和调整装配法。

第二节　冲裁模的装配

模具装配是按照模具的设计要求，把模具零件连接或固定起来，达到装配的技术要求，并保证加工出合格的制件。对于冲裁模，即使模具零件的加工精度已经得到保证，但是在装配时如果不能保证冲裁间隙均匀，也会影响制件的质量和模具的使用寿命。因此，冲裁模具装配是模具制造过程的重要组成部分。

下面以图 6—4 所示的冲孔模为例，说明冲裁模的装配方法。

在进行装配之前，要仔细研究设计图样，按照模具的结构和技术要求，确定合理的装配顺序及装配方法，选择合理的检测方法及测量工具。

一、冲裁模的装配技术要求

冲裁模装配后应达到以下主要技术要求。

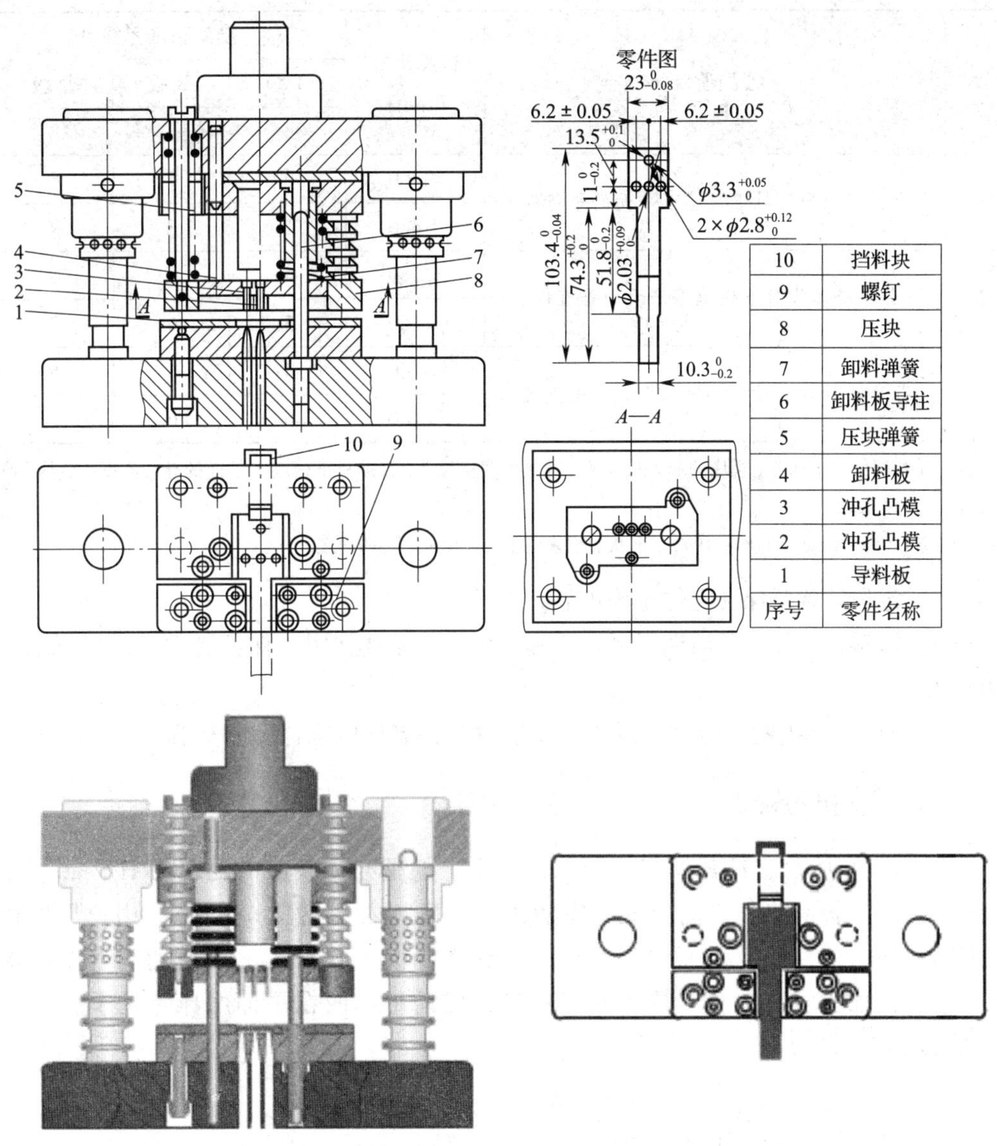

序号	零件名称
10	挡料块
9	螺钉
8	压块
7	卸料弹簧
6	卸料板导柱
5	压块弹簧
4	卸料板
3	冲孔凸模
2	冲孔凸模
1	导料板

图 6—4　冲孔模

（1）上模座的上平面应和下模座的下平面平行，对于标准模架其平行度误差应符合表 6—1 的规定。

（2）凸模和凹模的配合间隙应符合设计要求，沿整个刃口轮廓应均匀一致。

（3）模柄（活动模柄除外）装入上模座后，其轴心线对上模座的上平面的垂直度误差在全长范围内不大于 0. 05 mm。

（4）导柱导套装配后，其轴心线对上模座的上平面和下模座的下平面的垂直度误差应符合表 6—1 的规定。当模座沿导柱上、下移动时，应平稳而无阻滞现象。

表 6—1　　滑动导向模架分级技术指标

项	检测项目	被测尺寸（mm）	模架精度等级		
			Ⅰ级	Ⅱ级	Ⅲ级
			公差等级		
A	上模座上平面对下模座下平面的平行度	≤400	6	7	8
		>400	7	8	9
B	导柱轴心线对下模座下平面的垂直度	≤160	4	5	6
		>160	5	6	7
C	导套孔轴心线对上模座上平面的垂直度	≤160	4	5	6
		>160	5	6	7

注：①被测尺寸 A 是指上模座的最大长度尺寸或最大宽度尺寸；B 是指下模座上平面的导柱高度；C 是指导套孔延长芯棒的高度。

②公差等级：按 GB/T 1184—1996《形状和位置公差　未注公差》的规定。

（5）定位装置要保证定位正确可靠。

（6）卸料及顶件装置活动灵活、正确，出料孔畅通无阻，保证制件及废料不卡在冲模内。

（7）模具应在生产的条件下进行试验，冲出的制件应符合设计要求。

二、模柄的装配

如图 6—5 所示，冲裁模采用压入式模柄，模柄与上模座的配合为 H7/m6。在装配凸模固定板和垫板之前应先将模柄压入上模座内（见图 6—5a），用角尺检查模柄圆柱面与上模座上平面的垂直度，其误差不大于 0. 05 mm。模柄垂直度经检查合格后再加工骑缝螺孔，拧入骑缝螺钉，然后将端面在平面磨床上磨平，如图 6—5b 所示。

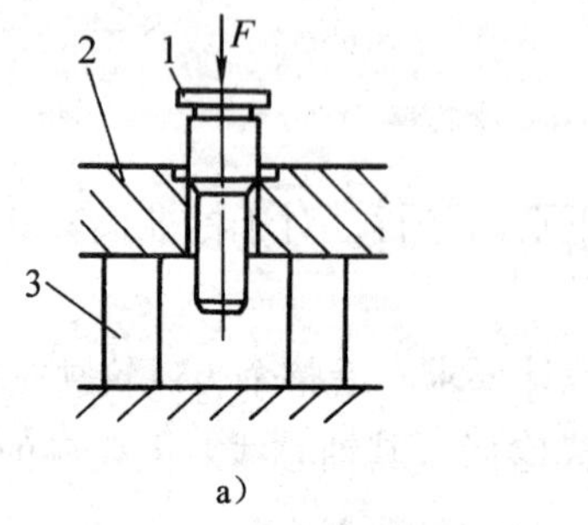

a）

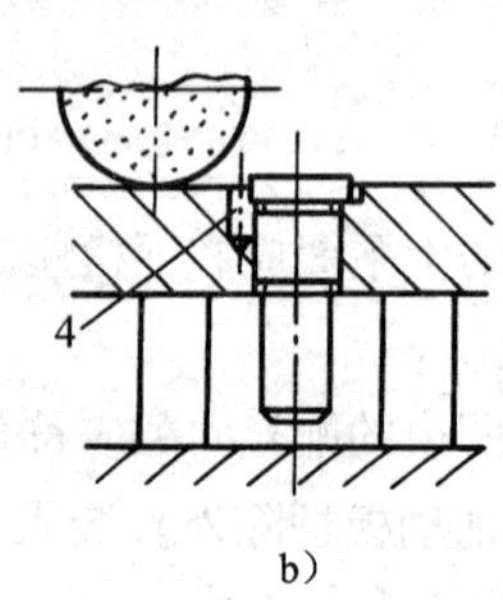

b）

图 6—5　模柄的装配

a）装配模柄　b）磨平模柄端面

1—模柄　2—上模座　3—等高垫铁　4—骑缝螺钉

三、导柱和导套的装配

图 6—4 所示冲孔模的导柱、导套与上、下模座均采用压入式连接。导套、导柱与模座的配合分别为 H7/r6 和 R7/r6。压入时要注意校正导柱对上、下模座底面的垂直度。

导套的装配如图 6—6 所示。将上模座反置套在导柱上，再套上导套，用百分表检查导套配合部分内外圆柱面的同轴度，使同轴度的最大偏差 Δmax 处在导柱中心连线的垂直方向（见图 6—6a）。用帽形垫块放在导套上，将导套的一部分压入模座，取走下模座，继续将导套的配合部分全部压入（见图 6—6b）。这样装配可以减小由于导套内、外圆不同轴而引起的孔中心距变化对模具运动性能的影响。

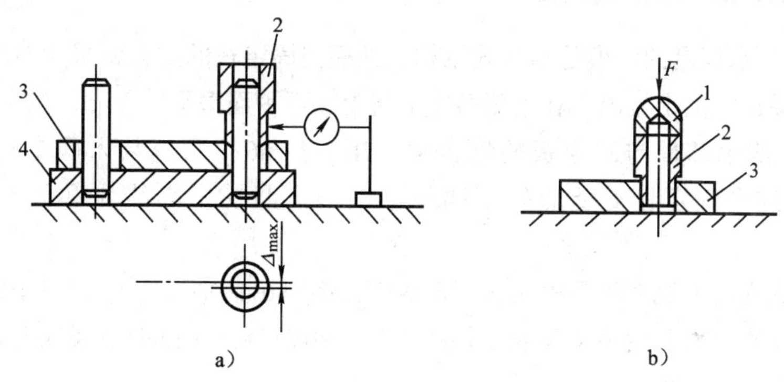

图 6—6 导套的装配

a）安装导套 b）压入导套

1—帽形垫块 2—导套 3—上模座 4—下模座

导柱的垂直度误差采用比较测量进行检验，如图 6—7a 所示。测量前将圆柱角尺置于平板上，对测量工具进行校正，如图 6—7b 所示。由于导柱对模座底面的垂直度具有方向性，因此应在相互垂直的两个方向上进行测量，并按下式计算出导柱的最大误差值 Δ：

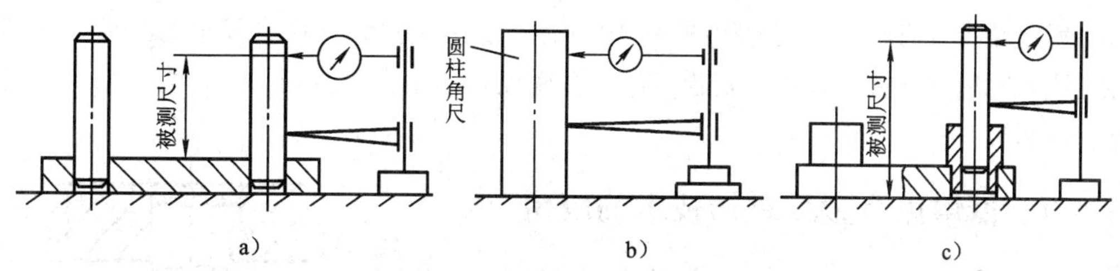

图 6—7 导柱、导套的垂直度误差检测

$$\Delta = \sqrt{\Delta X^2 + \Delta Y^2}$$

式中 ΔX、ΔY——在相互垂直的方向上测量的导柱垂直度误差；

Δ——导柱的垂直度误差。

检查导套孔轴线对上模座顶面的垂直度，可在导套孔内插入锥度为200∶0.015的芯棒进行测量，如图6—7c所示。其测量和计算方法与导柱相同。但在读取ΔX和ΔY值时应扣除被测尺寸范围内芯棒锥度的影响。

导柱、导套的垂直度误差不应超出表6—1的规定。否则，应查明原因并予以消除。

将装配好导套和导柱的模座组合在一起，在上、下模座之间垫以球形垫块，在检验平板上按规定的测量方向，检查模座上平面对底面的平行度，如图6—8所示。根据模架大小可移模座或百分表座，在整个被测表面内取百分表的最大与最小读数之差，作为被测模架的平行度误差。

四、凹模和凸模的装配

图6—4所示模具的凹模是组合式结构，凹模与固定板的配合常采用H7/m6。总装前应先将凹模压入固定板内。在平面磨床上将上、下平面磨平。

图6—4所示凸模与固定板的配合常采用H7/m6。凸模装入固定板后，其固定端的端面应和固定板支承面处于同一平面内。凸模中心线应和固定板的支承面垂直。

装配时先在压力机上将凸模压入固定板内，如图6—9所示。凸模对固定板支承面的垂直度经检查合格后用手锤和錾子将凸模的上端铆合，并在平面磨床上将凸模的上端在和固定板一起磨平。

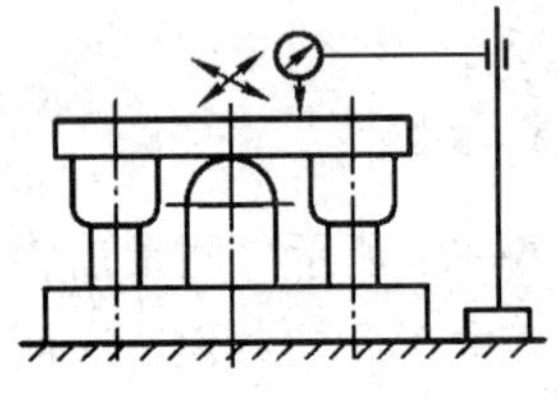
图6—8　模架平行度的检查

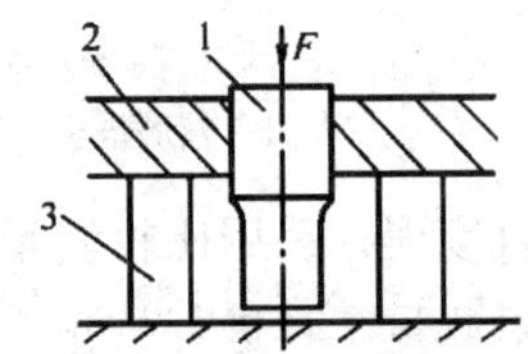

图6—9　凸模的装配
1—凸模　2—固定板　3—等高垫铁

固定端带台肩凸模的装配如图6—10所示。其装配过程与铆合固定的凸模基本相似。压入时应保证端面C和固定板上的沉孔底面均匀贴合。否则，因受力不均可能引起台肩断裂。

五、低熔点合金和黏结技术的应用

在模具装配中，导柱、导套与模座，凸模与凸模固定板等零件的连接除采用以上所讲的固定方式外，还可以采用低熔点合金、环氧树脂和无机黏结等技术，将这些零件相互固定起来。下面以凸模和凸模固定板的连接为例，介绍低熔点合金固定法、环氧树脂黏结法和无机黏结法。

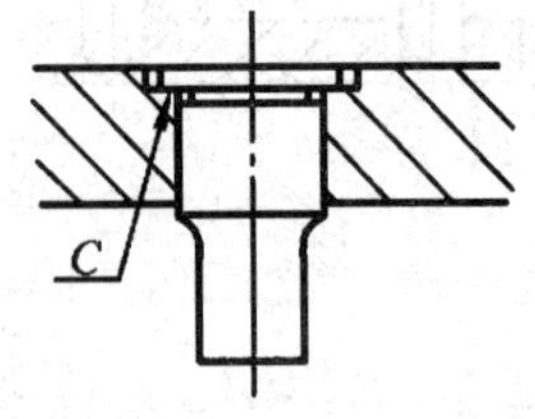

图6—10　固定端带台肩凸模的装配

1. 低熔点合金固定法

低熔点合金是用铋、铅、锡、锑等金属元素配制的一种合金，具有凝固冷却后体积膨胀的特点。按不同的使用要求，各金属元素在合金中的质量分数也不相同。模具制造中常用的低熔点合金的成分、性能及适用范围见表6—2。

表6—2　　常用的低熔点合金的成分、性能及适用范围

合金成分					性能					适用范围						
w_{Sb}(%)	w_{Pb}(%)	w_{Cd}(%)	w_{Bi}(%)	w_{Sn}(%)	合金熔点 θ(℃)	合金硬度(HBS)	抗拉强度 σ_b(Pa)	抗压强度 σ_{bc}(Pa)	合金冷膨胀值	固定凸模	固定凹模	固定导套	卸料板导向孔	固定电极	浇电气靠模	浇成形模
9	28.5	—	48	14.5	120	—	8.83×10^7	10.79×10^7	0.002	适用	适用	适用	适用	—	—	—
5	35		45	15	100	—	—	—	—	适用	适用	适用	适用	—	—	—
—	—	—	58	42	135	18～20	7.85×10^7	8.53×10^7	0.000 51	—	—	—	—	—	—	适用
1	—	—	57	42	135	21	7.55×10^7	9.32×10^7	—	—	—	—	—	—	—	适用
—	27	10	50	13	70	9～11	3.92×10^7	7.26×10^7	—	—	—	—	—	适用	适用	—

如图6—11所示是用低熔点合金固定凸模的几种结构形式。它是将熔化的低熔点合金浇入凸模和固定板的间隙内，利用合金冷凝时的体积膨胀，将凸模固定在凸模固定板上。

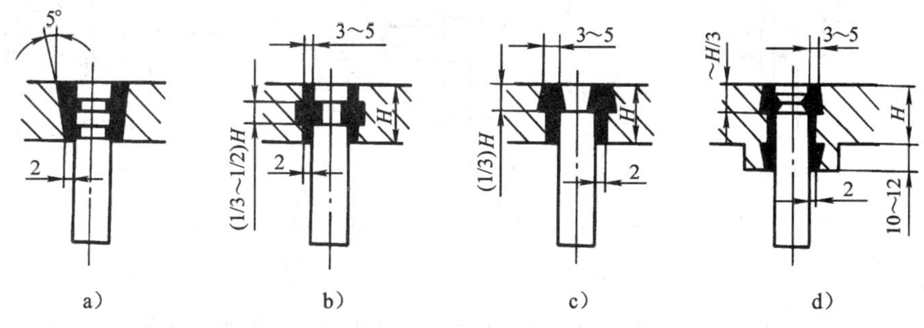

图6—11　用低熔点合金固定凸模

用低熔点合金固定凸模对凸模固定板精度要求不高，加工容易。浇注前凸模和固定板的浇筑部分应进行清洗，去除油污。以凹模定位安装凸模，并保证凸、凹模间隙均匀，用螺钉和平行夹头将凸模、凸模固定板和托板固定，低熔点合金的浇注如图6—12所示。

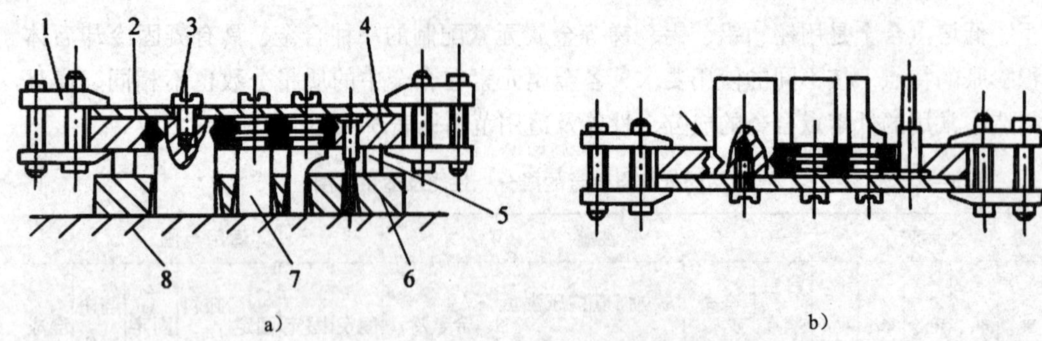

图 6—12　低熔点合金的浇注

a）固定凸模　b）浇注低熔点合金

1—平行夹头　2—托板　3—螺钉　4—凸模固定板

5—等高垫铁　6—凹模　7—凸模　8—平板

浇注前应预热凸模及固定板的浇注部位，预热温度以 100 ~ 150℃为宜。在浇注过程中及浇注后，凸、凹模等零件均不能触动，以防错位。一般要放置 24 h，才能保证充分冷凝。

熔化合金的用具事先必须严格烘干。合金熔化时温度不能过高，约在 200℃为宜，以防合金氧化变质、晶粒粗大影响质量。熔化过程中应及时搅拌去除浮渣。

2. 环氧树脂黏结法

如图 6—13 所示为用环氧树脂黏结法固定凸模的几种结构形式。其方法是在凸模与凸模固定板的间隙内浇入环氧树脂黏结剂，经固化后将凸模固定。

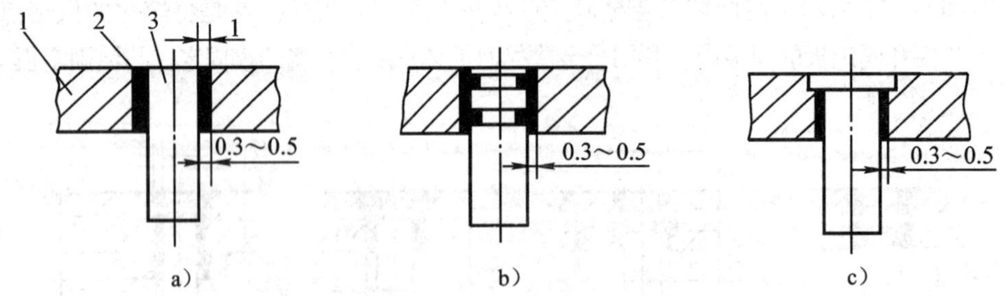

图 6—13　用环氧树脂黏结法固定凸模

1—凸模固定板　2—环氧树脂　3—凸模

环氧树脂黏结剂的主要成分是环氧树脂，其中加入了适量的增塑剂、硬化剂、稀释剂及各种填料以改善树脂的工艺性能和机械性能。

环氧树脂是琥珀或淡黄色黏稠物质，黏性极大，是基本的黏结剂。

黏结前，应先用丙酮将凸模和固定板上需要浇注环氧树脂的表面洗净，将凸模装入凹模型孔内，用垫片、涂层或镀层保证凸、凹模的配合间隙均匀，如图 6—14a 所示。将调整好间隙的凸、凹模翻转，把凸模的固定部分插入凸模固定板的孔中，在凹模与固定板之间垫入等高垫铁，并使凸模端面与平板贴合，如图 6—14b 所示。最后将调配好的环氧树脂黏结剂浇注到凸模和固定板的间隙内，在室温下静置 24 h，使其充分固化。

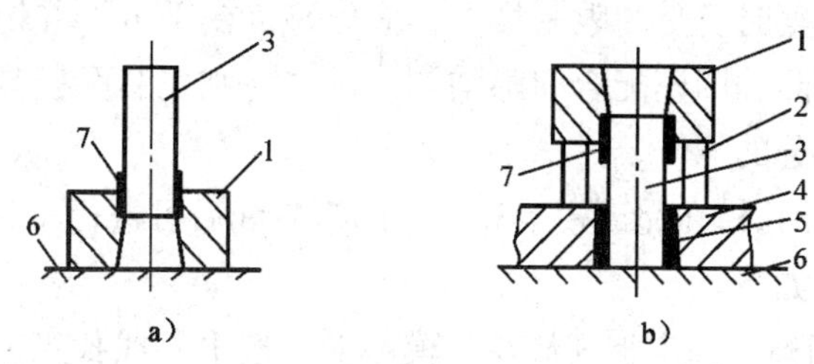

图 6—14　环氧树脂的浇注

1—凹模　2—等高垫铁　3—凸模　4—固定板　5—环氧树脂　6—平板　7—垫片

由于胺类固化剂毒性较大，因此要在通风良好的情况下进行操作，以防止有毒气体损害健康。要戴乳胶手套，防止皮肤受树脂固化剂的腐蚀。

3. 无机黏结法

无机黏结法和环氧树脂黏结法相类似，其黏结剂采用磷酸溶液与氧化铜粉末的混合物，填充在凸模和凸模固定孔的间隙内，经化学反应固化，而将凸模黏结在凸模固定板上。为了获得高的黏结强度，黏结部分的配合间隙常在 0. 1 ~ 1. 25 mm（单面间隙）的范围内选择，黏结表面的表面粗糙度 $Ra < 10$ μm。

在黏结剂中氧化铜与磷酸溶液加入量之比用下式表示：

$$R = \frac{\text{氧化铜}}{\text{磷酸溶液}} = 3 \sim 4.5 \text{ g/mL}$$

比值 R 越大，黏结强度越高，凝固速度也越快。当 $R > 5$ 时，黏结剂化学反应极快、急速凝固，使用比较困难。

在计算比值 R 时，氧化铜以克为单位，磷酸溶液以毫升为单位。

无机黏结操作简便，黏结部位能耐高温（可达 600℃），抗剪强度可达（8 ~ 10）$\times 10^7$ Pa。但承受冲击的能力差，不耐酸、碱腐蚀。

六、模具的总装配

图 6—4 所示的冲孔模在使用时，下模座部分被压紧在压力机的工作台上，是模具的固定部分。上模座部分通过模柄和压力机的滑块连为一体，是模具的活动部分。模具工作时安装在活动部分和固定部分上的模具工作零件，必须保持正确的相对位置，才能使模具获得正常工作状态。装配模具时，为了方便地将上、下两部分的工作零件调整到正确位置，使凸、凹模具有均匀的冲裁间隙，应正确安排上、下模的装配顺序。否则，在装配中可能出现困难，甚至出现无法装配的情况。

上、下模的装配顺序应根据模具的结构来决定。对于无导柱的模具，凸、凹模的配合间隙是在模具安装到压力机上时才进行调整的，上、下模的装配顺序对装配过程

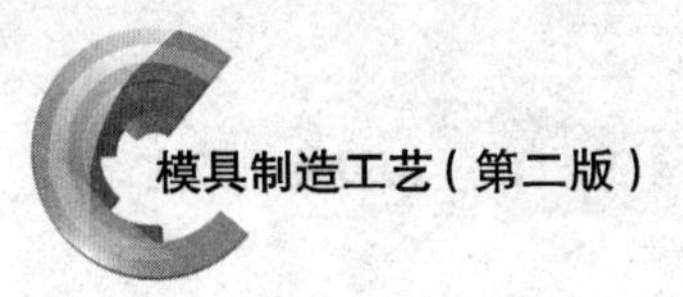

不会产生影响，可以分别进行。

装配带导柱的冲裁模时，是先装配上模部分还是先装配下模部分应根据上模和下模上所安装的模具零件在装配和调整过程中所受限制的情况来决定。如果上模部分的模具零件在装配和调整时所受的限制最大，应先装上模部分，并以它为基准调整下模上的模具零件，保证凸、凹模配合间隙均匀。反之，则先装配模具的下模部分，并以它为基准调整上模部分的零件。

图 6—4 所示的冲孔模在完成模架和凸、凹模装配后可进行总装，该模具宜先装下模部分，其装配顺序如下。

（1）把组装好凹模的固定板安放在下模座上，按中心线找正固定板的位置，用平行夹头夹紧，通过螺钉孔在下模座上钻出锥窝。拆去凹模固定板，在下模座上按锥窝钻螺纹底孔并攻螺纹。再重新将凹模固定板置于下模座上校正，用螺钉紧固，配钻销孔并打入销钉定位。

（2）在组装好凹模的固定板上安装定位板。

（3）配钻卸料螺钉孔。将卸料板套在已装入固定板的凸模上，在固定板与卸料板之间垫入适当高度的等高垫铁，并用平行夹头将其夹紧。按卸料板上的螺孔在固定板上钻出锥窝，拆开后按锥窝钻固定板上的螺钉过孔。

（4）将已装入固定板的凸模插入凹模的型孔中，在凹模与固定板之间垫入适当高度的等高垫铁，将垫板放在固定板上，装上上模座，用平行夹头将上模座和固定板夹紧。通过凸模固定板在上模座上钻出锥窝，拆开后按锥窝钻孔。然后用螺钉将上模座、凸模固定板、垫板稍加固定。

（5）调整凸、凹模的配合间隙，将装好的上模部分套在导柱上，用手锤轻轻敲击固定板的侧面，使凸模插入凹模的型孔，再将模具翻转，从下模板的漏料孔观察凸、凹模的配合间隙。用手锤敲击凸模固定板的侧面进行调整使配合间隙均匀。这种调整方法称为透光法。为便于观察可用手灯从侧面进行照射。

经上述调整后，以纸作冲压材料，用手锤击模柄，进行试冲，如果冲出的纸样轮廓齐整，没有毛刺或毛刺均匀，说明凸、凹模间隙是均匀的。如果只有局部毛刺，则说明间隙是不均匀的，应重新进行调整直到间隙均匀为止。

（6）调好间隙后，将凸模固定板的紧固螺钉拧紧。钻铰定位销孔，装入定位销钉。

（7）将卸料板套在凸模上，装上弹簧和卸料螺钉，检查卸料板运动是否灵活。在弹簧作用下卸料板处于最低位置时，凸模的下端面应缩在卸料板的孔内 0.5 mm 左右。

装配好的模具经试冲、检验合格即可使用。

在模具装配时，保证凸、凹模之间的配合间隙均匀十分重要。凸、凹模的配合间隙是否均匀，不仅影响冲模的使用寿命，而且对于保证冲件质量也十分重要。调整冲裁间隙的方法，除上面讲过的透光法外，还有以下几种。

（1）测量法

这种方法是将凸模插入凹模型孔内，用塞尺检查凸、凹模不同部位的配合间隙，根据检查结果调整凸、凹模之间的相对位置，使两者在各部分的间隙均匀一致。测量法只适用于凸、凹模配合间隙（单边）在0.02 mm以上的模具。

（2）垫片法

这种方法是根据凸、凹模配合间隙的大小在凸、凹模的配合间隙内垫入厚度均匀的纸条或金属垫片，以保证凸、凹模配合间隙均匀，如图6—15所示。

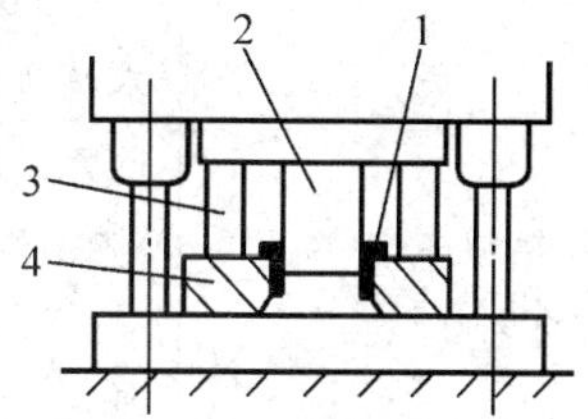

图6—15 垫片法调整凸、凹模配合间隙

1—垫片 2—凸模

3—等高垫铁 4—凹模

（3）涂层法

在凸模上涂一层涂料（如磁漆或氨基醇酸绝缘漆等），其厚度等于凸、凹模的配合间隙（单边），再将凸模插入凹模型孔，获得均匀的冲裁间隙，此法简便，对于不能用垫片法（小间隙）进行调整的冲模很适用。

（4）镀铜法

镀铜法和涂层法相似，在凸模的工作端镀一层厚度等于凸、凹模单边配合间隙的铜层代替涂料层，使凸、凹模获得均匀的配合间隙。镀层厚度用电流密度及电镀时间来控制，厚度均匀，易保证模具冲裁间隙均匀。镀层在模具使用过程中可以自行剥落，因而在装配后不必去除。

七、试模

冲模装配完成后，在生产条件下进行试冲可以发现模具的设计和制造缺陷，找出原因，对模具进行适当的调整和修理后再进行试冲，直到模具能正常工作，冲出合格的制件，模具的装配过程即告结束。冲裁模试冲时常见的缺陷、产生原因及调整方法见表6—3。

表6—3 冲裁模试冲时常见的缺陷、产生原因及调整方法

试冲的缺陷	产生原因	调整方法
送料不通畅或料被卡死	1. 两导料板之间的尺寸过小或有斜度 2. 凸模与卸料板之间的间隙过大，使搭边翻扭 3. 用侧刃定距的冲裁模导料板的工作面和侧刃不平行，使条料卡死 4. 侧刃与侧刃挡块不密合形成毛刺，使条料卡死	1. 根据情况修整或重装导料板 2. 根据情况采取措施减小凸模与卸料板的间隙 3. 重装导料板 4. 修整侧刃挡块，消除间隙

续表

试冲的缺陷	产生原因	调整方法
卸料不正常，退不下料	1. 由于装配不正确，卸料机构不能动作。如卸料板与凸模配合过紧，或因卸料板倾斜而卡紧 2. 弹簧或橡皮的弹力不足 3. 凹模和下模座的漏料孔没有对正，凹模孔有倒锥度造成工件堵塞，料不能排出 4. 顶出器过短或卸料板行程不够	1. 修整卸料板、顶板等零件 2. 更换弹簧或橡皮 3. 修整漏料孔，修整凹模 4. 加长顶出器的顶出部分或加深卸料螺钉沉孔的深度
凸、凹模的刃口相碰	1. 上模座、下模座、固定板、凹模、垫板等零件安装面不平行 2. 凸、凹模错位 3. 凸模、导柱等零件安装不垂直 4. 导柱与导套配合间隙过大使导向不准 5. 卸料板的孔位不正确或歪斜，使冲孔凸模位移	1. 修整有关零件，重装上模或下模 2. 重新安装凸、凹模，使之对正 3. 重装凸模或导柱 4. 更换导柱或导套 5. 修理或更换卸料板
凸模折断	1. 冲裁时产生的侧向力未抵消 2. 卸料板侧斜	1. 在模具上设置靠块来抵消侧向力 2. 修整卸料板或给凸模加导向装置
凹模被胀裂	凹模孔有倒锥度现象（上口大、下口小）	修磨凹模孔，消除倒锥现象
冲裁件的形状和尺寸不正确	凸模与凹模的刃口形状及尺寸不正确	先将凸模和凹模的形状及尺寸修准，然后调整冲模的间隙
落料外形和冲孔位置不正，呈偏位现象	1. 挡料销位置不正 2. 落料凸模上导正钉尺寸过小 3. 导料板和凹模送料中心线不平行，使孔位偏隙 4. 侧刃定距不准	1. 修正挡料销 2. 更换导正钉 3. 修正导料板 4. 修磨或更换侧刃
冲压件不平	1. 落料凹模有上口大、下口小的倒锥，冲件从孔中通过时被压弯 2. 冲模结构不当，落料时没有压料装置 3. 在连续模中，导正钉与预冲孔配合过紧，将工件压出凹陷，或导正钉与挡料销之间的距离过小，导正钉使条料前移，被挡料销挡住	1. 修磨凹模孔，去除倒锥度现象 2. 加压料装置 3. 修小挡料销

续表

试冲的缺陷	产生原因	调整方法
冲裁件的毛刺较大	1. 刃口不锋利或淬火硬度低 2. 凸、凹模配合间隙过大或间隙不均匀	1. 修磨工作部分刃口 2. 重新调整凸、凹模间隙，使其均匀

图 6—4 所示的模具在总装时是先装下模部分，但对有些模具则应先装上模部分，以上模为基准装配下模上的模具零件较为方便。例如，冲裁复合模，为便于装配和调整，总装时应先将凸凹模插在凸模和凹模之间来调整好两者的相对位置，完成冲孔凸模和落料凹模的装配后，再以它们为基准装配凸凹模。

对于连续冲裁模，由于在一次行程中多个凸模同时工作，保证各凸模与其对应型孔都有均匀的冲裁间隙是装配的关键所在。为此，应保证固定板与凹模上对应孔的位置尺寸一致。同时连续模的导柱、导套比单工序模的导柱、导套要求有更高的导向精度。为了保证模具有良好的工作状态，卸料板与凸模固定板上的对应孔位置尺寸也应保持一致。所以在加工凹模、卸料板和凸模固定板时，必须严格保证孔的位置尺寸精度，否则将给装配造成困难，甚至无法装配。在可能的情况下，采用低熔点合金和黏结技术固定凸模，可以降低固定板的加工要求。

为了保证冲裁件的加工质量，在装配连续模时要特别注意保证送料长度和凸模间距（步距）之间的尺寸要求。

第三节　弯曲模和拉深模的装配

弯曲模和拉深模的主要零部件的装配和冲裁模相同，不同之处主要是试模后的调整，所以本节主要介绍弯曲模和拉深模常出现的缺陷、产生原因及调整方法。

一、弯曲模

弯曲模的作用是使坯料在塑性变形范围内进行弯曲，由弯曲后材料产生的永久变形，获得所要求的形状。一般情况下，弯曲模的导套、导柱的配合要求可略低于冲裁模。在弯曲工艺中，由于材料回弹的影响，常使弯曲件在模具中弯成的形状与取出后的形状不一致，从而影响制件的形状和尺寸要求。影响回弹的因素较多，精确的设计计算很难，因此在制造模具时，常要按试模时的回弹值修正凸模（或凹模）的形状。为了便于修整，弯曲模的凸模和凹模多在试模合格以后才进行热处理。另外，弯曲属于变形加工，有些弯曲件的毛坯尺寸要经过试验才能最后确定。所以，弯曲模进行试冲的目的除了找出模具的缺陷加以修正和调整外，就是为了最后确定制件的毛坯尺寸。

由于这一工作涉及材料的变形问题，所以弯曲模的调整工作比一般冲裁模要复杂一些。弯曲模试冲时常见的缺陷、产生原因及调整方法见表6—4。

表6—4　　弯曲模试冲时常见的缺陷、产生原因及调整方法

试冲的缺陷	产生原因	调整方法
制件的弯曲角度不够	1. 凸、凹模的弯曲回弹角制造过小 2. 凸模进入凹模的深度太浅 3. 凸、凹模之间的间隙过大 4. 校正弯曲的实际单位校正力太小	1. 修正凸、凹模，使弯曲角度达到要求 2. 加深凹模深度，增大制件的有效变形区域 3. 按实际情况采取措施，减小凸、凹模的配合间隙 4. 增大校正力或修正凸（凹）模形状，使校正力集中在变形部位
制件的弯曲位置不符合要求	1. 定位板位置不正确 2. 弯曲件两侧受力不平衡使制件产生滑移 3. 压料力不足	1. 重新装定位板，保证其位置正确 2. 分析制件受力不平衡的原因并加以克服 3. 采取措施增大压料力
制件尺寸过长或不足	1. 间隙过小，将材料拉长 2. 压料装置的压料力过大使材料伸长 3. 设计计算错误或不正确	1. 根据实际情况修整凸、凹模，增大间隙值 2. 根据情况采取措施，减少压料装置的压料力 3. 落料尺寸在弯曲模试模后确定
制件表面擦伤	1. 凹模圆角半径过小，表面粗糙度不符合要求 2. 润滑不良使板料粘附在凹模上 3. 凸、凹模之间的间隙不均匀	1. 增大凹模圆角半径，降低表面粗糙度 2. 合理润滑 3. 修整凸、凹模，使间隙均匀
制件弯曲部位产生裂纹	1. 板料的塑性差 2. 弯曲线与板料的纤维方向平行 3. 剪切断面的毛刺在弯曲的外侧	1. 将坯料退火后再弯曲 2. 改变落料排样，使弯曲线与板料纤维方向呈一定的角度 3. 使毛刺在弯曲的内侧，亮带在外侧

二、拉深模

拉深工艺是使金属板料（或空心坯料）在模具作用下产生塑性变形，变成开口空心制件。和冲裁模相比，拉深模具有以下特点。

（1）冲裁模凸、凹模的工作端部有锋利的刃口，而拉深模凸、凹模的工作端部则要求有光滑的圆角。

（2）通常拉深模工作零件的表面粗糙度（一般 $Ra=0.32\sim0.04\ \mu m$）要求比冲裁模高。

（3）冲裁模所冲出的制件尺寸容易控制，如果模具制造正确，冲出的制件一般是合格的。而拉深模即使组成零件制造很精确，装配得也很好，但由于材料弹性变形的影响，拉深出的制件也不一定合格。因此，在模具试冲后常常要对模具进行修整加工。

从上面的比较中可以看出，拉深模制造完毕，其试冲后的修整工作是十分重要的。

拉深模试冲的目的有两个：一是通过试冲发现模具存在的缺陷，找出原因并进行调整、修正。二是最后确定制件拉深前的毛坯尺寸。为此应先按原来的工艺设计方案制作一个毛坯进行试冲，并测量出试冲件的尺寸偏差，根据偏差值确定是否对毛坯进行修改。如果试冲件不能满足原来的设计要求，应对毛坯进行适当修改，再进行试冲，直至制件符合要求。

拉深模试冲时常出现的缺陷、产生原因及调整方法见表6—5。

表6—5　　拉深模试冲时常出现的缺陷、产生原因及调整方法

试冲的缺陷	产生原因	调整方法
制件拉深高度不够	1. 毛坯尺寸小 2. 拉深间隙过大 3. 凸模圆角半径太小	1. 放大毛坯尺寸 2. 更换凸模与凹模，使间隙适当 3. 加大凸模圆角半径
制件拉深高度太大	1. 毛坯尺寸太大 2. 拉深间隙太小 3. 凸模圆角半径太大	1. 减小毛坯尺寸 2. 整修凸、凹模，加大间隙 3. 减小凸模圆角半径
制件壁厚和高度不均匀	1. 凸模与凹模间隙不均匀 2. 定位板或挡料销位置不正确 3. 凸模不垂直 4. 压料力不均匀 5. 凹模的几何形状不正确	1. 重装凸模和凹模，使间隙均匀一致 2. 重新修整定位板及挡料销位置，使之正确 3. 修整凸模后重装 4. 调整托杆长度或弹簧位置 5. 重新修整凹模
制件起皱	1. 压边力太小或不均 2. 凸、凹模间隙太大 3. 凹模圆角半径太大 4. 板料太薄或塑性差	1. 增加压边力或调整顶件杆长度、弹簧位置 2. 减小拉深间隙 3. 减小凹模圆角半径 4. 更换材料
制件破裂或有裂纹	1. 压料力太大 2. 压料力不够，起皱引起破裂 3. 毛坯尺寸太大或形状不当	1. 调整压料力 2. 调整顶杆长度或弹簧位置 3. 调整毛坯尺寸或形状

续表

试冲的缺陷	产生的原因	调整方法
制件破裂或有裂纹	4. 拉深间隙太小 5. 凹模圆角半径太小 6. 凹模圆角表面粗糙 7. 凸模圆角半径太小 8. 冲压工艺不当 9. 凸模与凹模不同心或不垂直 10. 板料质量不好	4. 加大拉深间隙 5. 加大凹模圆角半径 6. 修整凹模圆角，降低表面粗糙度 7. 加大凸模圆角半径 8. 增加工序或调换工序 9. 重装凸、凹模 10. 更换材料或增加退火工序，改善润滑条件
制件表面拉毛	1. 拉深间隙太小或不均匀 2. 凹模圆角表面粗糙度大 3. 模具或板料不清洁 4. 凹模硬度太低，板料有黏附现象 5. 润滑油质量太差	1. 修整拉深间隙 2. 修光凹模圆角 3. 清洁模具及板料 4. 提高凹模硬度，进行镀铬及氮化处理 5. 更换润滑油
制件底面不平	1. 凸模或凹模（顶出器）无出气孔 2. 顶出器在冲压的最终位置时顶力不足 3. 材料本身存在弹性	1. 钻出气孔 2. 调整冲模结构，使冲模达到闭合高度时，顶出器处于刚性接触状态 3. 改变凸模、凹模和压料板形状

第四节　塑料模的装配

塑料模装配与冷冲模装配有许多相似之处，但在某些方面其要求更为严格，如塑料模闭合后要求分型面均匀密合。在有些情况下，动模和定模上的型芯也要求在合模后保持紧密接触，类似这些要求常会增加修配的工作量。

一、型芯的装配

由于塑料模的结构不同，型芯在固定板上的固定方式也不同。常见的型芯在固定板上的固定方式如图 6—16 所示。

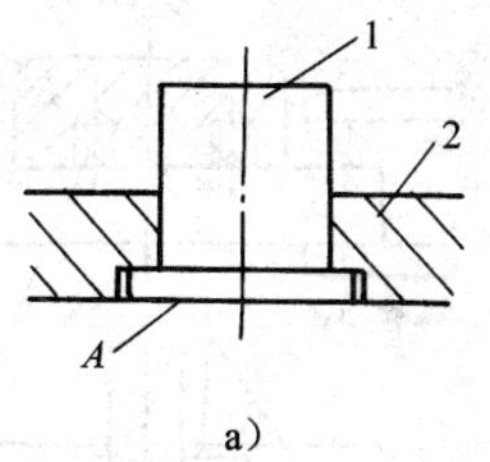

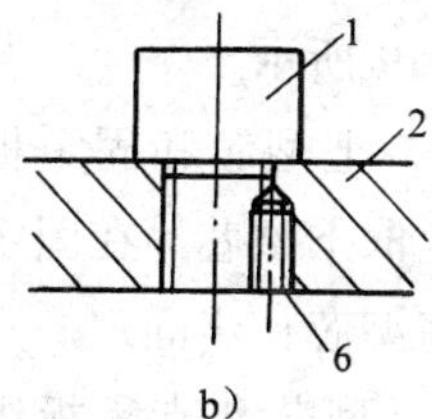

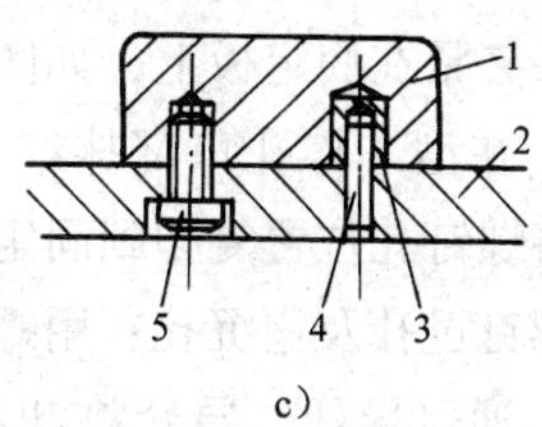

图 6—16 型芯在固定板上的固定方式

a）采用过渡配合固定 b）骑缝螺钉固定 c）大型芯的固定

1—型芯 2—固定板 3—定位销套 4—定位销 5—螺钉 6—骑缝螺钉

图 6—16a 所示的固定方式的装配过程与装配带台肩的冷冲模具的凸模相类似。在压入过程中要注意校正型芯的垂直度，防止压入时切坏孔壁和使固定板产生变形。型芯和型腔的配合要求经修配合格后，在平面磨床上用等高垫铁支承磨平端面 A。

图 6—16b 所示的固定方式常用于热固性塑料压模。对某些有方向要求的型芯，当螺纹拧紧后型芯的实际位置与理想位置之间常出现误差。如图 6—17 所示，α 是理想位置与实际位置之间的夹角。型芯的位置误差可以通过修磨 a 或 b 面来消除。为此，应先进行预装并测出角度 α 的大小，其修磨量 $\Delta_{修磨}$ 按下式计算：

$$\Delta_{修磨}=\frac{P}{360}\alpha$$

式中 α——误差角，°；

P——连接螺纹的螺距，mm。

为了使装配过程简化，在安装有方向要求的型芯时，可以采用图 6—18 所示的螺母固定型芯的方式。这种形式适用于外形为任何形状的型芯，以及在固定板上同时固定几个型芯的场合。

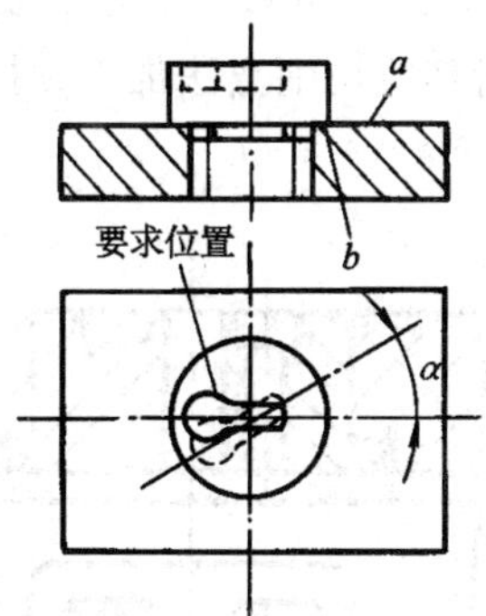

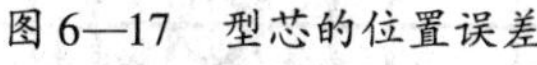

图 6—17 型芯的位置误差

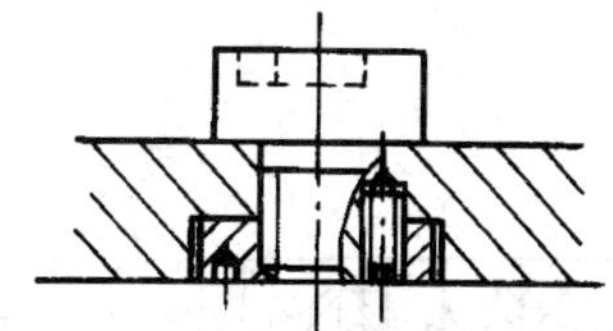

图 6—18 螺母固定型芯

图 6—16b 和图 6—18 所示的型芯固定方式，在将型芯位置调好紧固后，要用骑缝螺钉固定，骑缝螺钉孔应安排在型芯热处理之前进行加工。

大型芯的固定方式如图 6—16c 所示。装配时可按下列顺序进行。

（1）在加工好的型芯上压入实心的定位销套。

（2）根据型芯在固定板上的位置要求将定位块用平行夹头夹紧在固定板上，如图6—19所示。

（3）在型芯螺孔口部抹红丹粉，把型芯和固定板合拢，将螺钉孔位置复印到固定板上取下型芯，在固定板上钻螺钉过孔及锪沉孔；用螺钉将型芯初步固定。

（4）通过导柱、导套将卸料板、型芯和支承板组合在一起，将型芯调整到正确位置后拧紧固定螺钉。

（5）在固定板的背面划出销孔位置。钻铰销钉孔，打入销钉。

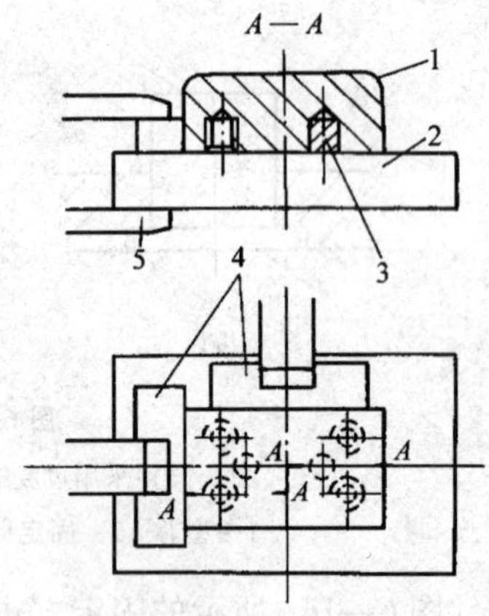

图6—19 大型芯与固定板的装配
1—型芯 2—固定板 3—定位销套
4—定位块 5—平行夹头

二、型腔的装配

除了简易的压塑模以外，一般注塑模、压塑模的型腔多采用镶嵌或拼块结构，如图6—20所示为圆形整体型腔的镶嵌形式。型腔和动、定模板镶合后，其分型面上要求紧密无缝，因此，对于压入式配合的型腔，其压入端一般都不允许有斜度，而将压入时的导入斜度设在模板上。对于有方向要求的型腔，为了保证型腔的位置要求，在型腔压入模板一部分后应采用百分表检测型腔的直线部位，如果出现位置误差，可用管钳等工具将其旋转到正确位置后，再压入模板。为了方便装配，可以考虑使型腔和模板间保持0.01~0.02 mm的配合间隙，在型腔装入模板后将位置找正，再用定位销定位。

如图6—21所示为拼块结构的型腔。这种型腔的拼合面在热处理后要进行磨削加工，因此，型腔的某些工作表面不能在热处理前加工到要求尺寸，只能在装配后采用电火花机床、坐标磨床等对型腔进行精修达到设计要求。如果热处理后硬度不高（如调质处理至刀具能加工的硬度），也可在装配后采用其他切削方法加工。拼块两端均应留余量，待装配完毕后，再将两端面和模板一起磨平。

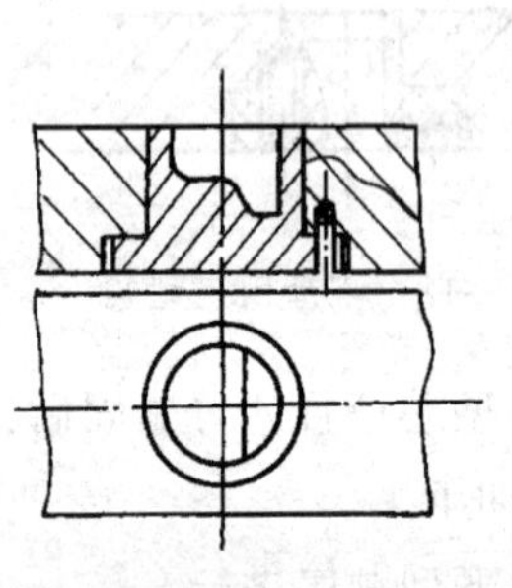
图6—20 圆形整体型腔的镶嵌形式

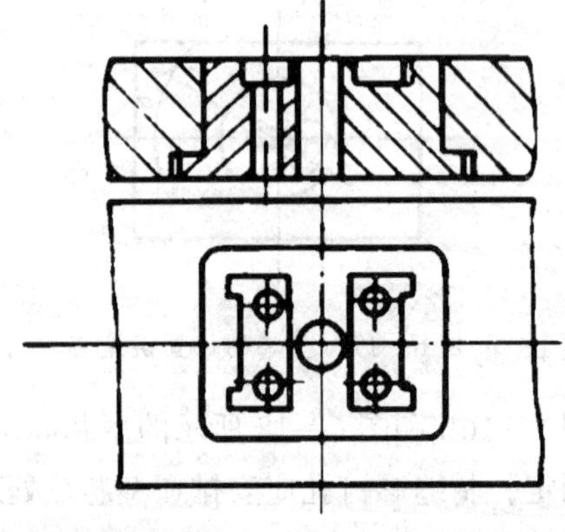
图6—21 拼块结构的型腔

拼块结构的型腔在压入模板的过程中，为了不使各拼块在压入方向上产生错位，应在拼块的压入端放一块平垫板，通过平垫板推动各拼块一起移动，如图 6—22 所示。

塑料模装配后，有时要求型芯和型腔表面或动、定模上的型芯在合模状态下紧密接触，在装配中可采用修配法来达到其要求，它是模具制造中广泛采用的一种经济有效的方法。

如图 6—23 所示为装配后型芯端面与加料室底平面间出现了间隙（Δ），可采用下列方法消除。

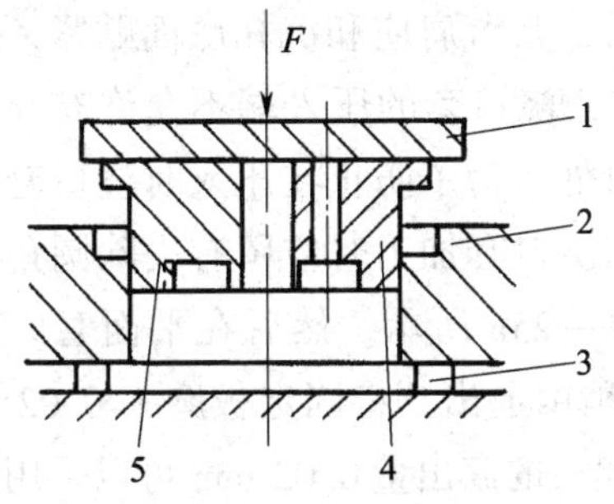

图 6—22 拼块结构型腔的装配

1—平垫板 2—凹模固定板

3—等高垫铁 4、5—型腔拼块

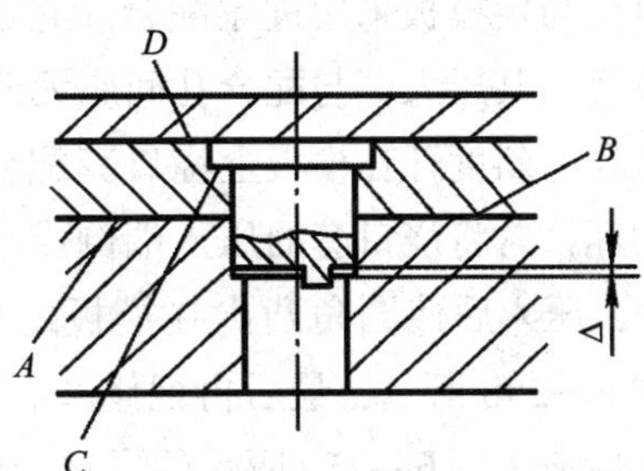

图 6—23 型芯端面与加料室底平面间出现间隙（Δ）

（1）修磨固定板平面 *A*。修磨时需要拆下型芯，磨去的金属层厚度等于间隙值 Δ。

（2）修磨型腔上平面 *B*，修磨时不需要拆卸零件，比较方便。

当一副模具有几个型芯时，由于各型芯在修磨方向上的尺寸不可能绝对一致，因此不论修磨 *A* 面或 *B* 面都不可能使各型芯和型腔表面在合模时同时保持接触，所以对具有多个型芯的模具不能采用这样的修磨方法。

（3）修磨型芯（或固定板）台肩面 *C*。采用这种修磨方法应在型芯装配合格后再将支承面 *D* 磨平，此法适用于多型芯模具。

如图 6—24 所示为装配后型腔端面与型芯固定板间有间隙（Δ）。为了消除间隙可采用以下修配方法。

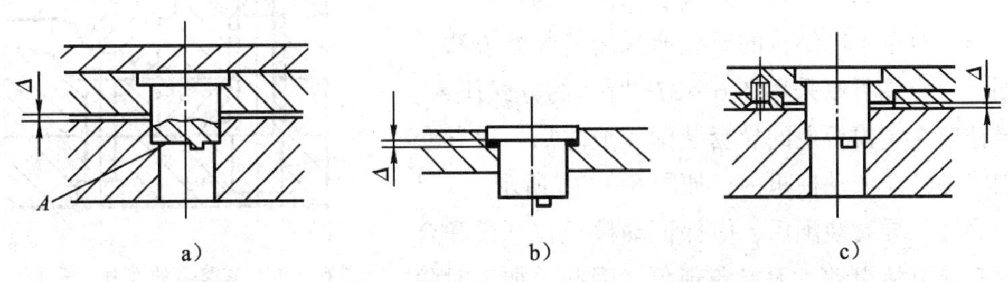

图 6—24 型腔端面与型芯固定板间有间隙（Δ）

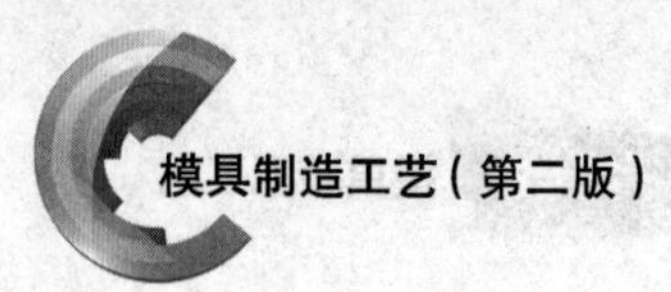

（1）修磨型芯工作面 A，如图 6—24a 所示。此方法只适用于型芯端面为平面的情况。

（2）在型芯台肩和固定板的沉孔底部垫入垫片，如图 6—24b 所示。此方法只适用于小模具。

（3）在固定板和型腔的上平面之间设置垫块，如图 6—24c 所示，垫块厚度不小于 2 mm。

三、浇口套的装配

浇口套与定模板采用过盈配合。它压入模板后，其台肩应和沉孔底面贴紧，装配好的浇口套，其压入端与配合孔间应无缝隙。所以，浇口套的压入端不允许有导入斜度，应将导入斜度开在模板上浇口套配合孔的入口处。为了防止在压入时浇口套将配合孔壁切坏，常将浇口套的压入端倒成小圆角。在浇口套加工时应留有去除圆角的修磨余量 Z，压入后使圆角凸出在模板之外，如图 6—25a 所示。然后在平面磨床上磨平，如图 6—25b 所示，最后再把修磨后的浇口套稍微退出，将固定板磨去 0.02 mm，重新压入后成为图 6—25c 所示的形式。台肩对定模板的高出量 0.02 mm 可以采用修磨或由零件的加工精度来保证。

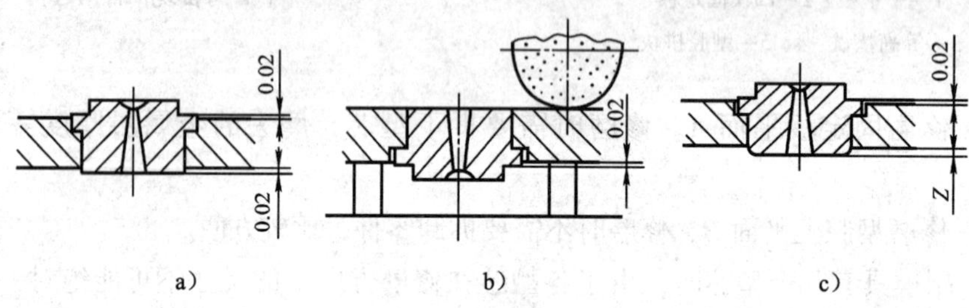

图 6—25　浇口套的装配与修磨

四、导柱和导套的装配

导柱、导套分别安装在塑料模的动模和定模部分上，是模具合模和开模的导向装置，如图 6—26 所示。

导柱、导套采用压入方式装入模板的导柱和导套孔内。对于不同结构的导柱所采用的装配方法也不同，短导柱可以采用图 6—27a 所示的方式压入，长导柱应在定模板上的导套装配完成之后，以导套导向将导柱压入动模板内，如图 6—27b 所示。

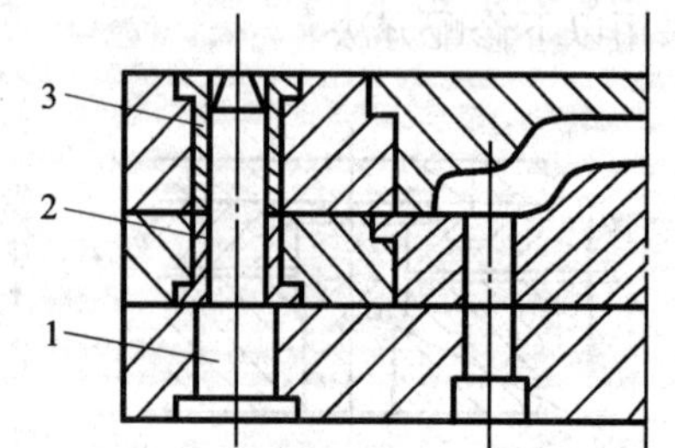

图 6—26　装配后的导柱、导套
1—导柱　2、3—导套

导柱、导套装配后，应保证动模板在开模和合模时都能灵活滑动，无卡滞现象。因此，加工时除保证导柱、导套和模板等零件的配合要求外，还应

保证动、定模板上导柱和导套安装孔的中心距一致（其误差不大于0.01 mm）。压入模板后，导柱和导套应与模板的安装基准面垂直，如果装配后开模和合模不灵活，有卡滞现象，可用红丹粉涂于导柱表面，往复拉动动模板，观察卡滞部位，分析原因，然后将导柱退出，重新装配。在两根导柱装配合格后再装配第三、第四根导柱。每装一根导柱均应做上述观察。最先装配的应是距离最远的两根导柱。

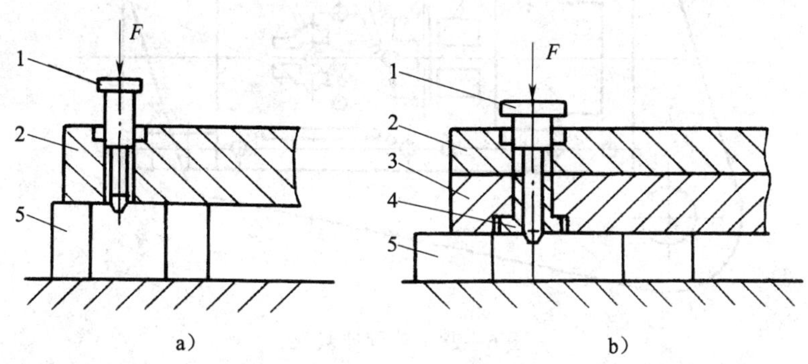

图6—27 导柱的装配方法

a）短导柱的装配 b）长导柱的装配

1—导柱 2—动模板 3—定模板 4—导套 5—等高垫铁

第五节 模具总装配示例

一、冷冲模装配示例

如图6—28所示为一连续冲裁模，其装配工艺见表6—6。

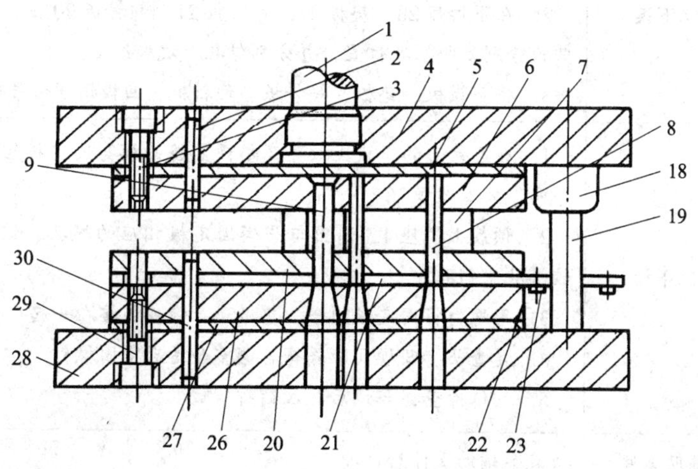

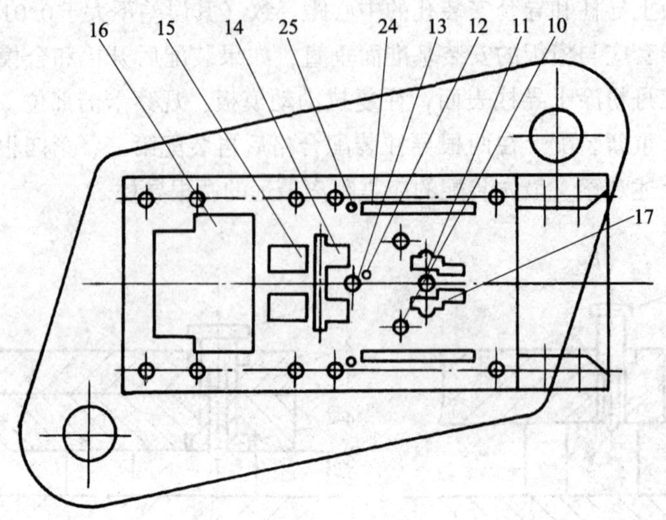

图 6—28　连续冲裁模

1—模柄　2、25、30—销钉　3、23、29—螺钉　4—上模座　5、27—垫板　6—凸模固定板　7—侧刃凸模　8、9、10、11、12、13、14、15、17—冲孔凸模　16—落料凸模　18—导套　19—导柱　20—卸料板　21—导料板　22—托料板　24—挡块　26—凹模　28—下模座

表 6—6　　连续冲裁模的装配工艺

序号	工序	工序说明
1	凸、凹模预配	1. 装配前检查各凸模以及凹模是否符合图样要求的尺寸、形状精度 2. 将凸模与凹模孔相配，检查间隙是否均匀，不合适者应重新修磨或更换
2	凸模装入固定板	以凹模孔定位，将各凸模分别压入凸模固定板型孔中，并紧固
3	装配下模	1. 在下模座 28 上划中心线，按中心线预装凹模 26、垫板 27、导料板 21、卸料板 20 2. 在下模座 28、垫板 27、导料板 21、卸料板 20 上，用已加工好的凹模分别复印螺孔位置，并分别钻孔、攻螺纹 3. 将下模板、垫板、导料板、卸料板、凹模用螺钉紧固，打入销钉
4	装配下模	1. 在已装好的下模上放等高垫铁，将凸模与固定板组合通过卸料孔导向，装入凹模 2. 预装上模座 4，划出与凸模固定板相应的螺孔、销孔位置，并钻铰螺孔、销孔 3. 用螺钉将固定板组合，垫板、上模座连接在一起，但不要拧紧 4. 复查凸、凹模间隙并将其调整合适后紧固螺钉 5. 切纸检查，合适后打入销钉
5	装辅助零件	装配辅助零件后试冲

二、塑料模装配示例

如图 6—29 所示为一塑料注塑模，其装配工艺见表 6—7。

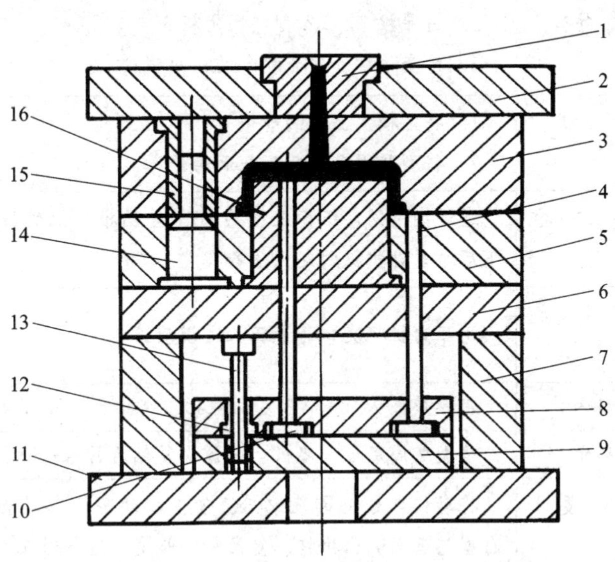

图 6—29 塑料注塑模

1—浇口套 2—定模座板 3—定模 4—复位杆 5—型芯固定板 6—垫板 7—支撑块 8—推板 9—推板固定板 10—推杆 11—动模座板 12—推板导套 13—推板导柱 14—导柱 15—导套 16—型芯

表 6—7 **塑料注塑模的装配工艺**

序号	工序	工序说明
1	精修定模	1. 定模经锻、刨后，磨削六面。上、下平面留修磨余量 2. 划线加工型腔。用铣床铣型腔或用电火花加工型腔。深度按要求尺寸增加 0.2 mm 3. 用油石修整型腔表面
2	精修动模型芯及动模座板型孔	1. 按图样将预加工的动模型芯精修成形，钻铰推杆孔 2. 按划线加工动模座板型孔，并与型芯配合加工
3	镗导柱、导套孔	1. 将定模 3、型芯固定板 5 叠合在一起，使分型面紧密接触，然后夹紧镗削导柱、导套孔 2. 锪导柱、导套孔的台肩
4	复钻各螺孔、销孔及推杆孔	1. 定模 3 与定模座板 2 叠合在一起，夹紧复钻螺孔、销孔 2. 型芯固定板 5、垫板 6、支撑块 7 叠合夹紧，复钻螺孔、销孔
5	动模型芯压入型芯固定板	1. 将动模型芯 16 压入型芯固定板 5 并配合紧密 2. 装配后型芯外露部分要符合图样要求

续表

序号	工序	工序说明
6	压入导柱、导套	1. 将导套15压入定模3 2. 将导柱14压入型芯固定板5 3. 检查导柱、导套配合的松紧程度
7	磨安装基面	1. 将定模3上基面磨平 2. 将型芯固定板5下基面磨平
8	复钻推板上的推杆及顶杆孔	通过型芯固定板5及型芯16，复钻推板上的推杆及复位杆孔。卸下后再复钻推板固定板9各孔
9	将浇口套压入定模座板	用压力机将浇口套1压入定模座板2
10	装配定模部分	定模座板2、定模3复钻螺孔、销孔后，拧入螺钉并打入销钉紧固
11	装配动模部分	将型芯固定板、垫板、支撑块复钻后拧入螺钉，打入销钉紧固
12	修正推杆、复位杆长度	将动模部分全部装配后，使支撑块底面和推板紧贴于动模座板。自型芯表面测出推杆、复位杆的长度，进行修正
13	试模与调整	各部位装配完后进行试模，并检查制品，验证模具质量状况

第七章 模具加工技术的发展

目前，我国模具技术的发展方向主要在以下几个方面：应用高效精密机床加工模具、开发应用模具计算机辅助设计和制造技术、模具表面硬化处理、快速制模技术、开发应用新型模具材料等。

第一节 高效精密机床

一、精密数控加工

随着现代工业生产的发展，作为保证制件质量和提高生产效率的工艺装备——模具，其需要量在逐渐增大，从而促进了模具加工机械自动化程度的提高。机械技术和数字控制技术的密切结合，促进了模具加工机床向高效、精密的方向发展。相继出现了各种高精度、高效率、自动化的数控机床。数控机床经过不断发展，已由三轴联动发展到了五轴联动。冲压如图 7—1 所示的零件的模具中的凸、凹模异形三维曲面，用五轴联动的数控铣床加工又快又好。由于数控机床加工具有精度再现性和重复性，使

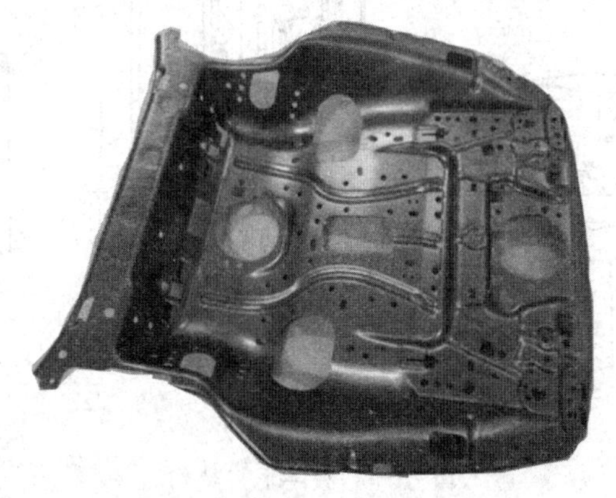

图 7—1　异形曲面零件

模具的制造精度主要由设备来保证，减少了模具加工的质量对操作者技能的依赖，提高了模具加工质量的可靠性、稳定性、连续性，同时也提高了模具加工的自动化程度和生产效率。

在模具制造中应用的数控机床，除数控铣床、数控磨床、数控线切割机床外，还有数控加工中心和数控连续轨迹坐标磨床。

1. 数控加工中心

数控加工中心是把铣削、镗削、钻削和螺纹加工等功能集中在一台设备上，使其具有多种工艺手段和自动换刀功能的高精度机床。工件一次装夹后能完成较多的加工内容，减少了专用夹具的制造，避免了多次定位装夹误差，加工精度较高，效率是普通设备的 5 ~ 10 倍。尤其对形状较复杂、精度要求高的单件加工或中小批量多品种生产更为适用。如图 7—2、图 7—3 所示分别为加工中心外形和结构。

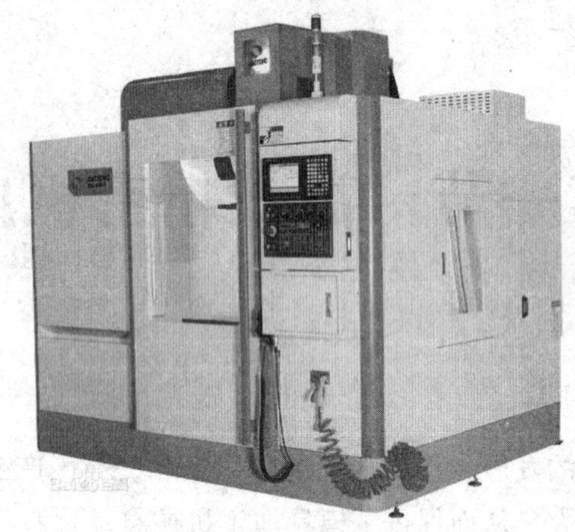

图 7—2　加工中心外形

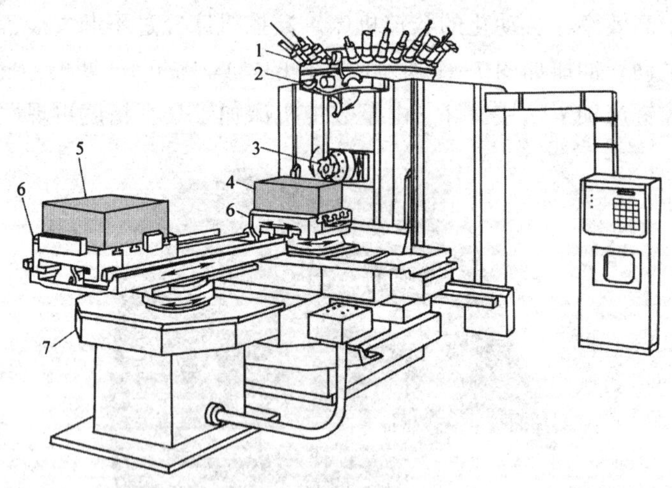

图 7—3　加工中心结构

1—刀具库　2—刀具自动交换装置　3—加工刀具　4—工件　5—待加工工件　6—工件台　7—机床基座

加工中心设置有刀库，刀库中存放着不同数量的各种刀具或检具，在加工过程中由程序自动选用和更换。这是它与一般数控机床的主要区别。

加工中心有三轴三联动、四轴三联动、五轴四联动、六轴五联动等。

高精度加工中心的分辨率为0.1 μm，最大进给速度为15～100 m/min，定位精度达2 μm。

由于加工中心能集中自动地完成多种工序，避免了人为的操作误差，减少了工件装夹、测量和机床的调整时间及工件周转、搬运和存放时间，大大提高了加工效率和加工精度，所以具有良好的经济效益。

2. 数控连续轨迹坐标磨床

如图7—4所示为数控连续轨迹坐标磨床。它不仅可以磨削圆形孔，而且还可以按设定程序和连续轨迹磨削任意曲线形状的凸模和凹模。这种磨床加工精度很高，是制造多工位级进模的高效、精密机床。

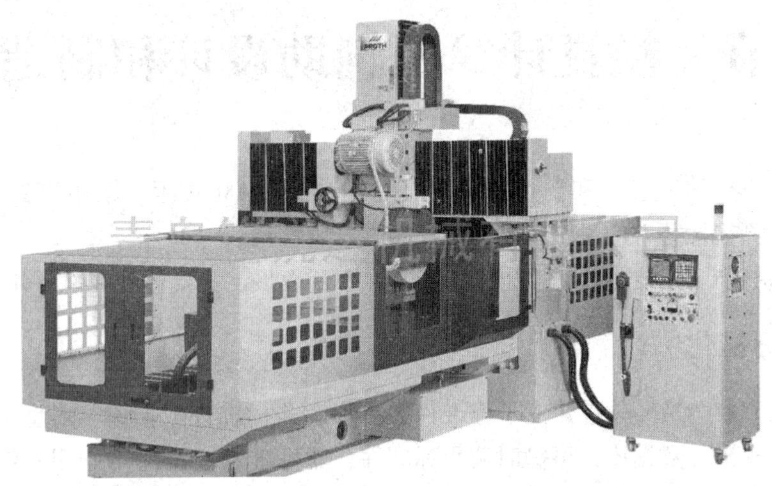

图7—4 数控连续轨迹坐标磨床

二、高速铣削加工

高速铣削加工采用高的切削速度、高的进给速度和小的切削深度进行铣削加工。高速铣削加工相对于普通铣削加工具有如下特点。

1. 高效

高速铣削的主轴转速一般为15 000～40 000 r/min，最高可达120 000 r/min。在切削钢时，其切削速度约为400 m/min，比传统的铣削加工高5～10倍；在加工模具型腔时与传统的加工方法（传统铣削、电火花成形加工等）相比其效率提高4～5倍。

2. 高精度

高速铣削加工精度可达8 μm，表面粗糙度 $Ra \leq 1$ μm，减少了后续磨削及抛光工作量。

3. **高表面质量**

由于高速铣削时工件温升小（约为3℃），适合于温度和热变形敏感材料（如镁合金等）的加工，加工后表面没有变质层及微裂纹，热变形也小。

4. **可加工高硬材料**

可铣削热处理后硬度为50～54HRC的钢材，高速铣削最高可以铣削硬度为60HRC的钢材。

5. **切削力小**

由于切削深度小，所以切削力小，可适用于薄壁及刚性差的零件加工。

鉴于高速铣削加工具备上述优点，所以高速铣削加工在模具制造中正得到广泛应用，并逐步替代部分磨削加工和电加工。高速铣削加工技术已向更高的敏捷化、智能化、集成化方向发展。

第二节　模具计算机辅助设计和制造技术

模具计算机辅助设计和制造技术，即模具CAD/CAM技术。采用模具CAD/CAM技术，用计算机代替人的手工劳动，周期短、准确性高。

模具CAD/CAM技术自诞生以来，一直在不断发展，主要体现在以下几个方面。

一、标准化

先进的CAD/CAM软件建立了标准件数据库、非标准件数据库、典型模具结构数据库。利用标准件数据库，可随时调用标准件；非标准件数据库可利用系统自身建模技术对模具非标准件进行修改；典型模具结构数据库具有各种类型的模具的典型结构，在设计时调出相似的模具资料，按设计要求对调出的相似模具结构进行修改，即可快速产生所需结构。应用上述数据库，减少了模具结构及零件设计的工作量，提高了设计速度。

二、开放性

在模具结构设计中，CAD/CAM技术和系统都具有良好的开放性，原始软件系统多建立在开放式操作系统平台上，由于图形接口、图形功能都已标准化，模具设计与制造用户在原始软件的基础上根据自身企业的需要很容易进行二次开发。二次开发的软件更加符合企业自身的实际情况，增加的功能可以综合应用多媒体、人工智能和专家系统等技术，大大提高了设计的效率和速度。

在工艺设计中，CAD/CAM系统利用计算机进行数值计算、逻辑判断和推理等来制定零件机械加工工艺，称之为CAPP。CAD/CAM系统已经具有CAPP开发环境或可编辑式工艺模板，可由有经验的工程师对产品进行工艺设计，CAM 系统可按工艺规程全自动批次处理。CAM 系统能自动生成图文并茂的工艺指导文件，解决了手工工艺设计效率低、一致性差、质量不稳定、不易达到优化等问题，更好地完成零件从毛坯到成品的设计和制造过程。

三、集成化

将 CAD/CAM/CAPP/CAE 集成起来，使设计、生产、分析、技术管理一体化，成为计算机集成制造系统（CIMS）。优化模具设计、制造、装配、检验、测试及生产的全过程，达到实现最佳效益的目的。CAD 系统应用于模具的整体结构和零部件的设计；CAE 系统应用于模具成形工作过程的模拟和分析；CAPP 系统应用于模具零件的加工工艺设计；CAM 系统应用于模具零件的加工生产。

作为企业整体还可以集成 PDM（产品数据管理系统），PDM 可用来管理所有与模具生产相关的信息和过程。通过实施 PDM，可以提高生产效率，加强对于文档、图样和数据的高效利用，使工作流程规范化。保证产品数据的完整性、唯一性、最新性、共享性。

CAD/CAM 的集成，保证设计人员可以完全自由地表达自己的意图，从产品外观到内部结构，能自由流畅地进行技术创新、性能或结构改进。CAD/CAM 的集成化能够减少多余环节，降低内耗，充分发挥企业各项资源的作用。

四、智能化

智能化是将人类设计的思维模型融合到 CAD/CAM 系统中，建立专家系统。模具专家系统内部含有大量的模具设计与制造方面专家高水平的知识与经验，利用人工智能技术和计算机技术，根据多个专家提供的知识和经验，进行推理和判断，模拟人类专家的决策过程，以解决模具设计与制造的复杂问题。

专家系统可充分发挥计算机的逻辑判断能力，按照人类设计的思维模型来解决设计及制造中的技术问题，自动产生设计方案，对方案进行评估和选择。智能化 CAD/CAM 系统界面更简单，操作更方便。

在加工方面，可以使刀具路径更优化，效率更高。同时也具有刀具对工件及夹具的防过切、防碰撞功能，保证操作的安全性，更符合高速加工的工艺要求。专家系统还开放与工艺相关联的工艺库、知识库，将新的设计方法、工艺知识等积累起来，丰富专家系统。

五、网络化

一个产品的模具数量可达几百套，需要许多模具专业人员在不同的地方同时开展工作，在诸多的模具专业人员中要做到资源信息共享和数据的及时交换，网络化可以使同时从事这个工作的各个部门协同工作，并防止各个部门之间的脱节。网络的应用，

可方便地实现大规模共同工作的管理，由此实现异地的工程技术人员共同完成复杂的任务。

六、三维化

二维绘图在许多情况下难以完全表达设计者的设计意图，难以完全表现出思维中零部件的形状、尺寸及相关联零件的关系。

新一代模具软件的三维模型设计包括了产品完整的几何结构，可以从三维模型中产生轴测图、向视图、各种剖视图、局部视图等其他各种视图。由于三维系统中三维/二维的信息是全面相互关联的，即在不同的设计环境中模型都是相互关联的，所以在某个设计环境中直接修改模型的结构和尺寸，其他的模型可以自动更新。三维 CAD 系统可方便地完成设计的修改和调整，零部件的装配、力学分析、运动分析、模拟仿真、数控加工等过程。

新一代模具软件以三维实体进行设计，易于对整体设计或部件进行有限元分析、运动分析、装配的干涉检查、机构仿真、数控程序的自动编制、准确的二维工程图生成以及外形质感、颜色或动画外观效果的渲染，可以方便地获得加工方法、热处理、工件材质、加工定位基准的选定及其他一些必要的工艺要求。

第三节　模具表面硬化处理

一、热喷涂技术

热喷涂技术是利用如激光、电弧、等离子体弧、火焰等某种热源，将粉末状或丝状的金属或非金属材料加热到熔融或半熔融状态，然后借助外加的高速气流雾化，并以一定的速度喷射到经过预处理的模具零件表面，与之结合而形成具有各种功能的表面覆盖涂层的一种技术。热喷涂技术热源温度范围宽，可喷涂材料几乎包括所有固态工程材料，如金属、合金、陶瓷、金属陶瓷、塑料以及由它们组成的复合物等，因而能提高基体的耐磨、耐蚀、耐高温等性能。

1．热喷涂技术的类别

热喷涂技术主要有五大类，包括火焰喷涂技术、等离子喷涂技术、电弧喷涂技术、超音速火焰喷涂技术、真空熔焊涂层技术。

（1）火焰喷涂技术（见图 7—5）

图 7—5　火焰喷涂技术

火焰喷涂技术可以喷涂巴氏合金、氧化铝、氧化铬、碳化钨、碳化铬等的粉末和丝材。获得的熔焊层大幅度提高了涂层的致密性和结合强度，使之有更优异的耐蚀性和耐磨性。

（2）等离子喷涂技术

等离子喷涂技术是采用等离子电弧作为热源，将陶瓷、合金、金属等材料加热到熔融或半熔融状态，并以高速喷向经过预处理的工件表面而形成附着牢固的表面层的方法。如图 7—6 所示为等离子喷涂系统。

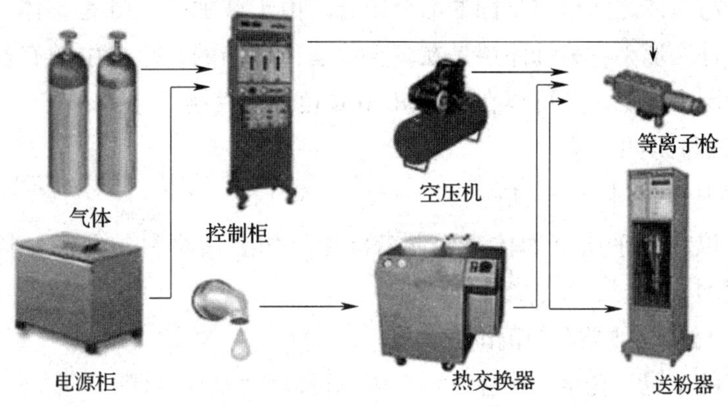

图 7—6　等离子喷涂系统

等离子喷涂材料范围广，能喷涂难熔材料的金属、陶瓷和金属陶瓷复合材料涂层。涂层结合强度高，气孔率低，可以制备精细涂层。其主要用于制备质量要求高的耐蚀、耐磨、抗高温和特殊功能涂层。

（3）电弧喷涂技术

电弧喷涂技术是利用燃烧于两根连续送进的金属丝之间的电弧来熔化金属，用高速气流把熔化的金属雾化，并对雾化的金属粒子加速，使它们喷向工件形成涂层。电弧喷涂与火焰线材喷涂相比，具有热效率高、生产效率高、喷涂成本低及涂层结合强度高等优点。如图 7—7 所示为电弧喷涂的原理。

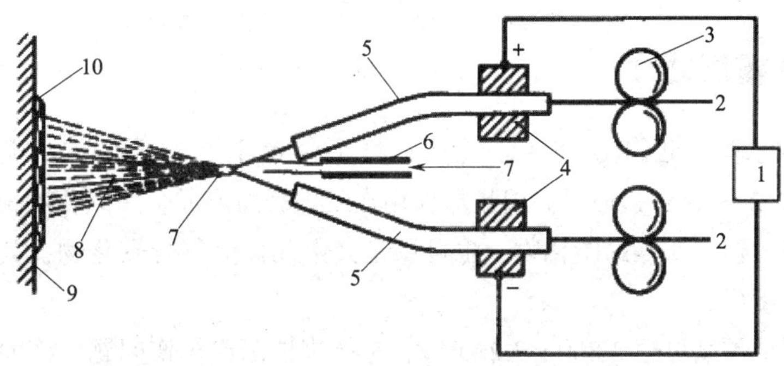

图 7—7　电弧喷涂的原理

1—电源　2—金属丝　3—送丝滚轮　4—导电块　5—导电嘴

6—空气喷嘴　7—电弧　8—喷涂射流　9—工件　10—涂层

（4）超音速火焰喷涂技术

超音速火焰喷涂技术以其超高的焰流速度和相对较低的温度，在喷涂金属碳化物和金属合金等材料方面具有明显优势。超音速火焰喷涂涂层性能：涂层表面粗糙度小，喷涂碳化钨涂层硬度高，可达75HRC，涂层致密，结合强度高。

（5）真空熔焊涂层技术

真空熔焊涂层技术是将工件表面预涂一层自熔合金涂层，然后将其在真空状态下重熔，使涂层与基体之间形成牢固的冶金结合。由于被加工工件是整体、均匀加热和缓冷，因而工件变形小，另外涂层是在真空状态下熔结的，涂层中的有益物质不易烧损。因此，涂层硬度稳定，可以在20～70HRC范围内控制。

2. 热喷涂技术的优点

（1）涂层基体材料不受限制

热喷涂可以在几乎所有固体表面制备涂层，如金属材料、无机材料（玻璃、陶瓷）和有机材料（木材、布、纸）等。

（2）喷涂材料的种类选择范围广泛

几乎所有的金属、合金、陶瓷、塑料等都可以作为喷涂材料。

（3）被喷涂物体的尺寸、大小和形状不受限制

热喷涂既可以对大型设备进行大面积喷涂，也可以对工件的局部进行喷涂；既可喷涂零件，又可对制成后的结构进行喷涂。

（4）可赋予普通材料以特殊的表面性能

热喷涂可使材料满足耐磨、耐蚀、抗高温氧化、隔热、密封等特殊性能要求，达到节约贵重材料、提高产品质量、满足多种工程和尖端技术的需要。

（5）涂层厚度较易控制

薄者可为几十微米，厚者可为几毫米。

（6）成本低

热喷涂的成本低，经济效益显著。

二、TD 覆层处理

TD 覆层处理（也称熔盐渗金属）是将工件置于熔融硼砂混合物中（850～1 050℃，保温2～12 h），通过高温扩散作用在工件表面形成金属碳化物覆层，可以涂覆钒、铌、铬、钼、钛等的碳化物，也可以是其中几种的复合碳化物，其中应用最广泛的是碳化钒覆层。

碳化钒覆层硬度可达2 800～3 200HV，是解决拉深模拉伤问题经济而有效的方法之一，可以提高模具或零部件使用寿命数倍至数十倍。

TD 覆层处理碳化钒覆层可广泛应用于以下几个方面。

（1）由黏着磨损所引起的模具与工件之间的拉伤、黏附问题（如各类钢板或有色

金属的拉深、拉延、弯曲、翻边、滚压成形等成形模具或其他有相对运动的工件表面)，TD 覆层处理是目前解决此类问题最好的方法之一。

(2) 因磨损而引起的工件尺寸超差等问题，如冲裁凸、凹模磨损后，通过 TD 覆层处理，可以恢复其尺寸。

TD 覆层处理温度是一种高温处理过程，处理过程会使工件产生变形甚至开裂的现象。而一般 TD 覆层处理后不容许再加工，所以 TD 覆层处理技术的关键是尽量减小工件的变形和开裂现象，要求材料一般为高铬模具钢。为减少变形或开裂，模具零件设计时要尽量避免（如截面）急剧变化或尖角形的结构。处理前机械加工应尽量降低工件表面的粗糙度。

三、离子渗氮

离子渗氮是利用辉光放电原理，把金属工件作为阴极放入通有含氮介质的真空容器中，通电后介质中的氮、氢原子被电离，在阴阳极之间形成等离子区。在等离子区强电场作用下，氮和氢的正离子以高速向工件表面轰击。离子的高动能加热工件表面至所需温度。由于离子的轰击，工件表面产生原子溅射，因而得到净化，同时由于吸附和扩散作用，活性氮原子渗入工件表面。

1. 渗氮温度

渗氮温度是重要的工艺参数，温度的高低直接影响渗氮速度、硬度及渗氮层组织。在一定渗氮温度范围内，温度越高，氮原子迁移及扩散的能力越强，渗氮速度越快，渗氮层也就越厚。不同材料的渗氮温度有一最佳值，在此温度下，渗氮层硬度最高。

2. 适于离子渗氮的材料

(1) 碳钢

碳钢的渗氮效果较差，渗层硬度低，只能应用于要求不高的表面耐磨零件。

(2) 合金结构钢

典型的合金渗氮钢有 38CrMoAl、42CrMo、40Cr、35CrMo、20CrMnTi、20Cr、50CrV、P20 等材料，通过渗氮，得到高的表面硬度、耐磨性和抗疲劳性能。广泛地应用于齿轮、轴套等机械零件及塑料模具。

(3) 模具钢

热作模具钢 3Cr2W8V、H13、8407 等材料制作的热作模具（如压铸模、挤压模等）经过渗氮后，大大提高耐磨性、疲劳强度、抗蚀性及减小黏附能力。

高速钢及 Cr12MoV 等材料制作的刀具、冷作模具及工具，经过渗氮处理，可大大提高使用寿命。

(4) 不锈钢

离子渗氮能够大幅度提高 Cr13 型和 1Cr18Ni9Ti 等不锈钢的硬度和耐磨性。

四、多元复合陶瓷膜表面强化

多元复合陶瓷膜表面强化是将黑色金属零件放入两种性质不同的盐浴中，通过多种元素渗入金属表面形成复合渗层，从而达到使零件表面改性的目的。它没有经过淬火，但达到了表面淬火的效果，因此称之为 QPQ（淬火—抛光—淬火）。

多元复合陶瓷膜表面强化将热处理与防腐蚀处理一次完成，处理温度低且时间短，能同时提高零件表面硬度、耐磨性和抗蚀性，变形小，具有优化加工工序、缩短生产周期、降低生产成本的优点。

多元复合陶瓷膜表面强化处理具有如下优点。

（1）良好的耐磨性、耐疲劳性能。

（2）良好的抗腐蚀性能。

（3）产品处理以后变形小。

（4）可以代替多道热处理工序和防腐蚀处理工序，时间周期短。

（5）适用材料的范围广泛。

第四节　新型模具材料

为适应不同模具特殊性能的要求，国内外材料工作者除对传统的模具材料不断开发新的热处理工艺外，还不断开发具有不同特性的模具材料，以适应各种不同性能要求的模具制造。对模具材料的性能，也从传统的强调综合力学性能向突出特殊性能方向发展。

一、冷作模具钢

冷作模具使用状态受多方面影响，如模具的润滑、冷却、模座刚性、被加工材料的特性（磨粒磨损和黏着磨损）、被加工件的厚度、模具和产品设计和模具使用寿命等。在冲裁过程中，模具必须具备一定的韧性。当冲裁厚的板材和钢带时，模具冲裁刃口会承受很高的拉应力，所以要求模具必须具有很高的韧性才不至于开裂。被加工件厚度越厚对模具韧性要求就越高，此时就必须选用高韧性且耐冲击的模具材料，同时还必须具有良好的耐磨性。

冷作模具钢是应用量大、使用面广、种类最多的模具钢。其主要性能要求为强度、韧性和耐磨性。通用型冷作模具钢在高合金钢 Cr12MoV 性能基础上分为两大类：一类是降低含碳量和合金元素量，提高钢中碳化物分布均匀度，突出提高模具的韧性；另一类是以提高耐磨性为主要目的，以适应高速、自动化、大批量生产而开发的粉末冶金高速钢。常用冷作模具钢的牌号、产品特性及主要用途见表 7—1。

表 7—1 常用冷作模具钢的牌号、产品特性及主要用途

序号	钢种牌号	出厂状态	出厂硬度	产品特性	主要用途
1	Cr12	球化退火	HB<235	高强度高铬钢	冷冲模及冲头、拉深模、冷挤模
2	Cr12MoV	球化退火	HB<235	高强度耐磨高铬钢	高耐磨冷冲模及冲头、拉深模、冷挤模、陶瓷制品模
3	Cr12Mo1V1	球化退火	HB<235	高强度韧性耐磨高铬钢，淬透性好、硬度高、耐磨性和韧性好	重承载（复杂）的冲压模具、搓丝模，冷挤压成形模、螺钉滚齿板
4	Cr12MoVCo	球化退火	HB<235	高抗热烈性，模具使用寿命高	最宜制造冷轧机工作辊等要求高强度、耐磨性和淬透性好的冷作模具
5	65Cr4W3Mo2VNb	球化退火	HB<235	韧性极高、较高的强度和较好的耐磨性	制作冷、温挤压，冷冲、冷镦、冷剪、形状复杂受冲击负荷大的模具
6	6CrNiMnSiMoV	球化退火	HB<235	具有高的强韧性、好的冷热加工性能	可替代 9CrWMn、Cr12 制造各类冷作模具
7	9Cr6W3Mo2V2	球化退火	HB<235	具有耐冲击磨损性能，同时又保持良好的冷热加工和电加工性能	广泛应用于有一定韧性、高耐磨、高使用寿命的（冲压、挤压）精密模具
8	7CrSiMnMoV	球化退火	HB<220	淬火温度范围宽，过热敏感性低，淬透性好，空冷即可淬硬	特别适合制作尺寸大、截面厚、淬火变形小的冷作模具
9	7Cr7Mo2V2Si	球化退火	HB<235	更高的强度和韧性，较好的耐磨性	适宜制造承受高负荷的冷挤、冷镦、冷冲等模具
10	7Cr7Mo3V2Si	球化退火	HB<235	高强韧性冷作模具钢，耐磨性好，也可做塑料磨具钢	适宜制造承受高负荷的冷挤、冷镦、冷冲等模具
11	Cr6WV	球化退火	HB<235	淬透性好、淬火后变形小、耐磨性较好、碳化物分布均匀	适宜制造钻套、冷冲模及冲头、切边模、压印模、螺纹滚模、搓螺纹板、量块、量规等

续表

序号	钢种牌号	出厂状态	出厂硬度	产品特性	主要用途
12	5Cr3Mn1SiMo1V	球化退火	HB<229	耐冲击工具钢，淬透性好，较高的强度和韧性，耐回火性较佳	适合制造在较高温度、高冲击载荷下工作的工具、冲模及锻造模
13	5CrNiMnSiMoWV	球化退火	HB<230	高韧性、较高强度和较好的耐磨性	适于制造冷建模、冷冲模、异形薄长冷冲凸模，使用寿命大幅提高
14	CrWMn	球化退火	HB<210	高淬透性冷模钢，有一定耐磨性，热处理后变形小	铂金用模、样板、五金箔片冲压模、丝攻、丝板测规模
15	7Mn15Cr2Al3V2WMo	球化退火	HRC<30	导磁系数很低，有高的温度和硬度，较好的耐磨性	适于制造无磁模具、无磁轴承及制造700～800℃下使用的热作模
16	5Mn15Cr8Ni5Mo3V2	球化退火	HRC<30	适当温度固溶和时效处理，有较好的综合性能	主要用来制造工作应力较高、使用温度超过700℃，且形状简单的模具，如铜合金挤压模
17	7Mn10Cr8Ni10Mo3V2	球化退火	HRC<30	导磁系数很低，高的强度和硬度，较好的耐磨性	适于制造无磁模具、无磁轴承及制造700～800℃下使用的热作模

二、热作模具钢

热作模具钢多为中碳合金钢，用于热锻模、热挤压模、压铸模以及等温锻造模具等，主要性能要求为在工作温度下具有较高的韧性、抗氧化性、耐蚀性、高温硬度、耐磨性及抗冷热疲劳性。常用热作模具钢的牌号、产品特性及主要用途见表7—2。

表7—2　　常用热作模具钢的牌号、产品特性及主要用途

序号	钢种牌号	出厂状态	出厂硬度	产品特性	主要用途
1	4Cr5MoSiV1	球化退火	HB<230	热作模具钢，具有较高的热强度和硬度，良好的耐磨性和韧性	用于制作铝、镁及锌合金的热挤压模、压铸模和模锻模、电子塑胶模具

续表

序号	钢种牌号	出厂状态	出厂硬度	产品特性	主要用途
2	3Cr2W8V	球化退火	HB<230	耐热性、韧性、塑性和抗冷热疲劳性能一般	用于高温下要求高应力、高耐磨而不受冲击负荷的镁、锌、铝合金挤压模具
3	5CrMnMo	球化退火	HB<210	耐热耐磨锻压模，具有良好的热强度、韧性和高淬透性	用于各种大中型热锻模、热挤压模
4	5CrNiMo	球化退火	HB<210	比5CrMnMo具有更加良好的热强度、韧性和高淬透性	用于各种大中型热锻模、热挤压模
5	2Cr3Mo2NiVSi	球化退火	HB<220	较H13钢具有更高的高温强度和耐热磨损能力	适于使用温度在500～600℃范围内的热锻模具，如制作压力机用连杆锻模和齿轮锻模
6	4Cr3Mo2VNb	球化退火	HB<220	高的热强性、热稳定性，良好的韧性、导热性和工艺性能	适合制作受热温度较高的黑色及有色金属热挤压与压铸模具，使用寿命比3Cr2W8V大幅提高
7	4Cr3Mo3SiV	球化退火	HB<229	良好的淬透性，很高的韧性，具有高的硬度、热强性和耐磨性	适于制造热挤压模、热冲模、热锻模及塑压模等模具，主要用于铝合金压铸模

三、塑料模具钢

塑料模具钢要求淬透性较高，具有良好的切削加工性能、良好的尺寸稳定性、良好的抗腐蚀性、优良的延展性、小的缺口敏感性、优良的抛光性能、硬度均一性和良好的抗塑性变形性能。塑料模具钢常在中低碳钢中加入Ni、Cr、Cu、Ti等合金元素，由于金属化合物的析出，使模具硬度上升到40～50HRC。为改善其切削加工性能，钢中加入S、Pb、Ca等元素。

塑料模具为了得到极低的表面粗糙度值，常采用电渣重熔或真空精炼的方法提高钢的纯净度，模具精加工后进行淬火、回火处理。使用硬度为50～60HRC。模具表面能达到很低的表面粗糙度值，并可以进行表面强化处理。常用塑料模具钢的牌号、产品特性及主要用途见表7—3。

表 7—3　常用塑料模具钢的牌号、产品特性及主要用途

序号	钢种牌号	出厂状态	出厂硬度	产品特性	主要用途
1	4Cr3Mo3SiV	球化退火	HB<229	良好的淬透性，很高的韧性，具有高的硬度、热强性和耐磨性	适于制造塑压模等模具
2	4Cr9Si2	球化退火	HB<230	马氏体耐热钢，可以在较高温度下工作	常用于高温塑料模具
3	4Cr10Si2Mo	球化退火	HB<245	马氏体耐热钢，淬透性、耐热性好	常用于高温塑料模具
4	3Cr2Mo	预硬	28～35HRC	综合性能较好、淬透性高，可使截面尺寸较大的钢材获得较均匀的硬度	适于制造大、中型和精密塑料模具以及低熔点合金（如锡、锌、铅合金）压铸模具
5	3Cr2MnNiMo	预硬	28～35HRC	较 P20 有更高的淬透性、强韧性和抗蚀性，很好的抛光性能	适于制造特大型、大型塑料模具和精密塑料模具以及低熔点合金压铸模具
6	4Cr13	预硬	28～35HRC	机加工性能好，有优良的耐腐蚀性、抛光性能，较高的强度和耐磨性	适宜制造承受高负荷、高耐磨及腐蚀介质作用下的透明、不透明塑料制品模具
7	10Ni3MnCuAl	预硬	30HCR	是新型时效硬化型镜面塑料模具钢，具有优良的镜面加工性能	适宜制造高镜面光亮度的塑料模具及高外观质量的家用电器塑料模具
8	4～5CrNiMnMoVSCa	预硬	35～45HCR	淬透性高，强韧性、镜面抛光性能好，有优良的渗氮和渗硼性能	适宜制造各类型的塑料精密注塑模具、压塑模具和橡胶等
9	0Cr17Ni4Cu4Nb	预硬	32～34HCR	马氏体沉淀硬化不锈钢，有良好的切削加工性能，抛光性能好	主要用于耐腐蚀、高耐磨、高精度的塑料模具，如氟塑料和聚氯乙烯塑料模具

续表

序号	钢种牌号	出厂状态	出厂硬度	产品特性	主要用途
10	3Cr17Mo	预硬	30 ~ 36HCR	马氏体不锈钢，耐蚀性优良，有较好的强度和硬度，预硬和淬硬通用型	适宜制造要求耐腐蚀、有较高耐磨要求的塑料模具

四、钢结硬质合金

钢结硬质合金具有高硬度和高耐磨性，广泛用于多工位精密冲模。目前，钢结硬质合金的硬质相已向多样化发展。由原来的 TiC、WC 发展出 TiN、TiCN、TiB 等多种。黏结相种类包括各种成分的碳素钢、合金钢、工具钢、热作模具钢和高速钢等铁基合金。如日立金属公司开发 10% TiN 型钢结硬质合金，使用硬度大于 73HRC，用于冷成形模具。此外，以 5% ~20% 铁元素为黏结相的复合硬质相型钢结硬质合金，在 800℃下具有很高的耐磨性，可用于热锻模。